W0258493

# ML Mathematik für die Lehrerausbildung

Buchmann: **Nichteuklidische Elementargeometrie**
Einführung in ein Modell. 126 Seiten. DM 18,80

Freund: **Elemente der Zahlentheorie**
119 Seiten. DM 19,80

Freund/Sorger: **Aussagenlogik und Beweisverfahren**
136 Seiten. DM 18,80

Freund/Sorger: **Logik, Mengen, Relationen**
Praxis des mathematischen Beweisens. 191 Seiten. DM 19,80

Kinder/Spengler: **Die Bewegungsgruppe einer euklidischen Ebene**
Ein axiomatischer Aufbau ohne Anordnungsbegriff
157 Seiten. DM 22,80

Kreutzkamp/Neunzig: **Lineare Algebra**
136 Seiten. DM 18,80

Löthe/Müller: **Taschenrechner**
168 Seiten. DM 18,80

Menzel: **Elemente der Informatik**
Algorithmen in der Sekundarstufe I. 224 Seiten. DM 22,80

Messerle: **Zahlbereichserweiterungen**
119 Seiten. DM 18,80

Müller/Wölpert: **Anschauliche Topologie**
Eine Einführung in die elementare Topologie und Graphentheorie
168 Seiten. DM 19,80

Simm/Gonska: **Algebraische Strukturen**
208 Seiten. DM 24,80

Walser: **Wahrscheinlichkeitsrechnung**
164 Seiten. DM 18,80

Wippermann: **Einführung in die Analysis**
207 Seiten. DM 19,80

Preisänderungen vorbehalten

B. G. Teubner Stuttgart

Mathematik für die Lehrerausbildung

H. Wippermann
Einführung in die Analysis

Mathematik für die Lehrerausbildung

Herausgegeben von
Prof. Dr. G. Buchmann, Flensburg, Prof. Dr. H. Freund, Kiel
Prof. Dr. P. Sorger, Münster, Prof. Dr. U. Spengler, Kiel
Dr. W. Walser, Baden/Schweiz

Die Reihe Mathematik für die Lehrerausbildung behandelt studiumsgerecht in Form einzelner aufeinander abgestimmter Bausteine grundlegende und weiterführende Themen aus dem gesamten Ausbildungsbereich der Mathematik für Lehrerstudenten. Die einzelnen Bände umfassen den Stoff, der in einer einsemestrigen Vorlesung dargeboten wird. Jedes Kapitel beginnt mit einem Motivationsteil (A), der den zweiten theoretisch-systematischen Teil (B) vorbereitet. Aufgrund dieser Konzeption eignet sich die Reihe besonders zum Gebrauch neben Vorlesungen, zur Prüfungsvorbereitung sowie zur Fortbildung von Lehrern.

Einführung in die Analysis

Von Dr. rer. nat. Heinrich Wippermann
Professor an der Universität Hannover

Mit 111 Figuren, 13 Tabellen,
88 Beispielen und 91 Aufgaben

B. G. Teubner Stuttgart 1983

Prof. Dr. rer. nat. Heinrich Wippermann

Geboren 1940 in Paderborn. Von 1962 bis 1969 Studium der Mathematik,
Physik und Philosophie in Freiburg, Göttingen und Köln. Nach Staats-
examen und kurzer Schultätigkeit von 1970 bis 1976 Wiss. Assistent und
Akademischer Rat an der Pädagogischen Hochschule Braunschweig. 1972
Promotion zum Dr. rer. nat. an der Technischen Hochschule Braunschweig.
Von 1976 bis 1980 Professor an der Pädagogischen Hochschule Flensburg.
Seit 1980 Professor an der Universität Hannover.

CIP-Kurztitelaufnahme der Deutschen Bibliothek

Wippermann, Heinrich:
Einführung in die Analysis / von Heinrich
Wippermann. – Stuttgart : Teubner, 1983.
  (Mathematik für die Lehrerausbildung)
  ISBN 978-3-519-02713-3   ISBN 978-3-322-94758-1 (eBook)
  DOI 10.1007/978-3-322-94758-1

Gesamtherstellung: J. Beltz, Hemsbach/Bergstr.
Umschlaggestaltung: W. Koch, Sindelfingen

VORWORT

Dieses Buch ist aus Vorlesungen hervorgegangen, die in Braunschweig und Flensburg vor Lehrerstudenten gehalten wurden. Eine
große Zahl ausführlich behandelter Beispiele dient dazu, die Begriffe und Sätze zu erläutern und zu verdeutlichen.

Grenzprozesse spielen in vielen Anwendungsbereichen der Mathematik
eine wichtige Rolle. Bei der Behandlung der Kreis- und Körperbe-
rechnungen im Mathematikunterricht der Sekundarstufe I werden -
zumeist auf anschaulicher Ebene - Grenzprozesse herangezogen. Der
zur Beschreibung von Grenzprozessen benutzte Begriff der Stetigkeit ist einer der grundlegenden Begriffe der Mathematik. Von daher gebührt der Analysis - als Theorie der Grenzprozesse - ein
fester Platz in der Lehrerausbildung im Fach Mathematik.

Als Zahlbereich liegt der Analysis die Menge der reellen Zahlen
zugrunde. In Abschnitt 1 werden die reellen Zahlen konstruktiv
als nicht abbrechende Dezimalzahlen (d.h. als spezielle Folgen
ganzer Zahlen) eingeführt. Gegen dieses Vorgehen kann man ein-
wenden, daß man Zahlbereiche unabhängig von einem speziellen Stel-
lenwertsystem wie dem dezimalen einführen sollte. Für das in diesem Buch gewählte Vorgehen spricht, daß man mit geringem begriff-
lichen Aufwand zur Menge der reellen Zahlen gelangt und dabei direkt auf das Vorwissen des Lesers zurückgreifen kann. Außerdem
lassen sich die Gedanken aus Abschnitt 1 gut auf die Behandlung
der reellen Zahlen im Schulunterricht der Sekundarstufe I übertragen. Dieser Gesichtspunkt ist für den Adressatenkreis dieser
Reihe sicherlich wichtig.

Bei der Behandlung der Folgenkonvergenz (Abschnitt 3) werden Begriffe der in der Schule ausführlich behandelten Gleichungslehre
herangezogen. Durch Forderungen an die Lösungsmenge der Unglei-
chung $|a_n-a| < \varepsilon$ wird der Begriff der Konvergenz definiert.
Entsprechend werden auch Stetigkeitsuntersuchungen (Abschnitt 4)
durch die Betrachtung von Ungleichungen durchgeführt. Dabei werden
nur 2 Grundtechniken benötigt:

(1)   Durch Umformungen die Lösungsmenge einer Ungleichung be-
        stimmen.

(2)   Von einer Menge entscheiden, ob sie Umgebung einer vor-
        gegebenen Zahl ist.

In Abschnitt 5 dienen lineare Näherungen von Funktionen als Vorbereitung auf den Begriff der Differenzierbarkeit. Der Begriff "differenzierbar" wird dann über die stetige Ergänzbarkeit des Differenzenquotienten eingeführt. Im gleichen Abschnitt wird das (Riemann-) Integral mit Hilfe von Unter- und Obersummen eingeführt. Die Integration wird unter dem Aspekt der Flächenberechnung und dem der Umkehrung der Differentiation gesehen. Diese Überlegungen führen dann zum Hauptsatz der Differential- und Integralrechnung.

In Abschnitt 6 werden die Funktionen Sinus und Kosinus als Umkehrfunktionen der Arcusfunktionen eingeführt. Die Eigenschaften der Funktionen sin und cos werden aus den Gleichungen sin' = cos und cos' = -sin und einigen speziellen Funktionswerten hergeleitet. Anschließend werden Logarithmus und Exponentialfunktion behandelt.

Hannover, im Frühjahr 1983   H. Wippermann

<u>INHALT</u>

1   <u>REELLE ZAHLEN</u>

1.0   <u>Einige Grundbegriffe</u>

In Abschn. 1 benötigen wir bereits einige grundlegende Begriffe
wie "Funktion" und "Folge", die erst in späteren Abschnitten in
voller Breite behandelt werden. Abschn. 1.0 dient dazu, diese Begriffe in knapper Form bereitzustellen.

A und B seien nicht leere Mengen. Mit $a \in A$ und $b \in B$ bilden wir
das <u>geordnete Paar</u> (a,b). Es gilt $(a,b) = (a',b')$ genau dann, wenn
$a = a'$ und $b = b'$ ist $(a' \in A, b' \in B)$. Daher gilt insbesondere
$(a,b) \neq (b,a)$, falls $a \neq b$ ist. Die Menge

$$A \times B := \{ (a,b) \mid a \in A, \; b \in B \}$$

heißt <u>(kartesisches)</u> <u>Produkt der Mengen A und B</u>. Jede Teilmenge
R von $A \times B$ heißt <u>Relation zwischen A und B</u>. Statt $(a,b) \in R$
schreibt man häufig aRb.

R sei eine Relation zwischen A und A. R heißt <u>Äquivalenzrelation</u>,
wenn für alle $a,b,c \in A$ gilt:

(1)   aRa.   (<u>Reflexivität</u>)

(2)   aRb $\Rightarrow$ bRa.   (<u>Symmetrie</u>)

(3)   aRb und bRc $\Rightarrow$ aRc.   (<u>Transitivität</u>)

Eine Relation f zwischen A und B heißt <u>Funktion von A in B</u> (synonym: <u>Abbildung von A in B</u>), wenn folgende Eigenschaften erfüllt
sind:

(1)   Zu jedem $a \in A$ gibt es ein $b \in B$ mit $(a,b) \in f$.

(2)   Für alle $a \in A$ und $b,b' \in B$ gilt: Wenn $(a,b) \in f$ und
          $(a,b') \in f$, dann ist $b = b'$.

Für eine Funktion f von A in B benutzen wir die Bezeichnung
$f: A \rightarrow B$. A heißt <u>Definitionsbereich</u>, B <u>Zielbereich der Funktion</u>
<u>f</u>. Statt $(a,b) \in f$ schreiben wir $f(a) = b$. a nennen wir dann
<u>Argument von f</u> und b <u>Funktionswert von f</u>.

Wir setzen voraus, daß der Leser mit den rationalen Zahlen ver-
traut ist. Für die verschiedenen Zahlenmengen benutzen wir die
folgenden Abkürzungen:

          Menge der natürlichen Zahlen: $\mathbb{N}$

          Menge der ganzen Zahlen: $\mathbb{Z}$

          Menge der rationalen Zahlen: $\mathbb{Q}$

Die Zahl O zählen wir nicht zu der Menge $\mathbb{N}$. Die Menge $\mathbb{N} \cup \{O\}$ bezeichnen wir mit $\mathbb{N}_O$. Mit $\mathbb{Q}^+$ bezeichnen wir die Menge der positiven rationalen Zahlen.

Wenn eine Funktion f als Definitionsbereich die Menge $\mathbb{N}$ bzw. $\mathbb{N}_O$ hat, sprechen wir von einer <u>Folge</u>. Ist der Zielbereich der Folge f die Menge der ganzen Zahlen (bzw. die Menge der rationalen Zahlen), nennen wir f eine <u>ganzzahlige</u> (bzw. <u>rationale</u>) <u>Folge</u>.

Die Funktionswerte einer Folge werden meist durch indizierte Variablen bezeichnet:

$$f(n) = c_n.$$

Die Folge selbst wird dann dadurch gekennzeichnet, daß man die indizierte Variable in runde Klammern setzt:

$$f = (c_n).$$

Eine Folge (a_n) heißt <u>rekursiv definiert</u>, wenn

(1) a_1 vorgegeben ist   und

(2)   für jedes $n \in \mathbb{N}$ angegeben wird, wie sich a_{n+1} aus den a_k mit $k \leq n$ bestimmen läßt $(k \in \mathbb{N})$.

Die Angabe, wie sich a_{n+1} aus den vorangehenden Folgegliedern bestimmen läßt, geschieht häufig durch eine sogenannte <u>Rekursionsformel</u>. Es läßt sich zeigen, daß durch (1) und (2) eindeutig eine Folge (a_n) bestimmt wird. Die Folge $1, 1/2, 1/4, \ldots$ entsteht z.B. durch fortgesetztes Halbieren. Rekursiv wird diese Folge so definiert:

$$a_1 = 1,$$
$$a_{n+1} = a_n/2.$$

In den folgenden Abschnitten 1.1 bis 1.3 beschäftigen wir uns mit der Einführung der reellen Zahlen. Abschn. 1.1 gibt Verfahren zur Näherung reeller Zahlen durch rationale Zahlen an. Die Existenz reeller Zahlen wird dabei nicht in Frage gestellt. Abschn. 1.2 geht von Erfahrungen mit den Dezimalbruchentwicklungen rationaler Zahlen aus und überträgt diese Erfahrungen auf Dezimalzahlen. Die Existenz von Dezimalzahlen wird dabei vorausgesetzt. Abschn. 1.3 benutzt die Gedanken aus Abschn. 1.2, um die reellen Zahlen konstruktiv als Dezimalzahlen einzuführen. Die Dezimalzahlen werden als spezielle Folgen ganzer Zahlen definiert. Die Abschnitte 1,1 und 1.2 dienen dazu, das Vorgehen in Abschn. 1.3 zu motivieren.

Vom Leser wird erwartet, daß er die Beweisverfahren (direkter und indirekter Beweis, vollständige Induktion) kennt.

1.1 <u>Näherung reeller Zahlen durch rationale Zahlen</u>

A

Fig. 1.1 beschreibt, wie man zu einem vorgegebenen Quadrat ein
Quadrat mit doppeltem Flächeninhalt konstruieren kann.

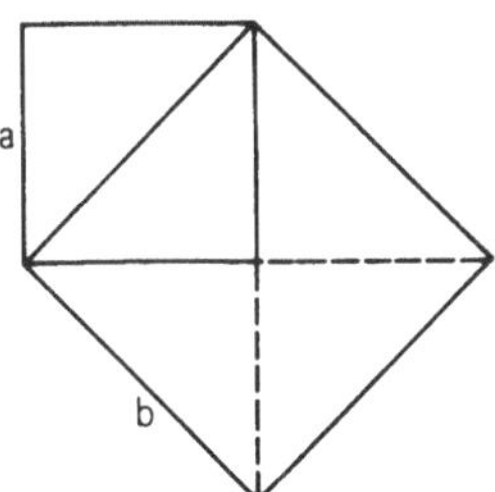

Fig. 1.1

Aufgrund der einfachen Konstruktion könnte man erwarten, daß sich
das Verhältnis b/a zwischen den Seitenlängen des verdoppelten Quadrats und des Ausgangsquadrats ähnlich einfach ausdrückt. "einfach" wollen wir dahingehend präzisieren, daß wir ein Verhältnis

$$b/a = n/m$$

mit natürlichen Zahlen n und m erwarten. Mißt man in Fig. 1.1 die
Seitenlängen a und b in Millimeter, so erhält man

$$b/a = 35/25 = 7/5.$$

Es muß $b^2/a^2 = 2$ gelten. Wegen $7^2/5^2 = 49/25 \neq 2$ ist die Gleichung b/a = 7/5 nicht möglich. Mit Hilfe der Primfaktorzerlegung
wollen wir uns überlegen, daß es keine Gleichung b/a = n/m mit
natürlichen Zahlen n und m geben kann. Aus $n^2/m^2 = 2$ erhalten wir

$$n^2 = 2m^2.$$

In der Primfaktorzerlegung einer Quadratzahl tritt jeder Primfak-
tor mit geradem Exponenten auf. Deshalb tritt 2 in n^2 mit geradem,
in $2m^2$ aber mit ungeradem Exponenten auf. Die Gleichung $n^2 = 2m^2$
ist somit für alle natürlichen Zahlen n und m falsch. Wir sehen,
daß sich b/a nicht als Verhältnis natürlicher Zahlen ausdrücken
läßt: b/a ist keine rationale Zahl. Uns wird ein Mangel der rationalen Zahlen deutlich: Schon bei der Beschreibung einfacher Zusammenhänge aus der Geometrie reichen die rationalen Zahlen nicht
aus.
Man kann jedoch Probleme der gerade erörterten Art durch Näherung
mit rationalen Zahlen lösen. Um uns das klar zu machen, wollen wir
unser Ausgangsproblem umstrukturieren. Wir wählen in Fig. 1.1 die

A Längeneinheit so, daß a = 1 gilt. Der Flächeninhalt des Ausgangs-
quadrat ist dann ebenfalls 1. Für die Seitenlänge b des verdoppelten Quadrats mit dem Flächeninhalt 2 gilt dann, daß eine Gleichung b = n/m mit natürlichen Zahlen n und m nicht möglich ist.
Wir können nun versuchen, Rechtecke mit rationalen Seitenlängen
und Flächeninhalt 2 so zu bilden, daß sich ihre Seitenlängen möglichst wenig unterscheiden (Fig. 1.2).

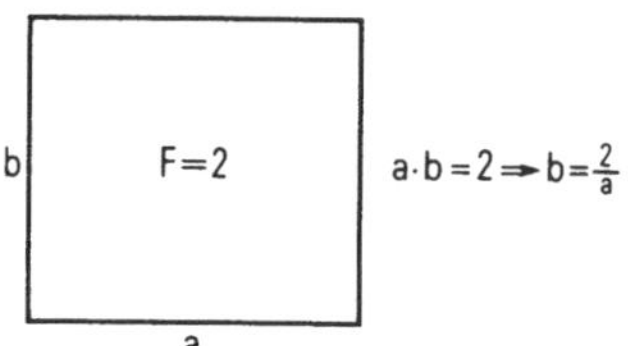

Fig. 1.2

Wir fangen etwa mit a = 1 und b = 2 an. Um den Unterschied zwischen a und b zu verringern, bietet sich die Mittelwertbildung an.
Wir setzen

$$a_{neu} = \frac{a_{alt} + b_{alt}}{2} \qquad \text{und}$$

$$b_{neu} = \frac{2}{a_{neu}}.$$

Das Produkt der neuen Werte von a und b ergibt wieder 2, während
ihre Differenz sich verringert hat. Durch die neuen Festsetzun-
gen für a und b erhalten wir a = 3/2 und b = 4/3. Wiederholen wir
das Verfahren, so erhalten wir für die ersten 4 Schritte Tab. 1.1.

Tab. 1.1

a	b
1	2
$\frac{3}{2}$	$\frac{4}{3}$
$\frac{17}{12}$	$\frac{24}{17}$
$\frac{577}{408}$	$\frac{816}{577}$

Die Tabelle wird leichter lesbar, wenn wir die rationalen Zahlen
als Dezimalbrüche darstellen. In Tab. 1.2 werden die Zahlen aus
Tab. 1.1 als Dezimalbrüche mit 7 Stellen hinter dem Komma angegeben.

Tab. 1.2

a	b
1	2
1,5	1,3333333...
1,4166666...	1,4117647...
1,4142156...	1,4142114...

Man erkennt, daß bereits nach 4 Schritten die Seitenlängen des Rechtecks sich um weniger als 0,00001 = 10^{-5} unterscheiden. Das beschriebene Verfahren wird nach dem griechischen Physiker Heron von Alexandria _Heronsches Verfahren_ genannt. Das Quadrat der Zahl 1,4142156 ist etwas größer als 2, während das Quadrat der Zahl 1,4142114 etwas kleiner als 2 ist. Gehen wir von der Existenz einer positiven Zahl $\sqrt{2}$ mit $(\sqrt{2})^2 = 2$ aus, so muß

$$1,4142114 < \sqrt{2} < 1,4142156$$

gelten. Ein Tischler, der einen quadratischen Tisch mit dem Flächeninhalt 2 m^2 herstellen will, wird sich im Rahmen der Meßgenauigkeit seines Zollstocks nur für die ersten 3 Stellen hinter dem Komma interessieren. Er wird eine Tischlerplatte mit der Seitenlänge 1,414 m zuschneiden und damit sein Problem als gelöst betrachten. Nicht rationale reelle Zahlen werden bei praktischen Rechnungen durch rationale Näherungen ersetzt.

In dem nächsten Beispiel wird sichtbar, daß man auch durch "Probieren" eine reelle Zahl durch rationale Zahlen annähern kann. Dabei benutzen wir, daß für alle positiven rationalen Zahlen a,b und alle natürlichen Zahlen n gilt:

$$a < b \Leftrightarrow a^n < b^n.$$

Mit $\sqrt[10]{2}$ wollen wir die positive Zahl bezeichnen, deren zehnte Potenz 2 ergibt. (Wir setzen voraus, daß eine solche Zahl existiert und eindeutig bestimmt ist.) Wegen

$$1^{10} = 1 < 2 < 1024 = 2^{10}$$

gilt $\quad 1 < \sqrt[10]{2} < 2$.

Weitere Rechnung ergibt $(1,1)^{10} > 2$. Daher ist $1,0 < \sqrt[10]{2} < 1,1$. Tab. 1.3 gibt Aufschluß über die nächste Stelle hinter dem Komma. Die Werte von x^{10} sind auf 2 Stellen hinter dem Komma abgerundet.

A

Tab. 1.3

x	x^{10}
1,01	1,10
1,02	1,21
1,03	1,34
1,04	1,48
1,05	1,62
1,06	1,79
1,07	1,96
1,08	2,15

Tab. 1.3 ist zu entnehmen, daß $1,07 < \sqrt[10]{2} < 1,08$ gilt. Die Ermittlung der dritten Stelle hinter dem Komma geschieht analog. Mit
jedem Schritt gewinnt man eine weitere Stelle hinter dem Komma,
während die schon berechneten Stellen sich nicht ändern. Der auf
n Stellen hinter dem Komma berechnete Dezimalbruch unterscheidet
sich um weniger als $1/(10^n)$ von $\sqrt[10]{2}$. Die ersten 5 Dezimalbrüche
bei der Näherung von $\sqrt[10]{2}$ sind: 1; 1,0; 1,07; 1,071; 1,0717.

Das gerade beschriebene Verfahren kann man sofort auf die Näherung
von $\sqrt[n]{a}$ verallgemeinern, wobei n eine natürliche Zahl mit $n \geq 2$
und a eine positive rationale Zahl sind. Wir wollen diese Methode
zur Näherung von $\sqrt[n]{a}$ <u>Verfahren der Dezimalschachtelung</u> nennen.

Zum Schluß dieses Abschnitts wollen wir an Hand des Zahlenstrahls
den Übergang von den natürlichen Zahlen über die positiven rationalen Zahlen zu den positiven reellen Zahlen veranschaulichen.
Fig. 1.3 zeigt die Darstellung der natürlichen Zahlen auf dem
Zahlenstrahl.

Fig. 1.3

Wir wollen die Punkte des Zahlenstrahls, die Zahlen entsprechen,
Zahlpunkte (speziell: natürliche Zahlpunkte) nennen. Für die natürlichen Zahlpunkte gilt, daß die zwischen 2 benachbarten Zahlpunkten liegenden Punkte des Zahlenstrahls keiner natürlichen Zahl
entsprechen. Diese Situation ändert sich, wenn wir die positiven
rationalen Zahlen auf dem Zahlenstrahl darstellen (Fig. 1.4).

Fig. 1.4

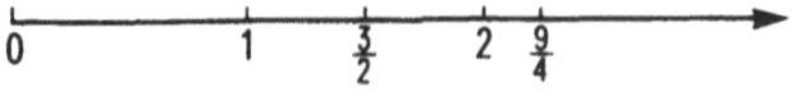

Jetzt liegen zwischen je 2 verschiedenen rationalen Zahlpunkten
(die z.B. den Zahlen a und b mit a ≠ b entsprechen) weitere rationale Zahlpunkte (z.B. der (a+b)/2 entsprechende Zahlpunkt). Man
könnte hieraus voreilig folgern, daß die rationalen Zahlpunkte den
Zahlenstrahl vollständig ausfüllen. Wir wissen aber aus dem zu Anfang dieses Abschnitts Gesagten, daß dies nicht der Fall sein kann.
In Fig. 1.5 wird ein Punkt des Zahlenstrahls geometrisch konstru-
iert, der kein rationaler Zahlpunkt ist.

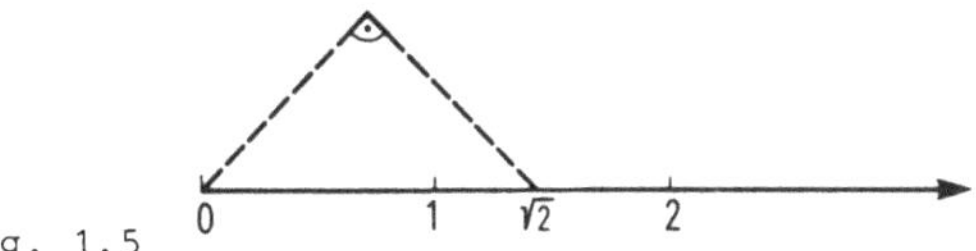

Fig. 1.5

Wir wissen schon, daß der in Fig. 1.5 konstruierte Punkt der reellen Zahl $\sqrt{2}$ entspricht. Für die positiven reellen Zahlen gilt,
daß jeder Punkt des Zahlenstrahls als Zahlpunkt (nämlich als reeller Zahlpunkt) auftritt.

Wir haben in diesem Abschnitt an vielen Stellen von reellen Zahlen
gesprochen, ohne genauer zu erklären, was wir unter einer reellen
Zahl verstehen. Wir haben dabei vorausgesetzt, daß der Leser eine
gewisse Kenntnis der reellen Zahlen besitzt. In den beiden folgenden Abschnitten wollen wir präzisieren, was wir unter einer reellen
Zahl verstehen.

<u>Aufgabe 1.1</u> Nähern Sie mit dem Verfahren der Dezimalschachtelung
$\sqrt[5]{50}$ auf 3 Stellen hinter dem Komma genau (Taschenrechner benutzen!).

1.2   <u>Von der Dezimalbruchdarstellung der rationalen Zahlen zu</u>
        <u>den reellen Zahlen</u>

Bei der folgenden Behandlung der reellen Zahlen legen wir weniger
Wert auf eine lückenlose konstruktive Herleitung. Diese würde den
Rahmen dieses Buchs sprengen. Wer eine vollständige Herleitung der
reellen Zahlen kennenlernen will, sei auf Literatur über Zahlbereichserweiterungen hingewiesen (z.B. [7], [13]). Uns geht es dar-
um, die sicherlich beim Leser vorhandenen Kenntnisse über reelle
Zahlen zu vertiefen und aufzuzeigen, wie man mit reellen Zahlen
rechnet.

A Rationale Zahlen kann man als Dezimalbrüche darstellen. So gilt
z.B. $1/8 = 0,125$ und $5/6 = 0,8333... = 0,8\overline{3}$. Ein Bruch, dessen
Nenner nur die Primteiler 2 oder 5 besitzt, hat eine abbrechende
Dezimalbruchdarstellung. Jeder andere Bruch wird durch einen periodischen nicht abbrechenden Dezimalbruch dargestellt. Während
$0,125$ eine andere Schreibweise für die Bruchzahl

$$\frac{1}{10} + \frac{2}{100} + \frac{5}{1000} = \frac{125}{1000}$$

ist, können wir den Ausdruck $0,8\overline{3}$ nicht so einfach beschreiben.
Später, bei Kenntnis der Theorie der Reihen (vgl. Abschn. 3.5),
können wir $0,8\overline{3}$ als Grenzwert der Reihe

$$\frac{8}{10} + \frac{3}{100} + \frac{3}{1000} + \cdots$$

auffassen. Im Augenblick bleibt uns nichts anderes übrig, als in
$0,8\overline{3}$ eine reine Schreibfigur zu sehen, die aus der schriftlichen
Division $5:6$ entsteht. Man kann jedoch die spätere Deutung als
Reihenwert vorbereiten, indem man der Gleichung $5/6 = 0,8\overline{3}$ diese
Folge von Ungleichungen zuordnet:

$$0,8 \leq 5/6 \leq 0,9$$
$$0,83 \leq 5/6 \leq 0,84$$
$$0,833 \leq 5/6 \leq 0,834$$
$$\vdots$$

$5/6$ ist die einzige rationale Zahl, die dieser Folge von Ungleichungen genügt.

Die nicht abbrechenden Dezimalbruchdarstellungen rationaler Zahlen
sind stets periodisch. Umgekehrt ist jeder periodische Dezimalbruch
Darstellung einer zugehörigen Bruchzahl. Wir wollen dies an einem
Beispiel erläutern. Dabei setzen wir voraus, daß man mit nicht abbrechenden Dezimalbrüchen in ähnlicher Weise rechnen kann wie mit
abbrechenden Dezimalbrüchen. Am Ende dieses Abschnitts werden wir
allgemein auf das Rechnen mit nicht abbrechenden Dezimalbrüchen
eingehen. Wenn etwa

$$a = 3,12\overline{45} \qquad \text{gilt, erhalten wir}$$
$$100a = 312,45\overline{45} \; .$$

(Der Faktor 100 entsteht dadurch, daß die Zahl 10 mit der Perioden-
länge von a potenziert wird.) Durch Subtraktion der beiden Gleichungen erhalten wir

99a = 309,33.

Daher gilt a = 30933/9900 = 3437/1100.

Ein periodischer Dezimalbruch mit der Periode 9 entspricht einer rationalen Zahl mit abbrechender Dezimalbruchdarstellung. Wenn z.B.

$$a \quad = \quad 2,41\overline{9} \qquad \text{gilt, erhalten wir}$$
$$10a = 24,19\overline{9} \ .$$

Durch Subtraktion der Gleichungen bekommen wir

$$9a = 21,78.$$

Daher gilt a = 2178/900 = 242/100. a = 2,41$\overline{9}$ hat demnach die abbrechende Dezimalbruchdarstellung a = 2,42. Um Eindeutigkeit in der Dezimalbruchdarstellung zu gewinnen, schließen wir nicht abbrechende Dezimalbrüche mit der Periode 9 aus. Wenn ein periodischer Dezimalbruch mit der Periode 9 als Ergebnis einer Rechnung auftritt, wird er stets in der gerade beschriebenen Weise in einen abbrechenden Dezimalbruch umgewandelt. Die in Abschn. 1.1 beschriebenen Verfahren (Heronsches Verfahren und Verfahren der Dezimalschachtelung) liefern nicht abbrechende Dezimalzahlen, die im allgemeinen nicht periodisch sind. Diese Dezimalzahlen stellen gegenüber den rationalen Zahlen etwas Neues dar. Wir führen eine allgemeine Schreibweise für nicht abbrechende Dezimalzahlen ein. Wenn a eine nicht negative nicht abbrechende Dezimalzahl ist, gibt es ganze Zahlen $\alpha_0, \alpha_1, \alpha_2, \ldots$ mit

$$0 \leq \alpha_0, \quad 0 \leq \alpha_i \leq 9 \qquad \text{für alle } i \geq 1$$

$$\text{und} \qquad a = \alpha_0, \alpha_1 \alpha_2 \alpha_3 \ldots \ . \tag{1.1}$$

Die ganzen Zahlen $\alpha_0, \alpha_1, \alpha_2, \ldots$ bilden eine Folge. Wir gehen hierauf in Abschn. 1.3 genauer ein.

Bis jetzt haben wir in unseren Beispielen nur nicht negative Dezimalzahlen kennengelernt. Was soll man unter negativen nicht abbrechenden Dezimalzahlen verstehen? Für die abbrechende Dezimalzahl a = 3,452 erhalten wir z.B.

$$-a = -3 + (-4)\cdot\frac{1}{10} + (-5)\cdot\frac{1}{100} + (-2)\cdot\frac{1}{1000} \ .$$

Dies schreiben wir kürzer als

$$-a = (-3),(-4)(-5)(-2) \ .$$

Entsprechend bilden wir mit den Bezeichnungen aus (1.1) die negative nicht abbrechende Dezimalzahl

A

$$(-\alpha_0), (-\alpha_1)(-\alpha_2)(-\alpha_3)\ldots ,$$

wobei für mindestens ein n gelten muß, daß $\alpha_n \neq 0$ ist. Wir setzen

$$-(\alpha_0, \alpha_1\alpha_2\alpha_3\ldots) := (-\alpha_0), (-\alpha_1)(-\alpha_2)(-\alpha_3)\ldots .$$

Eine rationale Zahl hat entweder eine nicht abbrechende Dezimalbruchdarstellung (z.B. $2/3 = 0,\overline{6}$) oder eine abbrechende Dezimalbruchdarstellung (z.B. $2/5 = 0,4$). Indem wir abbrechenden Dezimalbrüchen die Periode 0 "anhängen", erreichen wir, daß alle rationalen Zahlen nicht abbrechende Dezimalbruchdarstellungen besitzen
(z.B. $2/5 = 0,4\overline{0}$). Die Menge der nicht abbrechenden Dezimalzahlen
ohne Periode 9 bzw. -9 nennen wir die <u>Menge der reellen Zahlen</u>.
(Die Definition der reellen Zahlen in formaler Strenge geschieht
allerdings erst im nächsten Abschnitt. Dazu ist ja die bis jetzt
nicht durchgeführte formale Definition des Begriffs "nicht abbrechende Dezimalzahl" erforderlich.)
Aufgrund der Dezimalbruchdarstellung der rationalen Zahlen können
wir die Menge der rationalen Zahlen als Teilmenge der reellen Zahlen ansehen. Immer wenn im folgenden im Zusammenhang mit reellen
Zahlen ein abbrechender Dezimalbruch auftritt, ist damit der durch
Anhängen der Periode 0 entstehende nicht abbrechende Dezimalbruch
gemeint.

Zu jeder reellen Zahl a gibt es ganze Zahlen α_0, α_1, α_2,... mit
$a = \alpha_0, \alpha_1\alpha_2\alpha_3\ldots$, wobei entweder

$$0 \leq \alpha_0, \quad 0 \leq \alpha_i \leq 9 \qquad \text{für alle } i \geq 1$$

oder $\quad \alpha_0 \leq 0, \quad -9 \leq \alpha_i \leq 0 \qquad \text{für alle } i \geq 1$

gilt.

Wir legen eine Ordnung für die reellen Zahlen fest. Das Ordnungs-
prinzip entspricht der Ordnung der Wörter in einem Lexikon, man
spricht deshalb von <u>lexikographischer Ordnung</u>:
$a = \alpha_0, \alpha_1\alpha_2\alpha_3\ldots$ und $b = \beta_0, \beta_1\beta_2\beta_3\ldots$ seien verschiedene reelle
Zahlen. n sei die kleinste Zahl aus $\mathbb{N}_0$, für die $\alpha_n \neq \beta_n$ gilt.
Wir setzen

$$a < b \leftrightarrow \alpha_n < \beta_n .$$

Weiter setzen wir $a > b$, wenn $b < a$ ist und $a \leq b$, wenn $a < b$ oder
$a = b$ gilt. Wir schreiben $a \geq b$, wenn $a > b$ oder $a = b$ gilt.

Wir wollen uns jetzt überlegen, wie man mit reellen Zahlen rech-

net. Bezüglich der Addition reeller Zahlen können wir ähnlich wie
bei der schriftlichen Addition abbrechender Dezimalbrüche vorgehen,
mit dem Unterschied, daß wir bei der Addition der einzelnen Stellen
von links nach rechts voranschreiten. Wir betrachten dazu als Beispiel die Zahlen $\sqrt{5}$ = 2,23606797... und $\sqrt{3}$ = 1,73205080... :

```
  2,23606797...
+ 1,73205080...
  ─────────────
  3,96801777...
        1 1          ⟵── Übertrag
  ─────────────
  3,96811877...
```

Von dem Ergebnis sind die ersten 7 Stellen hinter dem Komma ge-
sichert, während sich die achte Stelle durch einen möglichen Über-
trag noch ändern kann. Wir erhalten also

$$\sqrt{5} + \sqrt{3} = 3,9681187... \ .$$

Während auch die Subtraktion reeller Zahlen an das Verfahren der
schriftlichen Subtraktion angelehnt werden kann, führt dieser An-
satz bei der Multiplikation reeller Zahlen zu einer komplizierten
und unübersichtlichen Rechnung. Wir werden deshalb bei der Einführung der Addition, Subtraktion, Multiplikation und Division reeller Zahlen anders vorgehen: Wir erklären diese 4 Grundverknüpfungen an Hand von Verknüpfungen von Ungleichungen. Dabei sollen
die zu verknüpfenden reellen Zahlen durch eine Folge von Ungleichungen mit abbrechenden Dezimalbrüchen beschrieben werden (siehe
Seite 16). Wir wollen das Vorgehen zunächst für den Fall untersuchen, daß die zu verknüpfenden reellen Zahlen rational sind. In $\mathbb{Q}$
gelten für alle a, b und c $\in \mathbb{Q}$ die folgenden Regeln für das Rechnen mit Ungleichungen:

(1) $\qquad a \leq b \ \Leftrightarrow \ a+c \leq b+c$,

(2) $\qquad a \leq b$ und $c > 0 \ \Rightarrow \ ca \leq cb$,

Hiermit erhalten wir für alle a,b,c,d,x,y $\in \mathbb{Q}$:

Aus $\qquad a \leq x \leq b$ und $c \leq y \leq d \qquad$ folgt: $\hfill (1.2)$

$\qquad a+c \leq x+y \leq b+d$, $\hfill (1.3)$

$\qquad a-d \leq x-y \leq b-c$, $\hfill (1.4)$

$\qquad ac \leq xy \leq bd$, $\qquad\quad$ falls $a,c \geq 0$, $\hfill (1.5)$

$\qquad \dfrac{a}{d} \leq \dfrac{x}{y} \leq \dfrac{b}{c}$, $\qquad\quad$ falls $a \geq 0$ und $c > 0$. $\hfill (1.6)$

A Wir sagen, daß die Ungleichung (1.3) durch Addition der Ungleichungen (1.2) entsteht. Entsprechend sagen wir, daß die Ungleichungen
(1.4) bis (1.6) durch Subtraktion, Multiplikation bzw. Division
der Ungleichungen (1.2) entstehen.

Beispiel für den Zusammenhang zwischen der Addition rationaler Zahlen und der Addition von zugehörigen Ungleichungen:

Für $x = 5/6$ gilt die Folge von Ungleichungen

$$
\begin{aligned}
0,8 &\leq x \leq 0,9 \\
0,83 &\leq x \leq 0,84 \\
0,833 &\leq x \leq 0,834 \\
0,8333 &\leq x \leq 0,8334 \\
&\vdots
\end{aligned}
\tag{1.7}
$$

Umgekehrt folgt für $x \in \mathbb{Q}$ aus der Gültigkeit der Ungleichungen
(1.7), daß $x = 5/6$ ist.

Für $y = 1/3$ erhalten wir die Folge von Ungleichungen

$$
\begin{aligned}
0,3 &\leq y \leq 0,4 \\
0,33 &\leq y \leq 0,34 \\
0,333 &\leq y \leq 0,334 \\
0,3333 &\leq y \leq 0,3334 \\
&\vdots
\end{aligned}
\tag{1.8}
$$

Wegen der Ungleichung (1.3) erhalten wir für $x+y$ die Folge von
Ungleichungen

$$
\begin{aligned}
1,1 &\leq x+y \leq 1,3 \\
1,16 &\leq x+y \leq 1,18 \\
1,166 &\leq x+y \leq 1,168 \\
1,1666 &\leq x+y \leq 1,1668 \\
&\vdots
\end{aligned}
\tag{1.9}
$$

Der Folge von Ungleichungen (1.8) entnehmen wir, daß

$$x+y = 1,1\overline{6} = 7/6$$

gilt. Wir sehen also, daß wir das Ergebnis der Addition von rationalen Zahlen auch dadurch erhalten können, daß wir gewisse Ungleichungen addieren.

Nach diesem Prinzip werden wir jetzt für reelle Zahlen die vier

Grundverknüpfungen einführen. Um eine einfache Schreibweise zur
Hand zu haben, geben wir zuvor die folgende Definition.

<u>Definition 1.1</u> Wenn die reelle Zahl $a = \alpha_0,\alpha_1\alpha_2\alpha_3\ldots$ nicht nega-
tiv ist, setzen wir

$$a_n := \alpha_0,\alpha_1\alpha_2\ldots\alpha_n$$

und $\qquad a_n' := \alpha_0,\alpha_1\alpha_2\ldots\alpha_n + 1/10^n.$

Wenn a negativ ist, setzen wir

$$a_n := \alpha_0,\alpha_1\alpha_2\ldots\alpha_n - 1/10^n,$$

$$a_n' := \alpha_0,\alpha_1\alpha_2\ldots\alpha_n \qquad\qquad (n \in \mathbb{N}_0).$$

Wir nennen a_n die <u>n-te untere Dezimalnäherung von a</u> und a_n' die
<u>n-te obere Dezimalnäherung von a</u>.

Aus der Definition der unteren und oberen Dezimalnäherung folgt,
daß für alle $n \in \mathbb{N}_0$ gilt:

(1) $\qquad a_n \leq a_{n+1}$,

(2) $\qquad a_n' \leq a_{n+1}'$,

(3) $\qquad a_n' - a_n = 1/10^n.$

<u>Beispiel 1.1</u> Für $a = 0,8\overline{3}$ erhalten wir:

$$a_0 = 0 \qquad\qquad\qquad a_0' = 1$$

$$a_1 = 0,8 \qquad\qquad\qquad a_1' = 0,9$$

$$a_2 = 0,83 \qquad\qquad\qquad a_2' = 0,84$$

$$a_3 = 0,833 \qquad\qquad\qquad a_3' = 0,834$$

$$\vdots \qquad\qquad\qquad\qquad \vdots$$

Wir wollen uns jetzt überlegen, wie man die Summe reeller Zahlen
a und b definieren kann. Mit den unteren und oberen Dezimalnäherungen erhalten wir, daß

$$a_n \leq a \leq a_n'$$

und $\qquad b_n \leq b \leq b_n' \qquad\qquad$ für alle $n \in \mathbb{N}_0$ gilt.

Wir werden in Abschn. 1.3 beweisen, daß es dann genau eine reelle
Zahl s mit

A
$$a_n + b_n \leq s \leq a_n' + b_n' \qquad \text{für alle } n \in \mathbb{N}_0$$

gibt. Diese Zahl s bezeichnen wir als Summe von a und b und setzen

$$a + b := s.$$

Differenz, Produkt und Quotient von reellen Zahlen werden entsprechend definiert. Wir wollen an einem Beispiel die Vorgehensweise
verdeutlichen. In Tab. 1.4 werden für $a = \sqrt{5}$ und $b = \sqrt[3]{7}$ die
linken und rechten Grenzen der zugehörigen Ungleichungen angegeben.

Tab. 1.4

	$\sqrt{5}$			$\sqrt[3]{7}$	
n	a_n	a_n'	n	b_n	b_n'
0	2	3	0	1	2
1	2,2	2,3	1	1,9	2,0
2	2,23	2,24	2	1,91	1,92
3	2,236	2,237	3	1,912	1,913
4	2,2360	2,2361	4	1,9129	1,913
.			.		
.			.		
.			.		

In Tab. 1.5 werden gemäß Ungleichungen (1.3) bis (1.6) die Ungleichungen aus Tab. 1.4 verknüpft. Wieder werden nur die linken
und rechten Grenzen der so gewonnenen Ungleichungen angegeben.

Tab. 1.5

	$\sqrt{5} + \sqrt[3]{7}$		$\sqrt{5} - \sqrt[3]{7}$		$\sqrt{5} \cdot \sqrt[3]{7}$		$\sqrt{5} : \sqrt[3]{7}$	
n	$a_n + b_n$	$a_n' + b_n'$	$a_n - b_n'$	$a_n' - b_n$	$a_n\, b_n$	$a_n' \cdot b_n'$	$a_n : b_n'$	$a_n' : b_n$
0	3	5	0	2	2	6	1	3
1	4,1	4,3	0,2	0,4	4,18	4,60	1,1	1,2...
2	4,14	4,16	0,31	0,33	4,25...	4,30...	1,16...	1,17...
3	4,148	4,150	0,323	0,325	4,275...	4,279...	1,168...	1,169...
4	4,1489	4,1491	0,3230	0,3232	4,2772..	4,2776..	1,1688..	1,1689..
.								
.								
.								

Wir entnehmen Tab. 1.5:

$$\sqrt{5} + \sqrt[3]{7} = 4{,}14\ldots$$
$$\sqrt{5} - \sqrt[3]{7} = 0{,}323\ldots$$

$$\sqrt{5} \cdot \sqrt[3]{7} = 4,277\ldots$$
$$\sqrt{5} : \sqrt[3]{7} = 1,168\ldots$$

Etwas unbefriedigend ist, daß wir für $\sqrt{5} + \sqrt[3]{7}$ der Tabelle nur zwei gesicherte Stellen hinter dem Komma entnehmen können. Um weitere Stellen zu ermitteln, betrachten wir zusätzlich den Fall $n = 7$. Es ist $a_7 = 2,2360679$ und $b_7 = 1,9129311$. Damit erhalten wir

$$a_7 + b_7 = 4,1489990$$

$$\text{und} \quad a_7' + b_7' = 4,1489992. \tag{1.10}$$

Somit gilt $\sqrt{5} + \sqrt[3]{7} = 4,148999\ldots$ (Man erwarte jedoch nicht die Periode 9. Aus den Gl. (1.10) folgt, daß die siebte Stelle hinter dem Komma zwischen 0 und 2 liegen muß.)

Bei aufmerksamem Studium von Tab. 1.5 können wir für die durch Verknüpfung entstandenen Folgen von Ungleichungen beobachten:
(1) Die linken Grenzen der Ungleichungen werden größer oder bleiben konstant, während die rechten Grenzen kleiner werden oder konstant bleiben.
(2) Die positiven Differenzen zwischer rechter und linker Grenze der Ungleichungen werden immer kleiner und unterschreiten dabei jede vorgegebene noch so kleine positive Zahl.

(1) und (2) haben zur Folge, daß in der Folge der Ungleichungen linke und rechte Grenze in immer mehr Stellen hinter dem Komma übereinstimmen. (Dies gilt jedoch nicht, wenn die Periode 9 auftritt. In diesem Fall muß die entstehende Dezimalzahl mit Periode 9 gemäß dem zu Anfang dieses Abschnitts Gesagten umgewandelt werden.) Daher bestimmt eine (1) und (2) erfüllende Folge von Ungleichungen eindeutig eine reelle Zahl, die allen Ungleichungen genügt.

Um reelle Zahlen zu verknüpfen, haben wir die rationalen linken und rechten Grenzen gewisser Ungleichungen verknüpft und hieraus die Dezimalbruchentwicklung des Verknüpfungsergebnisses gewonnen. Daher ist zu erwarten, daß die Rechengesetze der rationalen Zahlen auch für die reellen Zahlen gelten. In Abschn. 1.3 werden wir hierauf eingehen.

A   <u>Aufgaben</u>

1.2 Welche Bruchzahl hat die Dezimalbruchdarstellung $3,\overline{415}$?

1.3 Geben Sie für $n = 1,2,3,4$ die unteren und oberen Dezimalnäherungen für $\sqrt{10}$ und $-\sqrt{10}$ an.

1.4 Wie müssen die in Tab. 1.5 gebildeten linken und rechten Grenzen der Ungleichungen aussehen, wenn negative reelle Zahlen in den Verknüpfungen auftreten? Machen Sie sich klar, daß sich bei Addition und Subtraktion nichts ändert, während Multiplikation und Division zu Fallunterscheidungen führen. Untersuchen Sie das Beispiel $(-\sqrt{5}) \cdot \sqrt[3]{7}$.

1.5 a und b seien reelle Zahlen mit $a < b$. Zeigen Sie, daß für die unteren Dezimalnäherungen von a und b folgendes gilt:
(1)   Es gibt ein $n \in \mathbb{N}$ mit $a_n < b$.
(2)   Es gibt ein $n \in \mathbb{N}$ mit $a_n < b_n$.
(3)   Aus $a_n < b_n$ folgt $a_n + 10^{-n} \leq b_n$.

B   1.3   <u>Definition der reellen Zahlen</u>

In diesem Abschnitt greifen wir die Gedanken aus Abschn. 1.2 auf und stellen sie in formaler Strenge dar. Um nicht immer wieder auf den vorausgegangenen Abschnitt verweisen zu müssen, nehmen wir an einigen Stellen Wiederholungen in Kauf.
Wir haben in Abschn. 1.2 gesehen, daß ein nicht abbrechender Dezimalbruch aus einer Folge von ganzen Zahlen aufgebaut wird. Dies legt die folgende Definition nahe.

<u>Definition 1.2</u> (1) Eine ganzzahlige Folge $(\alpha_n): \mathbb{N}_0 \to \mathbb{Z}$ heißt <u>nicht negative Dezimalzahl</u>, wenn $\alpha_0 \geq 0$ ist und $0 \leq \alpha_n \leq 9$ für alle $n \in \mathbb{N}$ gilt.
(2) Eine ganzzahlige Folge $(\alpha_n): \mathbb{N}_0 \to \mathbb{Z}$ heißt <u>nicht positive Dezimalzahl</u>, wenn $\alpha_0 \leq 0$ ist und $-9 \leq \alpha_n \leq 0$ für alle $n \in \mathbb{N}$ gilt.
(3) Eine ganzzahlige Folge $(\alpha_n): \mathbb{N}_0 \to \mathbb{Z}$ heißt <u>Dezimalzahl</u>, wenn (α_n) eine nicht negative oder eine nicht positive Dezimalzahl ist.

Es ist aus Abschn. 1.2 klar, was unter periodischen Dezimalzahlen und der Periode einer Dezimalzahl zu verstehen ist. Eine Dezimalzahl heißt <u>abbrechend</u>, wenn sie die Periode O hat.

<u>Definition 1.3</u> Eine Dezimalzahl ohne Periode 9 bzw. -9 heißt <u>reelle</u> <u>Zahl</u>. Die Menge der reellen Zahlen bezeichnen wir mit $\mathbb{R}$.

Wir benutzen für reelle Zahlen die Schreibweise aus Abschn. 1.2. Wenn (α_n) eine reelle Zahl ist, schreiben wir
$$\alpha_0,\alpha_1\alpha_2\ldots := (\alpha_n).$$
Indem wir die rationalen Zahlen durch Dezimalzahlen darstellen, können wir die rationalen Zahlen als Teilmenge von $\mathbb{R}$ betrachten (vgl. Abschn. 1.2). Reelle Zahlen der Form $\alpha_0,\alpha_1\alpha_2\ldots\alpha_k\overline{0}$ werden wir im folgenden häufig abbrechend als $\alpha_0,\alpha_1\alpha_2\ldots\alpha_k$ schreiben. Für $a = \alpha_0,\alpha_1\alpha_2\ldots$ setzen wir $-a := (-\alpha_0),(-\alpha_1)(-\alpha_2)\ldots$.

<u>Definition 1.4</u> $a = \alpha_0,\alpha_1\alpha_2\ldots$ und $b = \beta_0,\beta_1\beta_2\ldots$ seien verschiedene reelle Zahlen. $n \in \mathbb{N}_0$ sei die kleinste Zahl, für die $\alpha_n \neq \beta_n$ gilt. Wir setzen
$$a < b \iff \alpha_n < \beta_n.$$
Weiter setzen wir $a > b$, wenn $b < a$ ist und $a \leq b$, wenn $a < b$ oder $a = b$ gilt. Wir schreiben $a \geq b$, wenn $a > b$ oder $a = b$ gilt.

Für rationale Zahlen entspricht die so definierte Kleinerrelation der üblichen Kleinerrelation in $\mathbb{Q}$. Die in Definition 1.4 definierte Relation "<" ist transitiv: Es gilt
$$a < b \quad \text{und} \quad b < c \;\Rightarrow\; a < c \qquad \text{für alle } a,b,c \in \mathbb{R}.$$
Um dies zu beweisen, erinnern wir an die unteren Dezimalnäherungen aus Definition 1.1. Aus Aufgabe 1.5 wissen wir: Wenn $a < b$ ist, gibt es ein $n \in \mathbb{N}_0$ mit $a_n < b_n$. Man überlegt sich leicht, daß auch die Umkehrung gilt:
$$\text{Es gibt } n \in \mathbb{N}_0 \text{ mit } a_n < b_n \;\Rightarrow\; a < b.$$
Außerdem folgt aus $a_n < b_n$, daß $a_k < b_k$ für alle $k \in \mathbb{N}_0$ mit $k \geq n$ ist.
Nun zur Transitivität der Relation "<": Es seien $a,b,c \in \mathbb{R}$ mit $a < b$ und $b < c$. Dann gibt es Zahlen $n,m \in \mathbb{N}_0$ mit $a_n < b_n$ und $b_m < c_m$. Für alle $k \in \mathbb{N}_0$ mit $k \geq n$ und $k \geq m$ gilt ebenfalls $a_k < b_k$ und $b_k < c_k$. Da die Kleinerrelation auf $\mathbb{Q}$ transitiv ist, gilt $a_k < c_k$ für alle $k \in \mathbb{N}_0$ mit $k \geq n$ und $k \geq m$. Hieraus folgt $a < c$.

B Man überlegt sich leicht, daß aus a < b folgt, daß -b < -a ist
(a,b ∈ ℝ).

Wir haben in Abschn. 1.1 gesehen, daß die rationalen Zahlen "Lücken"
aufweisen: Die geometrisch auf dem Zahlenstrahl konstruierbare
Zahl $\sqrt{2}$ gehört nicht zu den rationalen Zahlen. Die Gleichung
$x^2 = 2$ hat somit in ℚ keine Lösung. Wir können dies auch etwas anders beschreiben, indem wir die Menge

$$M = \{ x \in \mathbb{Q}^+ \mid x^2 > 2 \}$$

betrachten. Es gilt $x \geq 1$ für alle $x \in M$. Man sagt in diesem Fall,
daß die Menge M nach unten beschränkt und 1 eine untere Schranke
von M ist. Eine "bessere" untere Schranke von M ist die rationale
1,4. Eine noch bessere untere Schranke von M ist die rationale
Zahl 1,41. Es gibt aber unter den rationalen Zahlen keine beste
untere Schranke von M, kein Infimum von M. Im folgenden werden wir
Begriffe wie "nach unten beschränkt" und "Infimum" definieren und
an Hand dieser Begriffe das wesentliche Unterscheidungsmerkmal der
reellen Zahlen gegenüber den rationalen Zahlen herausarbeiten.

<u>Definition 1.5</u> M ⊆ ℝ sei nicht leer. M heißt <u>nach unten beschränkt</u>,
wenn es eine reelle Zahl a gibt mit $x \geq a$ für alle $x \in M$. a heißt
dann <u>untere Schranke von M</u>. M heißt <u>nach oben beschränkt</u>, wenn es
eine reelle Zahl b gibt mit $x \leq b$ für alle $x \in M$. b heißt dann
<u>obere Schranke von M</u>.

<u>Beispiel 1.2</u> $M = \{ x \in \mathbb{Q} \mid x^3+x < 4 \}$ ist nach oben beschränkt.
Eine obere Schranke von M ist 2. Für $x \geq 2$ gilt nämlich

$$x^3 + x \geq 8 + 2 = 10,$$

woraus $x \notin M$ folgt. Daher muß $x < 2$ für alle $x \in M$ gelten. Eine
bessere obere Schranke ist 3/2, die Zahl 1 ist keine obere Schranke von M.

Die Menge M aus Beispiel 1.2 ist nicht nach unten beschränkt. Für
Mengen, die sowohl nach unten als auch nach oben beschränkt sind,
führen wir einen weiteren Begriff ein.

<u>Definition 1.6</u> M ⊆ ℝ sei nicht leer. M heißt <u>beschränkt</u>, wenn
M nach oben und nach unten beschränkt ist.

<u>Beispiel 1.3</u> $A = \{ x \in \mathbb{Q} \mid x^2 < 1 \}$ ist beschränkt. -1 ist eine
untere Schranke von A, und 1 ist eine obere Schranke von A. Die
Menge $B = \{ x \in \mathbb{Q} \mid x^3 < 1 \}$ ist nicht beschränkt. Zu B gibt es

keine untere Schranke, da alle negativen rationalen Zahlen zu
B gehören.

Für die oberen Schranken der Menge A aus Beispiel 1.3 gilt, daß
sie nicht Element von A sind. Wenn eine obere Schranke einer Menge
M gleichzeitig Element von M ist, spricht man von einem Maximum
von M.

Definition 1.7 $M \subseteq \mathbb{R}$ sei nicht leer. a $\in$ R heißt <u>Maximum von M</u>,
wenn a eine obere Schranke von M ist und a $\in$ M gilt. b $\in \mathbb{R}$ heißt
<u>Minimum von M</u>, wenn b eine untere Schranke von M ist und b $\in$ M gilt.

Wenn M ein Maximum besitzt, ist es eindeutig bestimmt. Wir bezeichnen es dann mit max M. Genauso gilt: Wenn M ein Minimum besitzt,
ist dies eindeutig bestimmt. Wir bezeichnen es dann mit min M.

Beispiel 1.4 Wir wollen für die Menge
$$M = \{ x \in \mathbb{Q}^+ \mid 2 < x^2+x \leq 6 \}$$
untersuchen, ob sie ein Maximum bzw. ein Minimum besitzt. Für
$x \in \mathbb{Q}^+$ mit $x \leq 1$ erhalten wir $x^2+x \leq 1+1 = 2$, woraus x $\in$ M folgt.
Für x > 2 erhalten wir $x^2+x > 4+2 = 6$, woraus ebenfalls x $\in$ M
folgt. Daher muß $1 < x \leq 2$ für alle x $\in$ M gelten. Aus $1 < x \leq 2$
folgt $2 = 1+1 < x^2+x \leq 4+2 = 6$, so daß wir insgesamt
$$M = \{ x \mid 1 < x \leq 2 \}$$
erhalten. Somit besitzt M das Maximum 2. M besitzt kein Minimum,
da jede untere Schranke von M kleiner oder gleich 1 ist, also nicht
zu M gehört.

Satz 1.1 Jede nicht leere Teilmenge M der natürlichen Zahlen besitzt ein Minimum.

Beweis. Angenommen, M besitzt kein Minimum. Mit A bezeichnen wir
die Menge der positiven ganzzahligen unteren Schranken von M:
$$A = \{ n \in \mathbb{N} \mid n \text{ ist untere Schranke von M } \}.$$
A ist nicht leer, da 1 $\in$ A gilt. Ist n $\in$ A, so folgt n $\notin$ M, woraus
wir $x \geq n+1$ für alle x $\in$ M erhalten. Daher ist n+1 $\in$ A. Durch
vollständige Induktion folgt, daß A = $\mathbb{N}$ ist. Daraus folgt, daß
M die leere Menge ist. Das steht im Widerspruch zu der Voraussetzung, daß M nicht leer ist. $\bullet$

Aus Satz 1.1 können wir folgern, daß für jede nicht leere Teilmenge der ganzen Zahlen gilt:

B (1)   Wenn M nach unten beschränkt ist, besitzt M ein Minimum.
   (2)   Wenn M nach oben beschränkt ist, besitzt M ein Maximum.

Wenn nämlich M durch -k nach unten beschränkt ist (k $\in$ $\mathbb{N}$), ist
M' = { x+k+1 | x $\in$ M } eine Teilmenge von $\mathbb{N}$, auf die Satz 1.1 anwendbar ist. Daher besitzt M' ein Minimum, daß wir mit n bezeichnen. Man überlegt sich leicht, daß dann n-k-1 Minimum von M ist. Damit haben wir Aussage (1) aus Satz 1.1 hergeleitet. Wir werden nun die Aussage (2) aus Aussage (1) herleiten. Wenn M nach oben beschränkt ist mit oberer Schranke k, dann ist -M := { -n | n $\in$ M } nach unten beschränkt und -k ist eine untere Schranke von -M (k $\in$ $\mathbb{Z}$). Nach (1) besitzt -M ein Minimum, daß wir mit -n bezeichnen (n $\in$ $\mathbb{Z}$). Dann ist n das Maximum von M.

Die für nicht leere Teilmengen von $\mathbb{Z}$ geltenden Eigenschaften (1) und (2) gelten nicht für Teilmengen von $\mathbb{Q}$. So hat die Menge { x $\in$ $\mathbb{Q}$ | x > 2 } kein Minimum, obschon diese Menge nach unten beschränkt ist. Allerdings gibt es unter den unteren Schranken dieser Menge eine beste, nämlich 2. Eine solche beste untere Schranke wird Infimum genannt.

<u>Definition 1.8</u> M $\subseteq$ $\mathbb{R}$ sei nicht leer. r $\in$ $\mathbb{R}$ heißt <u>Infimum von M</u>, wenn r untere Schranke von M ist, und wenn für jede weitere untere Schranke r' von M gilt, daß r' $\leq$ r ist. s $\in$ $\mathbb{R}$ heißt <u>Supremum von M</u>, wenn s eine obere Schranke von M ist, und wenn für jede weitere obere Schranke s' von M gilt, daß s $\leq$ s' ist.

Infimum und Supremum sind eindeutig bestimmt: M besitze ein Infimum a. Aus Definition 1.8 folgt, daß a das Maximum der Menge der unteren Schranken von M ist. Da das Maximum einer Menge M - falls es existiert - eindeutig bestimmt ist, ist daher das Infimum von M im Fall seiner Existenz eindeutig bestimmt. Für das Supremum von M gilt dasselbe. Supremum und Infimum von M werden - falls sie existieren - mit sup M und inf M bezeichnet.

<u>Beispiel 1.5</u> Für A = { 1,2,3 } gilt inf A = 1 und sup A = 3. Für B = { x $\in$ $\mathbb{R}$ | -1 $\leq$ x < 1 } gilt inf B = -1 und sup B = 1. Dabei fällt auf, daß inf B zu B gehört, während sup B kein Element von B ist. Zu der Menge C = { x $\in$ $\mathbb{Q}$ | x^3 < 8 } existiert das Supremum von C, es gilt sup C = 2. C besitzt kein Infimum, da M nicht nach unten beschränkt ist.

Wenn zu einer Menge M das Infimum existiert, sind zwei Fälle mög- **B**
lich:

(1) $\inf M \in M$ (Dann ist $\inf M$ das Minimum von M.)

(2) $\inf M \notin M$.

Wir wollen jetzt der Frage nachgehen, wann eine Menge $M \subseteq \mathbb{R}$ ein
Infimum besitzt. Dazu ist zunächst erforderlich, daß M nach unten
beschränkt ist. Allerdings genügt das in $\mathbb{Q}$ nicht, wie wir bereits
zu Anfang dieses Abschnitts gesehen haben. Die reellen Zahlen
zeichnen sich nun gegenüber den rationalen Zahlen gerade durch die
Tatsache aus, daß jede nach unten beschränkte Menge ein Infimum
und jede nach oben beschränkte Menge ein Supremum besitzt.
Wir bezeichnen mit $\mathbb{R}^+$ die Menge der positiven reellen Zahlen und
setzen $\mathbb{R}_0^+ := \mathbb{R}^+ \cup \{0\}$.

<u>Satz 1.2</u>   Zu jeder nach unten beschränkten nicht leeren Menge
$M \subseteq \mathbb{R}_0^+$ existiert in $\mathbb{R}_0^+$ das Infimum von M.

<u>Beweis</u>. Wir definieren rekursiv eine Folge (α_n), so daß
$$a = \alpha_0, \alpha_1 \alpha_2 \ldots$$
das Infimum von M ist. Da 0 eine untere Schranke von M ist, ist
die Menge
$$A = \{\, n \in \mathbb{N}_0 \mid n \text{ ist untere Schranke von M} \,\}$$
nicht leer. Da jedes Element von M obere Schranke von A ist, ist
A nach oben beschränkt. Daher existiert nach einer Folgerung aus
Satz 1.1 das Maximum von A:
$$\alpha_0 := \max A.$$
Für α_0 gilt (Fig. 1.6):

α_0 ist untere Schranke von M,

$\alpha_0 + 1$ ist keine untere Schranke von M.

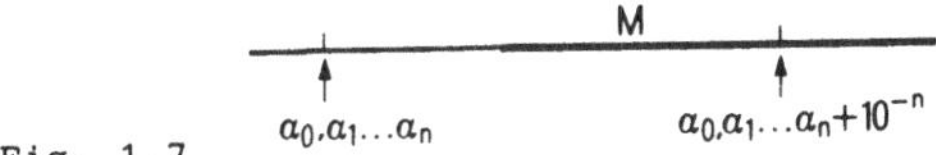

Fig. 1.6

Es seien jetzt schon Zahlen $\alpha_0, \alpha_1, \alpha_2, \ldots, \alpha_n$ mit $0 \le \alpha_i \le 9$ für
$1 \le i \le n$ definiert, so daß gilt (Fig. 1.7):

$\alpha_0, \alpha_1 \alpha_2 \ldots \alpha_n$ ist untere Schranke von M,

$\alpha_0, \alpha_1 \alpha_2 \ldots \alpha_n + 10^{-n}$ ist keine untere Schranke von M.

Fig. 1.7

B   Wir setzen

$$\alpha_{n+1} := \max \{ \, i \in \{ 0,1,2,\ldots,9 \} \mid \alpha_0{,}\alpha_1\alpha_2\ldots\alpha_n i \text{ ist}$$
$$\text{untere Schranke von } M \, \} \, .$$

Dann gilt (Fig. 1.8):

$$\alpha_0{,}\alpha_1\alpha_2\ldots\alpha_n\alpha_{n+1} \quad \text{ist untere Schranke von } M$$
$$\alpha_0{,}\alpha_1\alpha_2\ldots\alpha_n\alpha_{n+1} + 10^{-(n+1)} \quad \text{ist keine untere Schranke von } M.$$

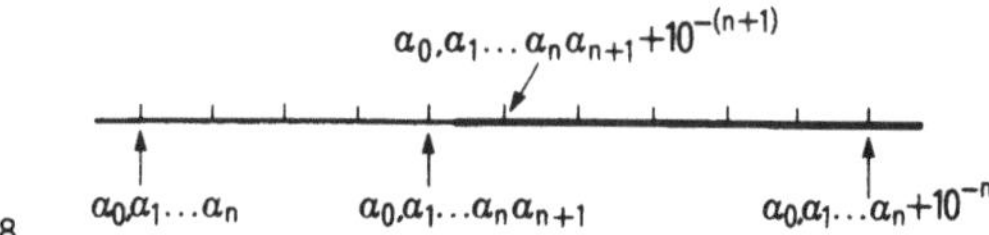

Fig. 1.8

Letzteres ist für $0 \leq \alpha_{n+1} \leq 8$ klar wegen der Definition von α_{n+1}.
Falls $\alpha_{n+1} = 9$ ist, erhalten wir

$$\alpha_0{,}\alpha_1\alpha_2\ldots\alpha_n\alpha_{n+1} + 10^{-(n+1)} = \alpha_0{,}\alpha_1\alpha_2\ldots\alpha_n + 10^{-n}.$$

Diese Zahl ist nach Voraussetzung keine untere Schranke von M.
Die so definierte Folge (α_n) hat nicht die Periode 9 (Beweis weiter unten!). Wir zeigen jetzt, daß die reelle Zahl

$$a = \alpha_0{,}\alpha_1\alpha_2\ldots$$

das Infimum von M ist. Wir erinnern an die Definition der n-ten
unteren Dezimalnäherung a_n von a und an die in Aufg. 1.5 aufgeführten Eigenschaften der unteren Dezimalnäherung. a ist untere
Schranke von M, da alle n-ten unteren Dezimalnäherungen von a untere Schranken von M sind. (Wenn nämlich a > x für ein x $\in$ M gilt,
gibt es ein n $\in$ $\mathbb{N}$ mit a_n > x.) Wenn b > a für eine reelle Zahl b
gilt, gibt es ein n $\in$ $\mathbb{N}$ mit $b \geq b_n > a_n$, woraus $b_n \geq a_n + 10^{-n}$
folgt. Dann ist b_n keine untere Schranke von M und deshalb auch
b keine untere Schranke von M. Daher ist a die größte untere
Schranke von M, es gilt a = inf M.   •

Wir müssen noch zeigen, daß $a = \alpha_0{,}\alpha_1\alpha_2\ldots$ nicht die Periode 9
hat. Wenn wir annehmen, daß a die Periode 9 hat, gibt es ein m $\in$ $\mathbb{N}$
mit

$$\alpha_n = 9 \qquad \text{für alle } n \in \mathbb{N} \text{ mit } n > m.$$

Nach Definition der α_i gibt es ein x $\in$ M mit

$$\alpha_0{,}\alpha_1\alpha_2\ldots\alpha_m \leq x < \alpha_0{,}\alpha_1\alpha_2\ldots\alpha_m + 10^{-m}.$$

Zu x gibt es ganze Zahlen $\beta_{m+1}, \beta_{m+2},\ldots \in \{ 0,1,2,\ldots,9 \}$ mit

$$x = \alpha_0{,}\alpha_1\alpha_2\ldots\alpha_m\beta_{m+1}\beta_{m+2}\ldots \, .$$

Da wir für reelle Zahlen die Periode 9 ausgeschlossen haben, gibt **B** es ein $j \in \mathbb{N}$ mit $\beta_{m+j} < 9$. Wir erhalten

$$\alpha_O , \alpha_1 \alpha_2 \ldots \alpha_m \underbrace{99 \ldots 9}_{j\text{-mal}} \leq \alpha_O , \alpha_1 \alpha_2 \ldots \alpha_m \beta_{m+1} \ldots \beta_{m+j} \ldots$$

Dies ist ein Widerspruch. Daher hat a nicht die Periode 9.

Folgerungen aus Satz 1.2:

(1) Wenn $M \subseteq \mathbb{R}$ mit $M \cap \mathbb{R}^+ \neq \emptyset$ nach oben beschränkt ist, existiert in $\mathbb{R}$ das Supremum von M.

<u>Beweis.</u> Wir bilden zu M die Menge

$$M' = \{ a \in \mathbb{R} \mid x \leq a \quad \text{für alle } x \in M \}.$$

Es gilt $M' \subseteq \mathbb{R}^+$. Nach Satz 1.2 existiert $s = \inf M'$. Wir zeigen zunächst, daß s eine obere Schranke von M ist. Dazu nehmen wir indirekt an, daß s keine obere Schranke von M ist. Dann gibt es ein $a \in M$ mit $s < a$. Die reelle Zahl a ist eine untere Schranke von M', die größer als inf M' ist. Das ist ein Widerspruch zur Definition des Infimums. Also ist s eine obere Schranke von M. Wenn $b \in \mathbb{R}$ eine weitere obere Schranke von M ist, gilt $x \leq b$ für alle $x \in M$. Daraus folgt $b \in M'$. Daher gilt $s \leq b$ für alle oberen Schranken b von M. Daher ist $s = \sup M$. $\bullet$

(2) Wenn $M \subseteq \mathbb{R}$ nicht leer und nach unten beschränkt ist, existiert in $\mathbb{R}$ das Infimum von M.

<u>Beweis.</u> Der Fall $M \subseteq \mathbb{R}_O^+$ ist Inhalt von Satz 1.2. Falls M auch negative reelle Zahlen enthält, bilden wir $M' = \{ -x \mid x \in M \}$. Es gilt dann $M' \cap \mathbb{R}^+ \neq \emptyset$. Wenn a eine untere Schranke von M ist, ist $-a$ eine obere Schranke von M'. Daher ist M' nach oben beschränkt. Nach Folgerung (1) existiert in $\mathbb{R}$ das Supremum s von M'. Man überlegt sich leicht, daß $-s$ das Infimum von M ist. $\bullet$

(3) Wenn $M \subseteq \mathbb{R}$ nicht leer und nach oben beschränkt ist, existiert in $\mathbb{R}$ das Supremum von M.

<u>Beweis.</u> Die Menge $M' = \{ a \in \mathbb{R} \mid x \leq a \quad \text{für alle } x \in M \}$ ist nach unten beschränkt. Nach Folgerung (2) existiert $s = \inf M'$. Wie unter (1) überlegt man sich, daß s das Supremum von M ist. $\bullet$

Insgesamt haben wir erhalten:

B **Satz 1.3** M sei eine nicht leere Teilmenge von $\mathbb{R}$. Wenn M nach oben beschränkt ist, existiert in $\mathbb{R}$ das Supremum von M. Wenn M nach unten beschränkt ist, existiert in $\mathbb{R}$ das Infimum von M.

Die in Satz 1.3 beschriebene Eigenschaft wird <u>Vollständigkeit der reellen Zahlen</u> genannt.

Zusammenfassend können wir sagen, daß zu einer beschränkten Menge stets Infimum und Supremum existieren. Minimum bzw. Maximum der Menge existieren, falls Infimum bzw. Supremum der Menge zur Menge gehören. Fig. 1.9 veranschaulicht diese Zusammenhänge.

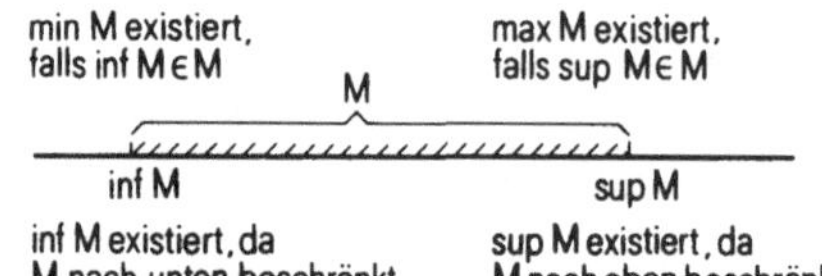

Fig. 1.9

In Abschn. 1.2 wurde angedeutet, wie man die reellen Zahlen verknüpft. Wir wollen jetzt am Beispiel der Addition reeller Zahlen zeigen, wie man die Verknüpfung reeller Zahlen exakt definiert. Die folgenden drei Sätze dienen zur Vorbereitung.

Satz 1.4 Es ist $\inf \{ 10^{-n} \mid n \in \mathbb{N}_0 \} = 0$.

<u>Beweis.</u> 0 ist eine untere Schranke von $M = \{ 10^{-n} \mid n \in \mathbb{N}_0 \}$. Sei $a = \inf M$. Dann gilt $a \geq 0$. Aus $a \leq 10^{-n}$ für alle $n \in \mathbb{N}_0$ erhalten wir, daß

$$a_k \leq 10^{-n} \qquad \text{für alle } k, n \in \mathbb{N}_0 \qquad (1.11)$$

ist. Dabei bezeichnet a_k die k-te untere Dezimalnäherung von a. Aus Gleichung (1.11) folgt, daß $a_k = 0$ für alle $k \in \mathbb{N}_0$ gilt. Daher ist $a = 0$. •

Satz 1.5 Sei $c \in \mathbb{Q}$. Dann ist $\inf \{ c \cdot 10^{-n} \mid n \in \mathbb{N}_0 \} = 0$.

<u>Beweis.</u> Sei $a = \inf \{ c \cdot 10^{-n} \mid n \in \mathbb{N}_0 \}$. Es gilt $a \geq 0$. Aus

$$a \leq c \cdot 10^{-n} \qquad \text{für alle } n \in \mathbb{N}_0$$

erhalten wir für alle k-ten unteren Dezimalnäherungen von a

$$0 \leq a_k \leq c \cdot 10^{-n} \qquad \text{für alle } n \in \mathbb{N}_0.$$

Daher gilt

$$0 \leq a_k/c \leq 10^{-n} \qquad \text{für alle } n \in \mathbb{N}_0.$$

Aus Satz 1.4 folgt, daß $a_k/c = 0$ ist, woraus $a_k = 0$ folgt. Daher gilt $a = 0$. $\bullet$

<u>Satz 1.6</u> (r_n) und (s_n) seien rationale Zahlenfolgen mit $r_n \leq s_n$ für alle $n \in \mathbb{N}_0$. a und b seien reelle Zahlen und d eine positive reelle Zahl. Es gelte

$$r_n \leq a \leq s_n \ ,$$
$$r_n \leq b \leq s_n$$

und $\qquad s_n - r_n \leq d \cdot 10^{-n}$ $\hspace{4cm}$ (1.12)

für alle $n \in \mathbb{N}_0$. Dann gilt $a = b$.

<u>Beweis</u>. Wir nehmen indirekt an, daß $a \neq b$ ist. Dann gilt $a < b$ oder $b < a$. Falls $a < b$ ist, gibt es ein kleinstes $m \in \mathbb{N}_0$ mit $a_m < b_m$, wobei a_m und b_m die m-ten unteren Dezimalnäherungen von a und b bezeichnen. Aus $a_m < b_m$ folgt $a_m + 10^{-m} \leq b_m$. Sei k eine natürliche Zahl mit $k > m$ und $\alpha_k \leq 8$, wobei $a = \alpha_0,\alpha_1\alpha_2\cdots$. Dann gilt

$$a_k + 2 \cdot 10^{-k} \leq a_m + 10^{-m}.$$

Wir erhalten

$$r_n \leq a \leq a_k + 10^{-k} < a_k + 2 \cdot 10^{-k} \leq a_m + 10^{-m} \leq b_m \leq b \leq s_n$$

für alle $n \in \mathbb{N}_0$.

Hieraus folgt

$$r_n \leq a_k + 10^{-k} < a_k + 2 \cdot 10^{-k} \leq s_n \qquad \text{für alle } n \in \mathbb{N}_0.$$

In der letzten Ungleichungskette treten nur rationale Zahlen auf. Wir erhalten aus dieser Ungleichungskette

$$s_n - r_n > 10^{-k} \qquad \text{für alle } n \in \mathbb{N}_0.$$

Daher ist 10^{-k} eine untere Schranke von $\{ s_n - r_n \mid n \in \mathbb{N}_0 \}$. Wegen Ungleichung (1.12) und Satz 1.5 ist aber

$$\inf \{ s_n - r_n \mid n \in \mathbb{N}_0 \} = 0,$$

was zu einem Widerspruch führt. Der Fall $b < a$ führt genauso zu einem Widerspruch. Daher ist $a = b$. $\bullet$

Wir sind jetzt in der Lage, die Verknüpfungen von reellen Zahlen exakt zu definieren. Wir wollen das nur an dem Beispiel der Verknüpfung "+" durchführen. Aus Abschn. 1.2 ist klar, wie wir bei den anderen Verknüpfungen vorzugehen haben. a und b seien reelle Zahlen. Mit a_n und b_n bezeichnen wir wieder die n-ten unteren Dezimalnäherungen. Die Menge $\{ a_n + b_n \mid n \in \mathbb{N}_0 \}$ ist nach oben

B beschränkt. Es gilt nämlich $a < a_0+1$ und $b < b_0+1$, woraus
$$a_n+b_n < a_0+1 + b_0+1 \qquad \text{für alle } n \in \mathbb{N}_0$$
folgt. Wir definieren
$$a + b := \sup \{ a_n+b_n \mid n \in \mathbb{N}_0 \} \ .$$
Wegen der Existenz und Eindeutigkeit des Supremums ist $a+b$ eindeutig definiert.

Wir wollen zeigen, daß
$$\sup \{ a_n+b_n \mid n \in \mathbb{N}_0 \} = \inf \{ a_n'+b_n' \mid n \in \mathbb{N}_0 \}$$
gilt, wobei a_n' und b_n' die oberen Dezimalnäherungen von a und b bezeichnen. Es gilt nämlich
$$a_n < a_k' \qquad \text{für alle } n,k \in \mathbb{N}_0.$$
Daraus folgt, daß $a_k'+b_k'$ eine obere Schranke von $\{ a_n+b_n \mid n \in \mathbb{N}_0 \}$ für alle $k \in \mathbb{N}_0$ ist. Für $s = a+b$ erhalten wir deshalb
$$a_n+b_n \leq s \leq a_n'+b_n' \qquad \text{für alle } n \in \mathbb{N}_0.$$
Setzen wir $s_1 := \inf \{ a_n'+b_n' \mid n \in \mathbb{N}_0 \}$, so erhalten wir
$$a_n+b_n \leq s_1 \leq a_n'+b_n' \qquad \text{für alle } n \in \mathbb{N}_0.$$
Wegen $a_n'+b_n'-(a_n+b_n) = 2\cdot 10^{-n}$ erhalten wir aus Satz 1.6, daß $s = s_1$ gilt. $\bullet$

Bei einer vollständigen konstruktiven Herleitung der reellen Zahlen müßten wir jetzt die weiteren Verknüpfungen definieren und ihre Eigenschaften herleiten. Wir werden dies - wie schon oben erwähnt - nicht tun. Wir wollen aber am Beispiel des Assoziativgesetzes der Addition die Vorgehensweise andeuten.

<u>Assoziativgesetz der Addition</u>: Für alle reellen Zahlen a, b und c gilt $(a+b)+c = a+(b+c)$.

<u>Beweis</u>. Wir setzen $s := a+b$ und $t := b+c$. Dann gilt
$$a_n+b_n \leq s \leq a_n'+b_n' \ ,$$
$$b_n+c_n \leq t \leq b_n'+c_n' \qquad \text{für alle } n \in \mathbb{N}_0.$$
Insbesondere erhalten wir für die n-ten Dezimalnäherungen von s, t:
$$a_n+b_n \leq s_n \ , \qquad s_n' \leq a_n'+b_n' \ ;$$
$$b_n+c_n \leq t_n \ , \qquad t_n' \leq b_n'+c_n' \qquad \text{für alle } n \in \mathbb{N}_0. \tag{1.13}$$
Außerdem gilt

$$s_n + c_n \leq s+c \leq s_n' + c_n' \; ,$$

$$a_n + t_n \leq a+t \leq a_n' + t_n' \qquad \text{für alle } n \in \mathbb{N}_0 .$$

Aus diesen Ungleichungen zusammen mit den Ungleichungen (1.13) erhalten wir

$$a_n + b_n + c_n \leq s+c \leq a_n' + b_n' + c_n' \; ,$$

$$a_n + b_n + c_n \leq a+t \leq a_n' + b_n' + c_n' \qquad \text{für alle } n \in \mathbb{N}_0 .$$

Wegen $a_n' + b_n' + c_n' - (a_n + b_n + c_n) = 3 \cdot 10^{-n}$ erhalten wir aus Satz 1.6, daß $s+c = a+t$ ist.

In ähnlicher Weise kann man die übrigen Verknüpfungseigenschaften herleiten. Wir zählen die für $\mathbb{R}$ gültigen Eigenschaften auf.

Für alle $a,b,c \in \mathbb{R}$ gilt:

<u>Eigenschaften der Addition</u>:

(A1)	$(a+b)+c = a+(b+c)$	(<u>Assoziativgesetz der Addition</u>)
(A2)	$a+0 = 0+a = a$	
(A3)	$a+(-a) = (-a)+a = 0$	
(A4)	$a+b = b+a$	(<u>Kommutativgesetz der Addition</u>)

<u>Eigenschaften der Multiplikation</u>:

(M1)	$(a \cdot b) \cdot c = a \cdot (b \cdot c)$	(<u>Assoziativgesetz der Multiplikation</u>)
(M2)	$a \cdot 1 = 1 \cdot a = a$	
(M3)	Falls $a \neq 0$, gilt $a \cdot (1/a) = (1/a) \cdot a = 1$	
(M4)	$a \cdot b = b \cdot a$	(<u>Kommutativgesetz der Multiplikation</u>)

<u>Distributivgesetz</u>:

(D)	$a \cdot (b+c) = a \cdot b + a \cdot c$

<u>Vollständigkeit der reellen Zahlen</u>:

(V)	Zu jeder nach unten beschränkten Menge $M \subseteq \mathbb{R}$ existiert in $\mathbb{R}$ das Infimum von M.

<u>Anordnungseigenschaften</u>:

(L1)	Es gilt genau eine der Beziehungen $a < b$, $a = b$, $a > b$.	
(L2)	$a < b$ und $b < c \;\Rightarrow\; a < c$	(<u>Transitivität</u>)
(L3)	$a < b \;\Rightarrow\; a+c < b+c$	(<u>Monotonie der Addition</u>)
(L4)	$a < b$ und $0 < c \;\Rightarrow\; a \cdot c < b \cdot c$	(<u>Monotonie der Multipl.</u>)

B Wie üblich lassen wir zwischen Variablen das Multiplikationszeichen weg und setzen für reelle Zahlen a,b:

$$ab := a \cdot b.$$

Bei der Formulierung des Distributivgesetzes haben wir die übliche Übereinkunft benutzt, daß - sofern durch Klammersetzung nicht anders geregelt - die Multiplikation vor der Addition ausgeführt wird:

$$a \cdot b + b \cdot c = (a \cdot b) + (b \cdot c).$$

Für $b \in \mathbb{R}$ und $n \in \mathbb{N}$ definieren wir rekursiv die Potenzen b^n von b. Das geschieht durch die Rekursionsformel

$$a_1 = b$$

$$a_{n+1} = b a_n.$$

Wir setzen $b^n := a_n$ und bekommen nacheinander:

$$b^1 = b, \qquad b^2 = bb, \qquad b^3 = bb^2 \qquad \text{usw.}$$

Für $b \neq 0$ setzen wir $b^0 := 1$. Für $b \neq 0$ und $n \in \mathbb{Z}$ mit $n < 0$ setzen wir

$$b^n := 1/(b^{-n}).$$

b^n heißt <u>n-te Potenz von b</u>.

Durch Induktion lassen sich die bekannten Potenzrechenregeln beweisen: Für alle $a,b \in \mathbb{R}$ und alle $k,n \in \mathbb{N}$ gilt

(1) $\qquad a^k a^n = a^{k+n}$

(2) $\qquad (ab)^n = a^n b^n$

(3) $\qquad (a^k)^n = a^{kn} .$

Hieraus kann man dann folgern, daß die Regeln (1) bis (3) für alle $a,b \in \mathbb{R} \setminus \{ 0 \}$ und alle $k,n \in \mathbb{Z}$ gelten.

<u>Aufgaben</u>

1.6 Zeigen Sie, indem Sie die zu Ende dieses Abschnitts aufgeführten Eigenschaften von $\mathbb{R}$ benutzen:
(1) Für alle $a \in \mathbb{R}$ gilt $a^2 \geq 0$.
(2) Für alle $a \in \mathbb{R}$ mit $a \neq 0$ gilt: $a > 0 \leftrightarrow 1/a > 0$.
(3) Für alle $a,b \in \mathbb{R}$ gilt: $a < b \Rightarrow a < (a+b)/2 < b$.

1.7 (1) Zeigen Sie, daß $a + 1/a \geq 2$ für alle $a \in \mathbb{R}^+$ gilt.
(2) Zeigen Sie, daß $2ab \leq a^2 + b^2$ für alle $a,b \in \mathbb{R}$ gilt.

B

(3) Sei $s = \sup M$. Zeigen Sie, daß es zu jeder positiven reellen Zahl ε ein $a \in M$ gibt mit $\quad s-\varepsilon < a \leq s$.

1.8 (1) Sei $a \in \mathbb{R}^+$. Zeigen Sie, daß $a^n > 0$ für alle $n \in \mathbb{N}$ gilt.

(2) Seien $a,b \in \mathbb{R}^+$ mit $a < b$. Zeigen Sie, daß $a^n < b^n$ für alle $n \in \mathbb{N}$ gilt.

(3) Sei $c \in \mathbb{R}$ und $n \in \mathbb{N}$ mit $n \geq 2$. Zeigen Sie, daß es höchstens eine Zahl $a \in \mathbb{R}^+$ gibt mit $a^n = c$.

1.4   Absolutbetrag und Ungleichungen

Das Rechnen mit Ungleichungen ist eine Grundtechnik der Analysis. In diesem Abschnitt werden daher einige Ungleichungen bereitgestellt. Vorher werden Summenzeichen und Absolutbetrag eingeführt.

Für die Folge $(a_m): \mathbb{N} \to \mathbb{R}$ bezeichnen wir mit $a_1 + a_2 + \ldots + a_n$ die Summe der ersten n Folgenglieder. Die Berechnung der Summe geschieht schrittweise, indem man zunächst $a_1 + a_2$, dann $(a_1 + a_2) + a_3$, dann $(a_1 + a_2 + a_3) + a_4$ usw. ausrechnet. Die Summe der ersten n Folgenglieder bezeichnen wir auch mit $\sum_{i=1}^{n} a_i$. Die gerade beschriebene schrittweise Berechnung der Summe legt folgende Präzisierung des Begriffs "Summe der ersten n Folgenglieder" durch rekursive Definition des Summenzeichnes nahe:

<u>Definition 1.9</u>   Sei (a_m) eine Folge. Wir definieren rekursiv das <u>Summenzeichen</u>:

$$\sum_{i=1}^{1} a_i = a_1,$$

$$\sum_{i=1}^{n+1} a_i = \sum_{i=1}^{n} a_i + a_{n+1}.$$

$\sum_{i=1}^{n} a_i$ wird gelesen als "Summe über a_i von $i=1$ bis $i=n$".

Es ist aus Definition 1.9 klar, wie man für eine Folge $(a_m): \mathbb{N}_0 \to \mathbb{R}$ die Summe $\sum_{i=0}^{n} a_i$ zu definieren hat.

Sei (a_m) eine Folge und k eine natürliche Zahl. Dann entsteht durch "Indexverschiebung um k" die Folge (c_m) mit $c_m = a_{k+m}$. Die Summe der ersten n Folgenglieder von (c_m) bezeichnen wir mit $\sum_{i=1}^{n} a_{k+i}$.

B Für $k,n \in \mathbb{N}$ mit $k \leq n$ setzen wir

$$\sum_{i=k}^{n} a_i := \sum_{i=1}^{n} a_i - \sum_{i=1}^{k-1} a_i \ .$$

Um bei dieser Definition auch den Fall $k = 1$ zu erfassen, setzen wir $\sum_{i=1}^{0} a_i := 0$.

Für das Summenzeichen gelten die folgenden Rechenregeln, die man durch Induktion beweisen kann:

(1) $\qquad c \sum_{i=1}^{n} a_i = \sum_{i=1}^{n} (ca_i) \qquad\qquad (c \in \mathbb{R})$

(2) $\qquad \sum_{i=1}^{n} (a_i+b_i) = \sum_{i=1}^{n} a_i + \sum_{i=1}^{n} b_i$

(3) $\qquad \sum_{i=1}^{n} a_{k+i} = \sum_{i=k+1}^{n+k} a_i \qquad\qquad (k \in \mathbb{N})$

Die folgenden Begriffe "Fakultät" und "Binomialkoeffizient" benötigen wir für die Formulierung des binomischen Lehrsatzes.

<u>Definition 1.10</u> Wir definieren für $n \in \mathbb{N}_0$ die <u>Fakultät</u> durch die Rekursionsformel

$$a_0 = 1$$
$$a_{n+1} = (n+1)a_n$$

Wir setzen $n! := a_n$ und lesen "n!" als "n Fakultät".

Es gilt z.B. $1! = 1, \qquad 2! = 2 \cdot 1 = 2, \qquad 3! = 3 \cdot 2 = 6,$
$4! = 4 \cdot 6 = 24.$

Mit Hilfe der Fakultät definieren wir den Binomialkoeffizienten.

<u>Definition 1.11</u> Für $k,n \in \mathbb{N}_0$ setzen wir
$$\binom{n}{k} := 0, \text{ falls } k > n \text{ ist}$$

und $\qquad \binom{n}{k} := \dfrac{n!}{k!(n-k)!}$, falls $k \leq n$ ist.

$\binom{n}{k}$ heißt <u>Binomialkoeffizient</u> und wird gelesen als "n über k".

Es gilt z.B.: $\quad \binom{n}{0} = \dfrac{n!}{0! \cdot n!} = 1$

$$\binom{n}{1} = \frac{n!}{1!(n-1)!} = \frac{(n-1)!\,n}{(n-1)!} = n$$

$$\binom{5}{3} = \frac{5!}{3!(5-3)!} = \frac{5!}{3!2!} = \frac{120}{6 \cdot 2} = 10.$$

Allgemein gilt $\binom{n}{k} = \binom{n}{n-k}$ für alle $n,k \in \mathbb{N}_0$ mit $k \leq n$.

<u>Satz 1.7</u> Für alle $n \in \mathbb{N}_O$ und alle $k \in \mathbb{N}$ gilt $\binom{n}{k} + \binom{n}{k-1} = \binom{n+1}{k}$. **B**

<u>Beweis</u>. Für $k = n+1$ gilt $\binom{n}{k} = 0$, $\binom{n}{k-1} = 1$ und $\binom{n+1}{k} = 1$. Somit gilt die Gleichung aus Satz 1.7 für $k = n+1$. Für $k > n+1$ sind alle Summanden der Gleichung aus Satz 1.7 gleich 0 und somit gilt auch in diesem Fall die Gleichung. Somit bleibt nur noch der Fall $1 \le k \le n$ zu untersuchen. Dann gilt

$$\binom{n}{k} + \binom{n}{k-1} = \frac{n!}{k!\,(n-k)!} + \frac{n!}{(k-1)!\,(n-(k-1))!}$$

$$= \frac{n!\,(n-k+1)+n!\,k}{k!\,(n-k+1)!} = \frac{(n+1)!}{k!\,(n+1-k)!} = \binom{n+1}{k}.\qquad \bullet$$

Wir überlegen uns mit Hilfe von Satz 1.7, daß $\binom{n}{k} \in \mathbb{N}_O$ für alle $k,n \in \mathbb{N}_O$ gilt. Nachdem man dies nämlich für $n = 0$ überprüft hat und für $n \in \mathbb{N}$ voraussetzt, daß $\binom{n}{k} \in \mathbb{N}_O$ für alle $k \in \mathbb{N}_O$ gilt, erhält man aus der Gleichung von Satz 1.7, daß auch $\binom{n+1}{k} \in \mathbb{N}_O$ für alle $k \in \mathbb{N}$ gilt. Natürlich gilt $\binom{n+1}{O} \in \mathbb{N}_O$. Somit haben wir durch vollständige Induktion gezeigt, daß $\binom{n}{k} \in \mathbb{N}_O$ für alle $n,k \in \mathbb{N}_O$ gilt.

<u>Satz 1.8</u> (Binomischer Lehrsatz) Für alle $a,b \in \mathbb{R}$ und alle $n \in \mathbb{N}$ gilt

$$(a+b)^n = \sum_{k=0}^{n} \binom{n}{k} a^k b^{n-k} .$$

<u>Beweis</u>. Für $b = 0$ steht in Satz 1.8 auf der linken Seite der Gleichung a^n und auf der rechten Seite $\binom{n}{n} a^n = a^n$. Daher ist für $b = 0$ Satz 1.8 richtig. Wir wollen zunächst beweisen, daß der Satz auch für $b = 1$ wahr ist. Wir bezeichnen mit $A(n)$ die Gleichung

$$(a+1)^n = \sum_{k=0}^{n} a^k .$$

Wir zeigen durch vollständige Induktion, daß $A(n)$ für alle $n \in \mathbb{N}$ wahr ist.

Indunktionsanfang: Für $n = 1$ ist $(a+1)^1 = a+1 = \binom{1}{O} a^O + \binom{1}{1} a^1$.

Induktionsschluß: Wir müssen zeigen, daß $A(n) \rightarrow A(n+1)$ für alle $n \in \mathbb{N}$ gilt. Es sei also $A(n)$ wahr, d.h. es gelte

$$(a+1)^n = \sum_{k=0}^{n} \binom{n}{k} a^k .$$

Dann gilt

$$(a+1)^{n+1} = (a+1)(a+1)^n = (a+1) \sum_{k=0}^{n} \binom{n}{k} a^k$$

B Hieraus erhalten wir

$$(a+1)^{n+1} = \sum_{k=0}^{n} (\binom{n}{k}a^{k+1} + \binom{n}{k}a^{k})$$

$$= \sum_{k=1}^{n+1} \binom{n}{k-1}a^{k} + \sum_{k=0}^{n} \binom{n}{k}a^{k}$$

$$= \sum_{k=1}^{n+1} (\binom{n}{k-1} + \binom{n}{k})a^{k} + \binom{n}{0}a^{0}$$

$$= \sum_{k=0}^{n+1} \binom{n+1}{k}a^{k} \ .$$

Somit ist auch A(n+1) wahr. Damit ist der Induktionsbeweis abgeschlossen. Es ist

$$(a+b)^{n} = (b(\tfrac{a}{b} + 1))^{n} = b^{n}(\tfrac{a}{b} + 1)^{n}$$

$$= b^{n} \sum_{k=0}^{n} \binom{n}{k} (\tfrac{a}{b})^{k} = \sum_{k=0}^{n} \binom{n}{k}a^{k}b^{n-k}.$$

Damit ist der Beweis des binomischen Lehrsatzes vollständig geführt. ●

Mit dem binomischen Lehrsatz erhalten wir:

<u>Satz 1.9</u> Es seien $a,b \in \mathbb{R}$ mit $a,b \geq 0$. Dann gilt für alle $n \in \mathbb{N}$:
(1) $\qquad (a+b)^{n} \geq a^{n} + na^{n-1}b$.
(2) $\qquad$ Für $n \geq 2$ ist $(a+b)^{n} \geq a^{n} + na^{n-1}b + \dfrac{n(n-1)}{2}a^{n-2}b^{2}$.

<u>Beweis</u>. Auf den rechten Seiten der Ungleichungen aus Satz 1.9 stehen die zwei bzw. drei letzten Summanden der binomischen Entwicklung von $(a+b)^{n}$. Die fortgelassenen Summanden der binomischen Entwicklung sind alle größer oder gleich Null. Daraus folgt die Gültigkeit der Ungleichungen. ●

Wenn man a = 1 in der Gleichung (1) von Satz 1.9 setzt, erhält man die folgende Ungleichung von Bernoulli für den Fall $b \geq 0$.

<u>Satz 1.10</u> (<u>Ungleichung von Bernoulli</u>) Für alle $b \in \mathbb{R}$ mit $b \geq -1$ und alle $n \in \mathbb{N}$ gilt:
$$(1+b)^{n} \geq 1 + nb.$$

<u>Beweis</u>. Wir führen den Beweis durch vollständige Induktion. Für n = 1 gilt $(1+b)^{1} = 1+b \geq 1+1 \cdot b$. Es gelte
$$(1+b)^{n} \geq 1+nb$$
für ein $n \in \mathbb{N}$. Dann gilt, da $1+b \geq 0$ ist:
$$(1+b)^{n+1} = (1+b)(1+b)^{n} \geq (1+b)(1+nb) \ .$$

Wegen

$$(1+b)(1+nb) = 1 + (n+1)b + nb^2 \geq 1 + (n+1)b$$

folgt

$$(1+b)^{n+1} \geq 1 + (n+1)b .$$

B

$\bullet$

Satz 1.11   Es seien $a,b \in \mathbb{R}$ mit $a \geq 0$ und $a > b$. Dann gilt
$$(a-b)^n \geq a^n - na^{n-1}b \qquad \text{für alle } n \in \mathbb{N}.$$

Beweis. Wir führen den Beweis durch vollständige Induktion. Für
$n = 1$ ist $(a-b)^1 = a - b \geq a^1 - 1\,a^0 b$. Es gelte
$$(a-b)^n \geq a^n - na^{n-1}b \qquad \text{für ein } n \in \mathbb{N}.$$
Wegen $a > b$ ist $a-b > 0$. Daher folgt
$$(a-b)^{n+1} = (a-b)(a-b)^n \geq (a-b)(a^n - na^{n-1}b).$$
Mit
$$(a-b)(a^n - na^{n-1}b) = a^{n+1} - (n+1)a^n b + na^{n-1}b^2 \geq a^{n+1} - (n+1)a^n b$$
erhalten wir
$$(a-b)^{n+1} \geq a^{n+1} - (n+1)a^n b.$$
Daher gilt die Ungleichung aus Satz 1.11 für alle $n \in \mathbb{N}$. $\bullet$

Das Monotoniegesetz der Multiplikation besagt, daß eine Ungleichung "erhalten" bleibt, wenn man beide Seiten der Ungleichung mit
einer positiven Zahl multipliziert. Wenn man mit einer negativen
Zahl multipliziert, gilt folgendes:

Satz 1.12   Für alle $a,b,c \in \mathbb{R}$ gilt:
$$a < b \text{ und } c < 0 \;\Rightarrow\; ac > bc.$$

Beweis. Aus $a < b$ und $-c > 0$ folgt nach dem Monotoniegesetz der
Multiplikation, daß $a(-c) < b(-c)$ und somit $-ac < -bc$ ist.
Hieraus folgt $0 < ac - bc$, was mit $ac > bc$ gleichbedeutend ist. $\bullet$

Wir wollen jetzt den Absolutbetrag einer reellen Zahl definieren.
Stellt man die reellen Zahlen auf der Zahlengeraden dar, so entspricht dem Absolutbetrag der reellen Zahl a der Abstand des Zahl-
punkts a vom Nullpunkt.

Definition 1.12   Für $a \in \mathbb{R}$ setzen wir
$$|a| := a, \qquad \text{falls } a \geq 0$$
und
$$|a| := -a, \qquad \text{falls } a < 0$$
ist. Wir nennen $|a|$ den Absolutbetrag von a und lesen "$|a|$" als
"Betrag von a".

Es gilt z.B. $|-2| = -(-2) = 2; \qquad |0| = 0; \qquad |2| = 2.$

B Den folgenden Satz benötigen wir beim Beweis von gewissen Eigenschaften des Absolutbetrags.

__Satz 1.13__ Für alle $a, b \in \mathbb{R}$ mit $a, b \geq 0$ gilt:

(1) $\qquad a < b \iff a^2 < b^2$,

(2) $\qquad a = b \iff a^2 = b^2$.

__Beweis__. (1) Für alle $a, b \in \mathbb{R}$ mit $a \geq 0$ und $b > 0$ gilt:
$$a^2 < b^2 \iff b^2 - a^2 > 0 \iff (b+a)(b-a) > 0.$$
Da $b+a$ und $1/(b+a)$ positiv sind (vgl. Aufg. 1.6), gilt nach dem Monotoniegesetz der Multiplikation
$$(b+a)(b-a) > 0 \iff b-a > 0.$$
Wegen $b-a > 0 \iff a < b$ ist (1) bewiesen.

(2) Für alle $a, b \in \mathbb{R}$ mit $a, b \geq 0$ gilt:
$$a^2 = b^2 \iff a^2 - b^2 = 0 \iff (a+b)(a-b) = 0.$$
Wenn $a = b = 0$ gilt, ist Aussage (2) von Satz 1.13 erfüllt. Wenn a oder b ungleich Null sind, ist $a+b$ positiv und wir können beide Seiten der Gleichung $(a+b)(a-b) = 0$ durch $(a+b)$ dividieren:
$$(a+b)(a-b) = 0 \iff a-b = 0 \iff a = b$$
Damit ist Aussage (2) von Satz 1.13 bewiesen. $\qquad\qquad$ •

__Satz 1.14__ Es gilt für alle $a, b \in \mathbb{R}$:

(1) $\qquad |a| \geq 0$

(2) $\qquad |a| = 0 \iff a = 0$

(3) $\qquad a \leq |a|$

(4) $\qquad |-a| = |a|$

(5) $\qquad |a|^2 = a^2$

(6) $\qquad |ab| = |a||b|$

(7) $\qquad a \neq 0 \implies |1/a| = 1/|a|$

(8) $\qquad |a+b| \leq |a|+|b| \qquad\qquad$ (__Dreiecksungleichung__)

(9) $\qquad |a+b| \geq |a|-|b|$

(10) $\qquad |a+b| \geq ||a|-|b||$

(11) $\qquad |a-b| \geq ||a|-|b||$

__Beweis__. Die Eigenschaften (1) bis (5) werden durch Unterscheidung der Fälle $a \geq 0$ und $a < 0$ bewiesen.

(6) Es ist $|ab|^2 = (ab)^2 = a^2 b^2 = |a|^2 |b|^2 = (|a||b|)^2$. Mit Satz 1.13 folgt $|ab| = |a||b|$.

(7) Für $a \neq 0$ gilt $|1/a|^2 = (1/a)^2 = 1/a^2 = 1/|a|^2 = (1/|a|)^2$. Mit Satz 1.13 folgt $|1/a| = 1/|a|$.

(8) Es ist

$$|a+b|^2 = (a+b)^2 = a^2+2ab+b^2 = |a|^2+2ab+|b|^2.$$

B

Wegen
$$|a|^2+2ab+|b|^2 \leq |a|^2+2|a||b|+|b|^2 = (|a|+|b|)^2$$
folgt mit Satz 1.13: $|a+b| \leq |a|+|b|$.

(9) Aus (8) erhalten wir
$$|a| = |(a+b)-b| \leq |a+b|+|-b| = |a+b|+|b|.$$
Daraus folgt $|a+b| \geq |a|-|b|$.

(10) Es ist $||a|-|b||$ gleich $|a|-|b|$ oder gleich $|b|-|a|$. Aus Ungleichung (9) gewinnt man durch Vertauschung von a und b:
$$|a+b| \geq |b|-|a|.$$
Daher gilt $|a+b| \geq ||a|-|b||$.

(11) Aus (10) erhalten wir zusammen mit (4):
$$|a+(-b)| \geq ||a|-|-b|| = ||a|-|b||. \qquad \bullet$$

Der nächste Satz gibt uns die Möglichkeit, in Ungleichungen die Betragszeichen zu "entfernen":

<u>Satz 1.15</u> Es gilt für alle $x \in \mathbb{R}$ und alle $a \in \mathbb{R}^+$:

(1) $|x| < a \leftrightarrow -a < x < a$,

(2) $|x| > a \leftrightarrow x < -a$ oder $x > a$.

Der Inhalt von Satz 1.15 wird in Fig. 1.10 veranschaulicht.

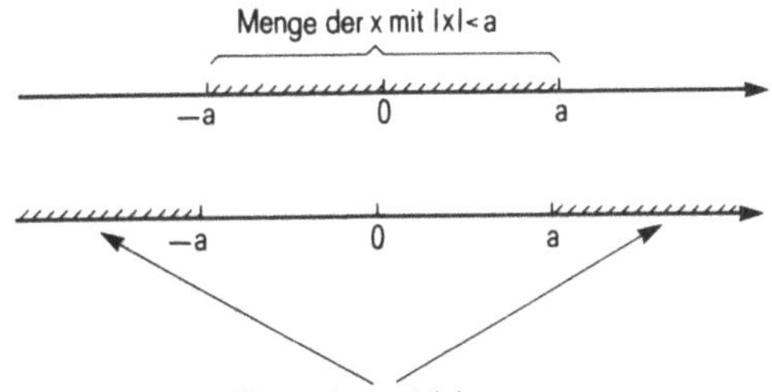

Fig. 1.10

<u>Beweis</u> von Satz 1.15. (1) Es gelte $|x| < a$. Falls $x \geq 0$, folgt $|x| = x$ und $0 \leq x < a$, woraus $-a < x < a$ folgt. Falls $x < 0$, folgt $|x| = -x$ und daraus $0 \leq -x < a$. Hieraus folgt mit Satz 1.12, indem man die Ungleichung mit -1 multipliziert:
$$-a < x \leq 0.$$
Daraus folgt $-a < x < a$.
Es gelte nun $-a < x < a$. Falls $x \geq 0$, ist $|x| = x$ und deshalb $|x| < a$. Falls $x < 0$, gilt $|x| = -x$. Aus $-a < x$ folgt mit Satz 1.12, daß $-x < a$ gilt. Daraus folgt $|x| < a$.

B Die Aussage (2) wird wie (1) durch Unterscheidung der Fälle $x \geq 0$ und $x < 0$ bewiesen. •

In Abschn. 1.1 haben wir mit dem Verfahren der Dezimalschachtelung für $a \in \mathbb{R}^+$ und $n \in \mathbb{N}$, $n \geq 2$, die reelle Zahl $\sqrt[n]{a}$ angenähert. Die dabei vorausgesetzte Existenz und Eindeutigkeit der n-ten Wurzel wollen wir jetzt beweisen.

<u>Satz 1.16</u> Zu jedem $c \in \mathbb{R}^+$ und jedem $n \in \mathbb{N}$ gibt es genau ein $a \in \mathbb{R}^+$ mit $a^n = c$.

<u>Beweis</u>. Aus Aufgabe 1.8 wissen wir, daß es höchstens eine Zahl $a \in \mathbb{R}$ mit $a^n = c$ gibt. Um die Existenz einer solchen Zahl a zu beweisen, bilden wir die Menge

$$M = \{ x \in \mathbb{R}^+ \mid x^n < c \}.$$

Der Leser mache sich klar, daß M nicht leer und nach oben beschränkt ist. Wir setzen $a := \sup M$. Wir beweisen indirekt, daß $a^n = c$ ist. Wir nehmen also an, daß $a^n \neq c$ ist. Dann ist entweder $a^n < c$ oder $a^n > c$.

1. Fall: $a^n < c$. Wir wollen uns überlegen, daß es dann ein $d \in \mathbb{R}^+$ gibt mit $(a+d)^n < c$. Für alle $d \in \mathbb{R}^+$ mit $d < 1$ gilt

$$(a+d)^n = \sum_{i=0}^{n} \binom{n}{i} a^i d^{n-i} = a^n + d \sum_{i=0}^{n-1} \binom{n}{i} a^i d^{n-i-1}$$

$$< a^n + d \sum_{i=0}^{n-1} \binom{n}{i} a^i .$$

Wir setzen zur Abkürzung $s = \sum_{i=0}^{n-1} \binom{n}{i} a^i$. Damit erhalten wir

$(a+d)^n < a^n + ds$. Wenn wir $d \in \mathbb{R}^+$ so wählen, daß $d < 1$ und $d < \dfrac{c-a^n}{s}$ ist, erhalten wir

$$(a+d)^n < a^n + ds < c.$$

Also gilt $a+d \in M$ und $a+d > a$ im Widerspruch zu $a = \sup M$.

2. Fall: $a^n > c$. Dann gilt $(1/a)^n < 1/c$. Aus dem 1. Fall folgt, daß es ein $d \in \mathbb{R}^+$ gibt mit

$$(1/a + d)^n < 1/c.$$

$$\Rightarrow \left(\frac{1}{1/a + d} \right)^n > c .$$

Weiter gilt $\dfrac{1}{1/a + d} < a$, wie man leicht nachrechnet. Für $e = \dfrac{1}{1/a + d}$ gilt somit:

$$e^n > c, \qquad e < a.$$

Da für alle x mit x > e ebenfalls x^n > c gilt, ist e eine obere **B**
Schranke von M. Das steht im Widerspruch zu a = sup M.

Die nach Satz 1.16 eindeutig bestimmte reelle Zahl a bezeichnen
wir mit $\sqrt[n]{c}$ (n-te Wurzel von c).

Am Ende dieses Abschnitts wollen wir uns die beiden folgenden
Fragen stellen:

(1)   Gibt es "unendlich große" reelle Zahlen? Damit meinen wir
          Zahlen, die größer als jede natürliche Zahl sind.

(2)   Gibt es "unendlich kleine" positive reelle Zahlen? Damit
          meinen wir positive Zahlen, die kleiner als jede ratio-
          nale Zahl 1/n sind (n $\in$ $\mathbb{N}$).

Wir werden gleich sehen, daß beide Fragen mit Nein zu beantworten
sind. Dabei wird sich die Antwort auf Frage (2) aus der Antwort
auf Frage (1) ergeben.

<u>Satz 1.17</u> (Archimedische Eigenschaft der reellen Zahlen)   Zu je-
dem a $\in$ $\mathbb{R}$ gibt es ein n $\in$ $\mathbb{N}$ mit a < n.

<u>Beweis</u>. Wenn a $\leq$ 0 ist, gilt a < 1. Wenn a > 0 ist, gilt für die
untere Dezimalnäherung a_0, daß a_0 $\in$ $\mathbb{N}_0$ ist. Daraus folgt $a_0+1 \in \mathbb{N}$
und   a < a_0+1.

Für c $\in$ $\mathbb{R}^+$ und n $\in$ $\mathbb{N}$ ist c < n äquivalent zu 1/n < 1/c. Indem
man c = 1/a setzt, erhält man aus Satz 1.17 die folgende Aussage.

<u>Satz 1.18</u> Zu jedem a $\in$ $\mathbb{R}^+$ gibt es ein n $\in$ $\mathbb{N}$ mit 1/n < a.

Nach Satz 1.18 gibt es zu jeder positiven reellen Zahl eine klei-
nere positive rationale Zahl. Deshalb kann es keine "unendlich
kleinen" positiven reellen Zahlen geben:

<u>Satz 1.19</u> Es sei a $\in$ $\mathbb{R}$ mit a $\geq$ 0. Wenn a < 1/n für alle n $\in$ $\mathbb{N}$
gilt, ist a = 0.

<u>Beweis</u>. Die Aussage "wenn p, dann q" ist logisch äquivalent zu
der durch Kontraposition entstehenden Aussage "wenn nicht q, dann
nicht p". Durch Kontraposition erhalten wir aus Satz 1.19:
          Wenn a $\neq$ 0 ist (also a > 0), gibt es ein n $\in$ $\mathbb{N}$ mit a $\geq 1/n$.
Diese Aussage folgt aus Satz 1.18.

B   Aufgaben

1.9 Beweisen Sie durch vollständige Induktion, daß

$$\sum_{k=1}^{n} k = \frac{n(n+1)}{2} \qquad \text{für alle } n \in \mathbb{N} \text{ gilt.}$$

1.10 (1) Zeigen Sie, daß für alle $c \in \mathbb{R}$ und alle $n \in \mathbb{N}$ gilt:

$$c^n - 1 = (c-1) \sum_{k=0}^{n-1} c^k \ .$$

(2) Zeigen Sie, daß für alle $a,b \in \mathbb{R}$ und alle $n \in \mathbb{N}$ gilt:

$$a^n - b^n = (a-b) \sum_{k=0}^{n-1} a^k b^{n-1-k}$$

Tip: Für $b \neq 0$ kann man wegen $a^n - b^n = b^n((a/b)^n - 1)$ Aussage (2) auf Aussage (1) zurückführen.

1.11 Zeigen Sie, daß für alle $q \in \mathbb{R}$ mit $q \neq 1$ und alle $n \in \mathbb{N}$ gilt:

$$\sum_{k=1}^{n} q^k = \frac{q - q^{n+1}}{1-q} \ .$$

1.12 Zeigen Sie, daß $\sqrt{ab} \leq (a+b)/2$ für alle $a,b \in \mathbb{R}$ mit $a,b \geq 0$ gilt.

1.13 Bestimmen Sie, soweit vorhanden, Infimum, Supremum, Minimum und Maximum der beiden folgenden Mengen:

$$A = \{ x \in \mathbb{R}^+ \mid 3 < |x-2| \leq 5 \}$$
$$B = \{ 1/n \mid n \in \mathbb{N} \}$$

1.14 (1) Beweisen Sie, daß $a^n \geq 1 + n(a-1)$ für alle $a \in \mathbb{R}^+$ und alle $n \in \mathbb{N}$ gilt.
(2) Zeigen Sie, daß $a^n \leq \frac{a}{a-1} \frac{1}{n}$ für alle $a \in \mathbb{R}$ mit $a < 1$ und alle $n \in \mathbb{N}$ ist.
Tip: Aus (1) folgt $(1/a)^n \geq 1 + n(1/a-1))$.

2   REELLE FUNKTIONEN

2.1   Reelle Funktionen und ihre graphischen Darstellungen

Nach dem Ohmschen Gesetz gilt in einem Stromkreis mit konstantem Widerstand, daß die Stromstärke der Spannung direkt porportional ist. Bezeichnet man mit I die Stromstärke, mit U die Spannung und

mit R den Widerstand, so erhält man I = U/R. Wir stellen uns vor,
daß die Spannung mit einem Drehknopf eingestellt und die Stromstärke mit einem Instrument gemessen wird. Wir können dann die vom Instrument angezeigten Meßwerte bei Kenntnis der eingestellten Spannung ohne Ablesung angeben. Die Stromstärke I hängt von der Spannung U ab, die Stromstärke ist eine Funktion der Spannung. Setzen
wir f(U) = U/R, so wird durch die Schreibweisen U ↦ I bzw.
I = f(U) die funktionale Abhängigkeit der Größe I von der Größe U
hervorgehoben.

Wir können diesen Gedanken verallgemeinern: Wenn A und B Mengen
sind, wird durch eine Funktion f von A in B jedem a ∈ A genau ein
Element b ∈ B zugeordnet. Wir geben einige Beispiele für Funktionen:

(1)   Jeder natürlichen Zahl wird ihr Quadrat zugeordnet.

(2)   Bei einem naturwissenschaftlichen Experiment wird der Ein-
         gabegröße die zugehörige Meßgröße zugeordnet.

(3)   Beim wiederholten Werfen eines Würfels wird der natürli-
         chen Zahl n die Augenzahl des n-ten Wurfs zugeordnet.

(4)   Bei der Bewegung eines Wanderers wird der verstrichenen
         Zeit die in dieser Zeit zurückgelegte Wegstrecke zuge-
         ordnet.

Die bereits in Abschn. 1.0 gegebene Definition der Funktion ist
eine Präzisierung der gerade gegebenen Beschreibung der Funktion
als Zuordnung. Wir wiederholen diese Definition.

<u>Definition 2.1</u> A und B seien nicht leere Mengen. Eine Relation f
zwischen A und B heißt <u>Funktion von A in B</u> (synonym: <u>Abbildung von
A in B</u>), wenn zu jedem a ∈ A genau ein b ∈ B mit (a,b) ∈ f existiert.

Wenn f eine Funktion von A in B ist und (a,b) ∈ f gilt, schreibt
man f(a) = b. Dabei wird a <u>Argument von f</u> und b <u>Funktionswert von
f an der Stelle a</u> genannt (Fig. 2.1).

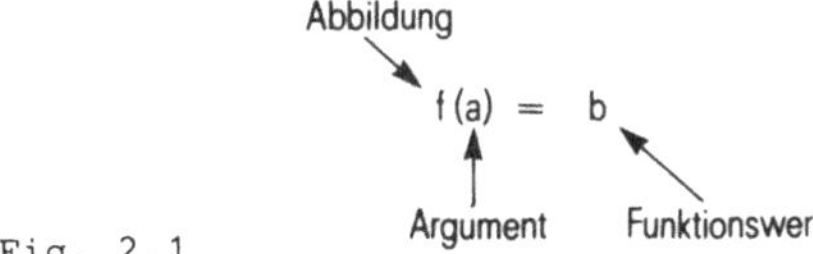

Fig. 2.1

Wir lesen "f(a) = b" als "f von a gleich b". Für eine Funktion
f von A in B benutzen wir die kurze Schreibweise

        f: A → B .

B <u>Definition 2.2</u> Wenn f: A → B eine Abbildung ist, nennt man A <u>Definitionsbereich</u> und B <u>Zielbereich von f</u>. Die Menge

$$f(A) = \{ \ f(x) \mid x \in A \ \}$$

heißt <u>Wertemenge der Funktion f</u>.

Wenn A und B endliche Mengen sind, können wir jede Relation R zwischen A und B durch ein Pfeildiagramm beschreiben. Dabei werden die Mengen A und B durch Venndiagramme dargestellt und je zwei Elemente a ∈ A und b ∈ B durch einen von a nach b gerichteten Pfeil genau dann verbunden, wenn a in Relation zu b steht (Fig. 2.2).

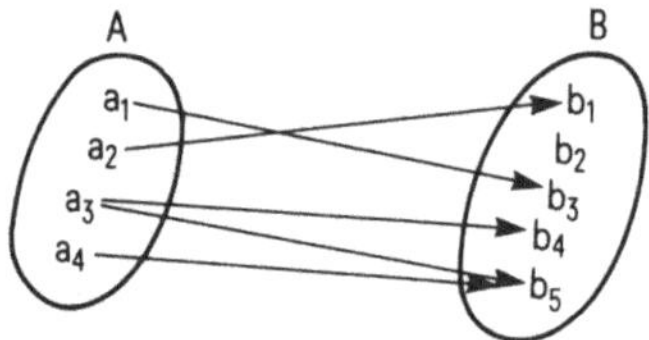

Fig. 2.2

Die in Fig. 2.2 beschriebene Relation kann keine Abbildung von A in B sein, da das Element a_3 ∈ A zu zwei verschiedenen Elementen aus B in Relation steht. Für das Pfeildiagramm einer Abbildung von A in B muß gelten, daß von jedem Element aus A genau ein Pfeil ausgeht. Fig. 2.3 ist das Pfeildiagramm einer Abbildung.

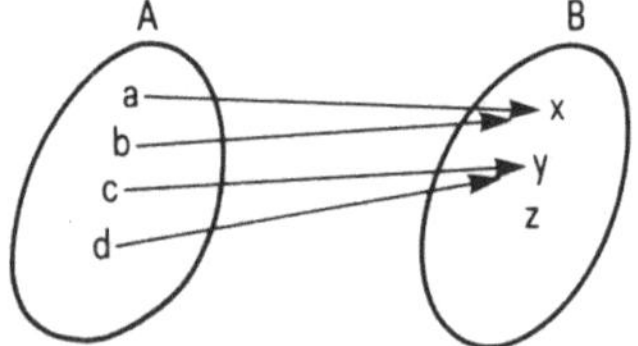

Fig. 2.3

Aus Fig. 2.3 wird deutlich, daß bei einer Abbildung f: A → B in einem Element aus B mehrere bzw. überhaupt kein Pfeil enden können.

<u>Beispiel 2.1</u> Zu den Mengen A = { 1,2,3,4 } und B = { 1,2,3,...,8 } definieren wir eine Abbildung f: A → B durch eine Wertetabelle:

x	1	2	3	4
f(x)	2	4	6	8

Die Abbildung f wird durch das Pfeildiagramm in Fig. 2.4 veranschaulicht

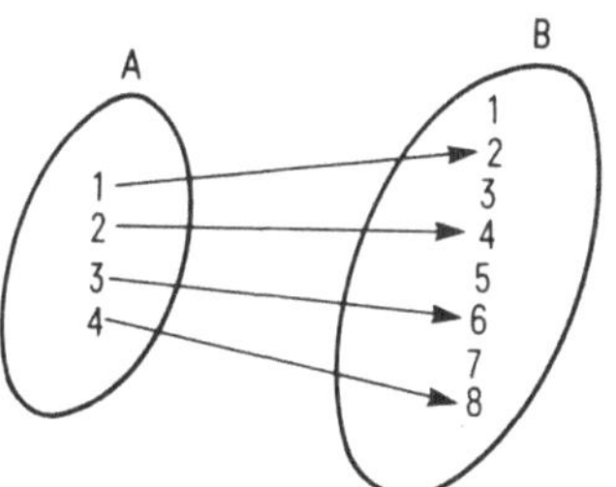

Fig. 2.4

Es gilt f(x) = 2x für alle x ∈ A. Wir können deshalb die Abbildung
f auch auf die folgende Weise definieren:

        f: A → B   mit   x ↦ 2x,

gelesen als "Abbildung f von A in B mit x geht über in 2x".
Der Ausdruck "x ↦ 2x" heißt <u>Zuordnungsvorschrift</u>. Durch die Zuordnungsvorschrift wird angegeben, wie man zu einem x aus dem
Definitionsbereich der Funktion den Funktionswert bestimmt. Wir
geben einige Beispiele von Funktionen, die mit Hilfe von Zuord-
nungsvorschriften definiert werden.

<u>Beispiel 2.2</u> (1) f: ℝ → ℝ   mit   x ↦ x^2-2x-2.

(2) f: ℝ → ℝ   mit   x ↦ $\begin{cases} 1, & \text{falls } x \text{ rational} \\ 0, & \text{falls } x \text{ nicht rational.} \end{cases}$

(3) g: ℝ → ℝ   mit   x ↦ x+f(x). Dabei soll f eine Funktion von
ℝ in ℝ sein.
Die Zuordnungsvorschrift (2) besagt, daß f(x) = 1 für rationale
x und f(x) = O für nicht rationale x gilt.

Da wir in Definition 2.1 Funktionen als Paarmengen (Teilmengen
eines kartesischen Produkts) definiert haben, brauchen wir keine
speziellen Vereinbarungen über die Gleichheit von Funktionen zu
treffen. Zwei Funktionen f: A → B und g: A → b sind gleich, wenn
für die Paarmengen f und g die Mengengleichheit f = g gilt. Aus
f = g folgt, daß f(x) = g(x) für alle x ∈ A gilt.

<u>Definition 2.3</u> (1) f: A → B sei eine Funktion und es gelte D ⊆ A.
Die Funktion

        g: D → B   mit   x ↦ f(x)

heißt <u>Einschränkung der Funktion f auf D</u>. Wir setzen f|D := g.
(2) Sei D ⊆ ℝ und f: D → ℝ eine Funktion. Wir nennen dann f
eine <u>reelle Funktion</u>.

Wie wir bereits gesehen haben, läßt sich für endliche Mengen A und

B jede Abbildung f: A → B durch ein Pfeildiagramm veranschaulichen. Bei Abbildungen von ℕ in ℝ kann man das Pfeildiagramm ebenfalls verwenden. Fig. 2.5 veranschaulicht die Funktion

    f: ℕ → ℝ   mit   n ↦ n/2.

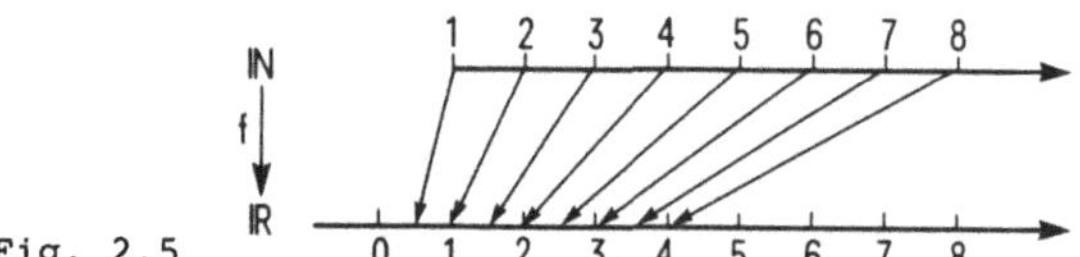

Fig. 2.5

Wir werden häufig reelle Funktionen betrachten, die als Definitionsbereich eine Menge mit der folgenden Eigenschaft haben: Wenn
die reellen Zahlen a und b zu der Menge gehören, gehören auch alle
zwischen den Zahlen a und b liegenden reellen Zahlen zur Menge.
Mengen mit dieser Eigenschaft werden Intervalle genannt. Wir wollen einige Intervalltypen definieren.

Definition 2.4 Seien s,t ∈ ℝ mit s ≤ t. Wir setzen
(1)   [s,t] := { x ∈ ℝ | s ≤ x ≤ t }.   [s,t] heißt abge-
       schlossenes Intervall.
(2)   ]s,t[:= { x ∈ ℝ | s < x < t }.   ]s,t[heißt offenes
       Intervall
(3)   [s,t[:= { x ∈ ℝ | s ≤ x < t }.
(4)   ]s,t] := { x ∈ ℝ | s < x ≤ t }.
Die Mengen [s,t[und]s,t] heißen halboffene Intervalle.

Wenn I ein Intervall und f: I → ℝ eine reelle Funktion sind, ist
die Verwendung des Pfeildiagramms nur in der Weise möglich, daß
man für einzelne Punkte des Intervalls I die Funktionswerte bestimmt und die zugehörigen Pfeile zeichnet. In Fig. 2.6 haben wir
das für die Funktion

    f: [0,1] → ℝ   mit   x ↦ x^2

gemacht.

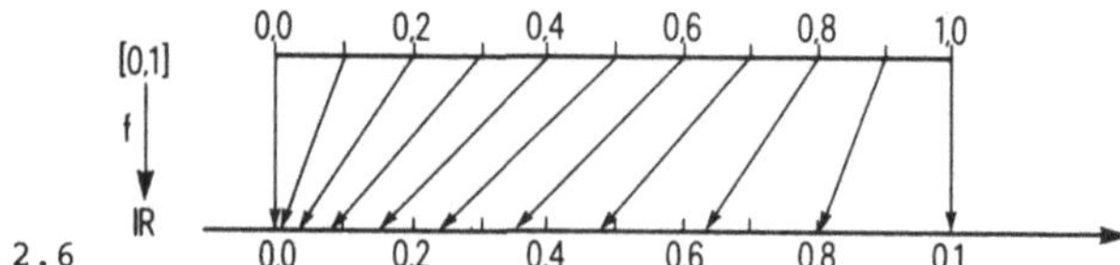

Fig. 2.6

Elemente aus ℝ × ℝ kann man in einem rechtwinkligen kartesischen
Koordinatensystem darstellen. Da nach Definition 2.1 eine reelle

Funktion eine Teilmenge von $\mathbb{R} \times \mathbb{R}$ ist, kann man jede reelle Funktion in rechtwinkligen kartesischen Koordinaten darstellen. Dabei bezeichnen wir die waagerechte Achse als x-Achse und die zu ihr senkrechte Achse als y-Achse. In Fig. 2.7 wird die Funktion

$$f: [0,1] \to \mathbb{R} \quad \text{mit} \quad x \mapsto x^2$$

in einem Koordinatendiagramm veranschaulicht.

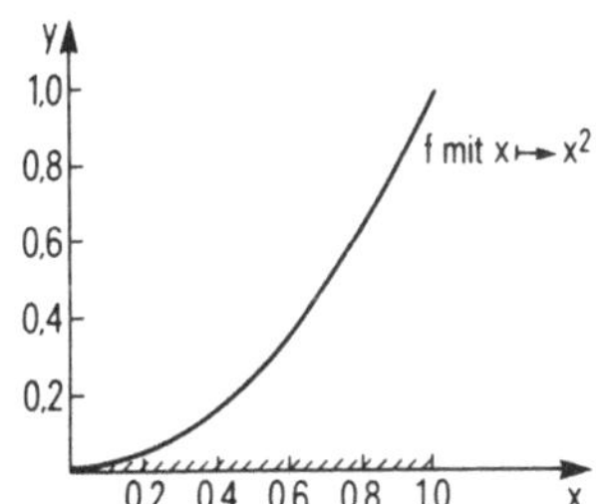

Fig. 2.7

Manchmal wird in der Analysis der Funktionsbegriff als ein nicht näher definierter Grundbegriff benutzt. In solchen Fällen ist es üblich, zu der Funktion $f: A \to B$ die Menge

$$G(f) = \{ (x,y) \mid x \in A,\ y = f(x) \}$$

zu bilden. G(f) wird dann der <u>Graph der Funktion f</u> genannt. Die Menge G(f) kann mit kartesischen Koordinaten veranschaulicht werden. Wenn dann das Verhalten der Funktion f anschaulich anhand des Koordinatendiagramms beschrieben wird, spricht man von Eigenschaften des Graphs der Funktion (z.B.: Der Graph der Funktion schneidet die x-Achse). Da wir die Funktion als eine spezielle Relation eingeführt haben, gilt bei unserem Vorgehen $G(f) = f$. Es ist daher an sich nicht nötig, den Graph der Funktion als zusätzlichen Begriff einzuführen. Trotzdem schließen wir uns dem in der Analysis üblichen Vorgehen an und sprechen immer dann von dem Graph der Funktion, wenn eine in kartesischen Koordinaten dargestellte Funktion anschaulich beschrieben wird.

Das Koordinatendiagramm eignet sich ebenfalls für die Veranschaulichung von Folgen, d.h. von Funktionen von $\mathbb{N}$ in $\mathbb{R}$. In Fig. 2.8 wird die Funktion

$$f: \mathbb{N} \to \mathbb{R} \quad \text{mit} \quad n \mapsto 1/n$$

im Koordinatendiagramm veranschaulicht.

B

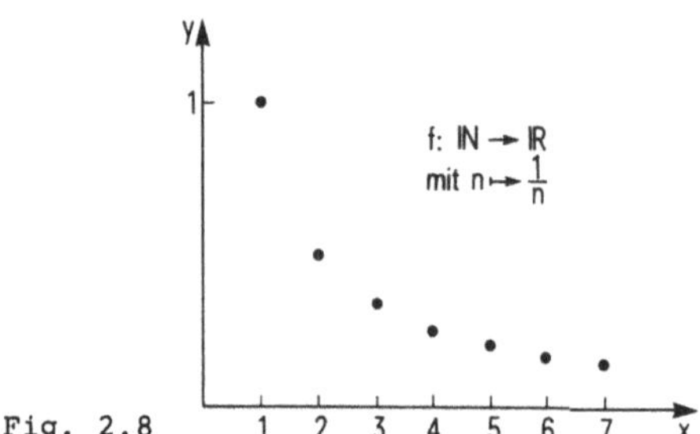

Fig. 2.8

<u>Definition 2.5</u> f: D → IR sei eine reelle Funktion. f heißt <u>injektiv</u>, wenn für alle a,a' ∈ D mit a ≠ a' gilt: f(a) ≠ f(a').

<u>Beispiel 2.3</u> Sei D = [0,1]. Wir betrachten die Funktion

$$f: D → \mathbb{R} \quad mit \quad x ↦ x^2+1.$$

Wir wollen zeigen, daß f injektiv ist. Seien a,a' ∈ D mit a ≠ a'. Dann gilt a < a' oder a' < a. Es gelte a < a'. Dann folgt wegen $0 ≤ a < a'$, daß $0 ≤ a^2 < a'^2$ ist. Durch Addition von 1 erhalten wir $1 ≤ a^2+1 < a'^2+1$. Daher ist f(a) < f(a') und somit f(a) ≠ f(a'). Der Fall a' < a wird genauso behandelt.

Wir können die Eigenschaft "injektiv" auch anschaulich im Koordinatendiagramm beschreiben:

> f ist injektiv, wenn jede Parallele zur x-Achse den Graph
> der Funktion f höchstens einmal trifft (Fig. 2.9).

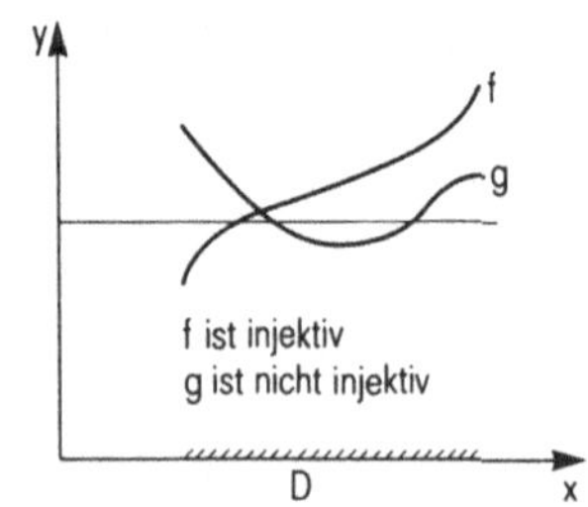

Fig. 2.9

<u>Definition 2.6</u> Seien A und B Teilmengen von IR. f: A → IR und g: B → IR seien Funktionen. Es gelte B ⊆ f(A). Unter g∘f verstehen wir die Funktion

$$g∘f: A → \mathbb{R} \quad mit \quad x ↦ g(f(x)).$$

g∘f wird als die <u>Verkettung</u> oder <u>Hintereinanderausführung von f und g</u> bezeichnet. Wir lesen g∘f als "g Kreis f" oder als "g nach f".

<u>Beispiel 2.4</u> Wir betrachten die Funktionen

$$f: \mathbb{R} \to \mathbb{R} \quad \text{mit} \quad x \mapsto x^2$$

und $\qquad g: \mathbb{R} \to \mathbb{R} \quad \text{mit} \quad x \mapsto 3x+1$.

Es gilt $g \circ f(x) = g(f(x)) = g(x^2) = 3x^2+1$. Somit erhalten wir als $g \circ f$ die Funktion

$$g \circ f: R \to \mathbb{R} \quad \text{mit} \quad x \mapsto 3x^2+1 \ .$$

Wenn wir die Verkettung von Funktionen veranschaulichen wollen, ist das Pfeildiagramm besser geeignet als das Koordinatendiagramm. In Fig. 2.10 wird die Verkettung der Funktionen

$$f: [0,2] \to \mathbb{R} \quad \text{mit} \quad x \mapsto x+1$$

und $\qquad g: [0,4] \to \mathbb{R} \quad \text{mit} \quad x \mapsto x^2-x$

beschrieben.

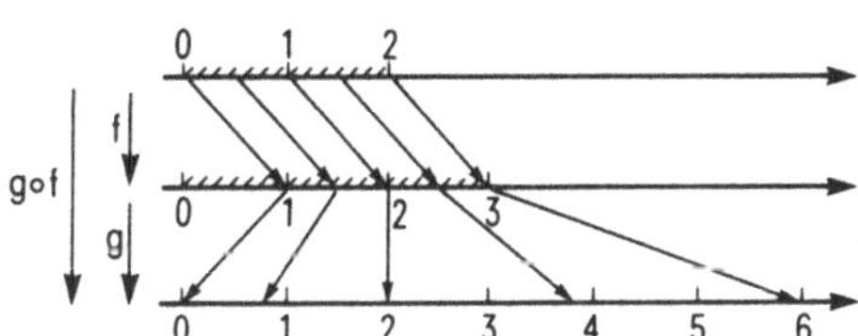

Fig. 2.10

<u>Definition 2.7</u> (1) Es sei $D \subseteq \mathbb{R}$. Die Funktion

$$\text{id}_D: D \to \mathbb{R} \quad \text{mit} \quad x \mapsto x$$

heißt <u>identische Funktion auf D</u>.

(2) Sei $f: D \to \mathbb{R}$ eine reelle Funktion. Wir setzen $E = f(D)$. Eine Funktion $g: E \to \mathbb{R}$ heißt <u>Umkehrfunktion von f</u>, wenn $g \circ f = \text{id}_D$ gilt.

(3) Eine reelle Funktion f heißt <u>umkehrbar</u>, falls zu f eine Umkehrfunktion existiert.

Wenn zu f eine Umkehrfunktion g existiert, muß f injektiv sein. Wenn nämlich für zwei Elemente $x_1, x_2 \in D$ gilt, daß $f(x_1) = f(x_2) = y$ ist, folgt aus

$$g(y) = g(f(x_1)) = x_1 \quad \text{und} \quad g(y) = g(f(x_2)) = x_2,$$

daß $x_1 = x_2$ sein muß.

Die Umkehrfunktion ist im Fall ihrer Existenz eindeutig bestimmt: Wenn g_1 und g_2 Umkehrfunktionen von f sind, erhalten wir

$$g_1(f(x)) = x = g_2(f(x)) \qquad \text{für alle } x \in D.$$

Somit stimmen g_1 und g_2 in allen Argumenten aus E überein, woraus $g_1 = g_2$ folgt.

Falls zu f eine Umkehrfunktion existiert, bezeichnen wir diese

B mit f^{-1}.

Beispiel 2.5 Für die Funktion
$$f: [0,3] \to \mathbb{R} \quad \text{mit} \quad x \mapsto 2x+1$$
gilt $f([0,3]) = [1,7]$.
$$g: [1,7] \to \mathbb{R} \quad \text{mit} \quad x \mapsto (x-1)/2$$
ist die Umkehrfunktion von f. Es gilt nämlich
$$g \circ f(x) = g(2x+1) = ((2x+1)-1)/2 = x$$
für alle $x \in [0,3]$ (Fig. 2.11).

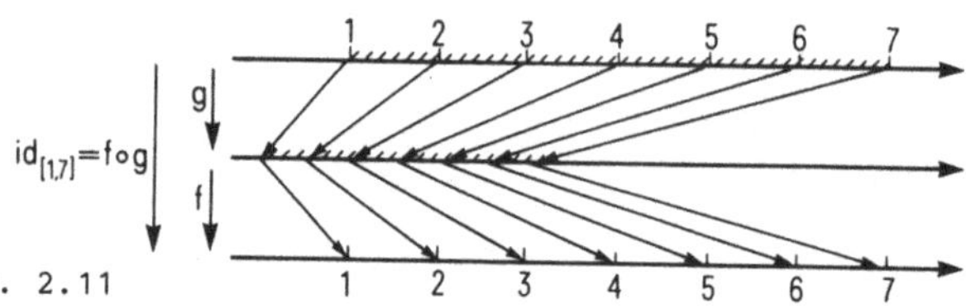

Fig. 2.11

Der folgende Satz teilt mit, daß zu einer injektiven Funktion
stets die Umkehrfunktion existiert.

Satz 2.1 Die Funktion $f: D \to \mathbb{R}$ sei injektiv. Dann ist f umkehrbar.

Beweis. Wir setzen $E = f(D)$ und definieren eine Funktion $g: E \to \mathbb{R}$
auf die folgende Weise: Zu jedem $y \in E$ gibt es ein $x \in D$ mit
$f(x) = y$. Da f injektiv ist, ist dieses x eindeutig bestimmt. Wir
setzen $g(y) := x$. Daher gilt für alle $x \in D$ und alle $y \in E$
$$f(x) = y \iff x = g(y).$$
Somit gilt $g(f(x)) = x$ für alle $x \in D$.

Beispiel 2.6 Wir wollen zu der Funktion
$$f: [1,3] \to \mathbb{R} \quad \text{mit} \quad x \mapsto x^2+x$$
die Umkehrfunktion f^{-1} bestimmen. Mit dem Verfahren aus Beispiel
2.3 können wir zeigen, daß f injektiv ist. Da für alle $x,x' \in [1,3]$
aus $x < x'$ folgt, daß $f(x) < f(x')$ ist, erhalten wir
$$f([1,3]) = [f(1),f(3)] = [2,12].$$
Für die Umkehrfunktion $f^{-1}: [2,12] \to \mathbb{R}$ muß gelten:
$$f(x) = y \iff x = f^{-1}(y).$$
Diese Äquivalenz legt es nahe, die Gleichung $x^2+x = y$ so umzu-
formen, daß auf der linken Seite x und auf der rechten Seite ein
Term in y steht. Für $x,y \in \mathbb{R}$ mit $y \geq 2$ gilt:
$$x^2+x = y \iff (x+1/2)^2 = y+1/4$$
$$\iff x = -1/2 + \sqrt{y+1/4} \text{ oder } x = -1/2 - \sqrt{y+1/4}.$$

Da x ≥ 1 gelten muß, kommt nur $x = -1/2 + \sqrt{y+1/4}$ in Frage. Die Umkehrfunktion von f ist also

$$f^{-1}: [2,12] \to \mathbb{R} \quad \text{mit} \quad y \mapsto -1/2 + \sqrt{y+1/4} \ .$$

Wenn wir statt der Variablen y die Variable x benutzen, erhalten wir $\quad f^{-1}: [2,12] \to \mathbb{R} \quad \text{mit} \quad x \mapsto -1/2 + \sqrt{x+1/4} \ .$

Wenn f umkehrbar ist, erhalten wir:

$$(x,y) \in f \ \leftrightarrow \ (y,x) \in f^{-1} \ .$$

Im Pfeildiagramm erhält man daher die Darstellung der Umkehrfunktion dadurch, daß man die "Gegenpfeile" bildet (Fig. 2.12).

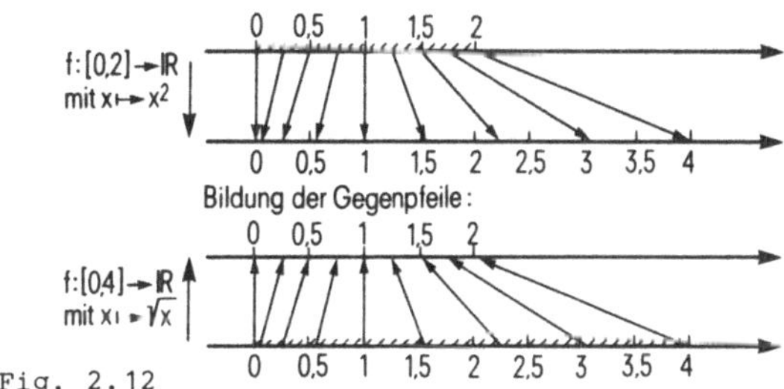

Fig. 2.12

Im Koordinatendiagramm entsteht der Punkt (y,x) dadurch, daß man den Punkt (x,y) an dem Graphen von $id_{\mathbb{R}}$ (die Diagonale) spiegelt (Fig. 2.13).

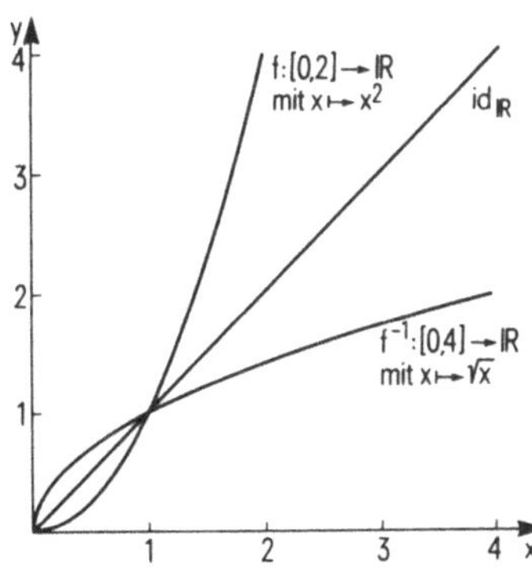

Fig. 2.13

<u>Definition 2.8</u> (1) Sei c ∈ ℝ. Mit <u>c</u> bezeichnen wir die Funktion

$$\underline{c}: \mathbb{R} \to \mathbb{R} \quad \text{mit} \quad x \mapsto c.$$

Wenn keine Verwechslungen zwischen Funktion und reeller Zahl zu befürchten sind, werden wir auch häufig c statt <u>c</u> schreiben. <u>c</u> heißt konstante Funktion.

(2) Sei D ⊆ ℝ. f und g seien auf D definierte reelle Funktionen.

B Unter f+g und fg verstehen wir die Funktionen
$$f+g:\ D \to \mathbb{R} \quad \text{mit} \quad x \mapsto f(x)+g(x)$$
und $\qquad fg:\ D \to \mathbb{R} \quad \text{mit} \quad x \mapsto f(x)g(x)\ .$
f+g heißt <u>Summe</u> und fg <u>Produkt der Funktionen f und g</u>.

Wenn f eine reelle Funktion ist und c eine reelle Zahl, verstehen wir unter cf die Funktion $\underline{c}$f und unter f+c die Funktion f+$\underline{c}$. Weiter setzen wir $-f := (-1)f$.

<u>Beispiel 2.7</u> Wir wollen Summe und Produkt der Funktionen
$$f:\ \mathbb{R} \to \mathbb{R} \quad \text{mit} \quad x \mapsto x^2$$
und $\qquad g:\ \mathbb{R} \to \mathbb{R} \quad \text{mit} \quad x \mapsto x+3$
bilden. Wir erhalten $(f+g)(x) = f(x)+g(x) = x^2+x+3$ und $(fg)(x) = f(x)g(x) = x^2(x+3) = x^3+3x^2$ für alle $x \in \mathbb{R}$. Somit erhalten wir für die Funktionen f+g und fg:
$$f+g:\ \mathbb{R} \to \mathbb{R} \quad \text{mit} \quad x \mapsto x^2+x+3\ ,$$
$$fg:\ \mathbb{R} \to \mathbb{R} \quad \text{mit} \quad x \mapsto x^3+3x^2\ .$$

Bei praktischen Anwendungen treten häufig Funktionen auf, die mit größer werdendem Argument in ihren Funktionswerten ebenfalls größer werden oder konstant bleiben (z.B. zurückgelegte Weglänge in Abhängigkeit von der Zeit). Wichtig sind auch Funktionen, die mit größer werdendem Argument in ihren Funktionswerten kleiner werden oder konstant bleiben (z.B. Masse des spaltbaren Materials in Abhängigkeit von der Zeit bei einem Zerfallsprozeß). Solche Funktionen werden monoton genannt.

<u>Definition 2.9</u> $f:\ D \to \mathbb{R}$ sei eine reelle Funktion.
(1) f heißt <u>monoton steigend</u>, wenn für alle $a,b \in D$ gilt:
$$a < b \ \Rightarrow\ f(a) \leq f(b).$$
(2) f heißt <u>streng monoton steigend</u>, wenn für alle $a,b \in D$ gilt:
$$a < b \ \Rightarrow\ f(a) < f(b).$$
(3) f heißt <u>monoton fallend</u>, wenn für alle $a,b \in D$ gilt:
$$a < b \ \Rightarrow\ f(a) \geq f(b).$$
(4) f heißt <u>streng monoton fallend</u>, wenn für alle $a,b \in D$ gilt:
$$a < b \ \Rightarrow\ f(a) > f(b).$$
(5) f heißt <u>monoton</u>, wenn f monoton steigend oder monoton fallend ist. f heißt <u>streng monoton</u>, wenn f streng monoton steigend oder streng monoton fallend ist.

B

<u>Beispiel 2.8</u> Wir betrachten die Funktion
$$f: \mathbb{R}^+ \to \mathbb{R} \quad \text{mit} \quad x \mapsto x^2-x .$$
f ist nicht monoton: Für die Zahlen O, 1/2 und 1 gilt O < 1/2 < 1.
Für die Funktionswerte an diesen Stellen erhalten wir f(O) = O,
f(1/2) = -1/4 und f(1) = O. Es gilt also f(O) > f(1/2) < f(1),
woraus folgt, daß f weder monoton steigend noch monoton fallend
ist.
Sei nun D = { x ∈ $\mathbb{R}$ | x ≥ 1/2 }. Dann ist die Funktion
$$g: D \to \mathbb{R} \quad \text{mit} \quad x \mapsto x^2-x$$
streng monoton steigend (g = f|D): Es ist $g(x) = (x-1/2)^2-1/4$ für
alle x ∈ D. Für a,b ∈ D mit a < b gilt 1/2 ≤ a < b. Durch Subtraktion von 1/2 erhalten wir O ≤ a-1/2 < b-1/2. Hieraus erhalten
wir durch Quadrieren $(a-1/2)^2 < (b-1/2)^2$, woraus
$(a-1/2)^2-1/4 < (b-1/2)^2-1/4$ folgt. Daher gilt
$$a < b \;\implies\; g(a) < g(b) \qquad \text{für alle } a,b \in D.$$

Wenn eine Funktion streng monoton ist, ist sie auch injektiv.

In Fig. 2.14 ist f streng monoton steigend, g streng monoton fallend und h nicht monoton.

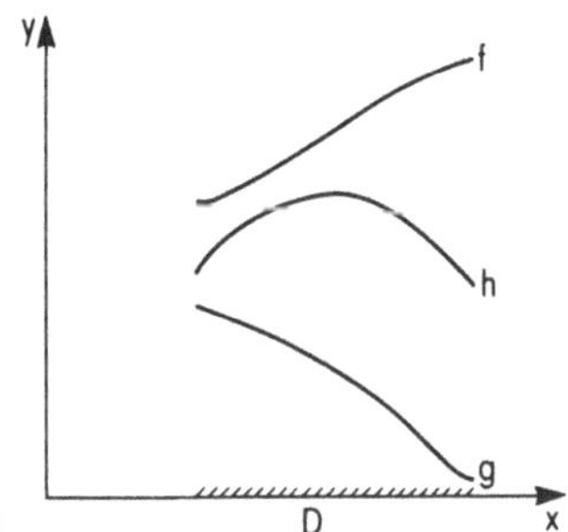

Fig. 2.14

In Abschn. 1 hatten wir für Mengen die Begriffe des Beschränktseins und der Schranke definiert. Wir werden diese Begriffe jetzt
auf Funktionen übertragen.

<u>Definition 2.10</u> f: D → $\mathbb{R}$ sei eine reelle Funktion.
(1) f heißt <u>nach oben beschränkt</u> (<u>nach unten beschränkt</u>), wenn es
ein c ∈ $\mathbb{R}$ gibt mit f(x) ≤ c   (f(x) ≥ c)   für alle x ∈ D. c
heißt dann <u>obere Schranke</u> (<u>untere Schranke</u>) <u>von f</u>.
(2) f heißt <u>beschränkt</u>, wenn f nach oben und nach unten beschränkt
ist.

B (3) f sei nach oben bzw. nach unten beschränkt. Wir definieren
<u>Supremum und Infimum von f</u>:

$$\sup f := \sup_{x \in D} f(x) := \sup \{ f(x) \mid x \in D \}$$

bzw.
$$\inf f := \inf_{x \in D} f(x) := \inf \{ f(x) \mid x \in D \}.$$

<u>Beispiel 2.9</u> Die Funktion
$$f: \mathbb{R}^+ \to \mathbb{R} \quad \text{mit} \quad x \mapsto \frac{1}{x}$$
ist nach unten beschränkt durch die untere Schranke 0, da $1/x > 0$
für alle $x \in \mathbb{R}^+$ gilt. f ist nicht nach oben beschränkt. Für alle
$c \in \mathbb{R}^+$ gilt nämlich $f(1/(2c)) = 2c > c$. Daher ist kein $c \in \mathbb{R}^+$
obere Schranke von f.

In Fig. 2.15 werden die Begriffe aus Definition 2.10 veranschaulicht. f ist nach unten beschränkt und nach oben nicht beschränkt.
g ist beschränkt.

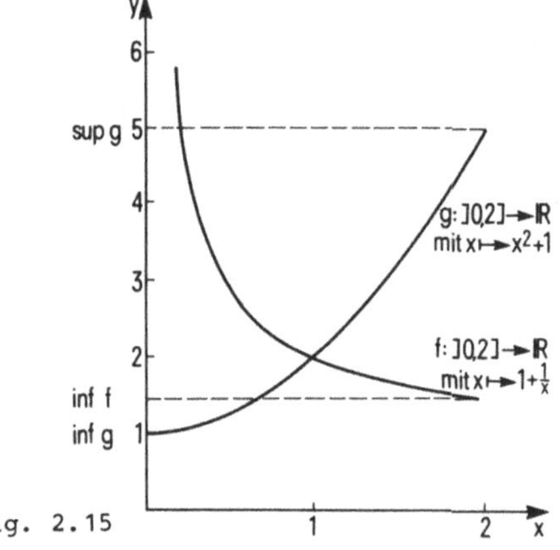

Fig. 2.15

<u>Definition 2.11</u> Seien $a,b \in \mathbb{R}$ mit $a < b$ und $I = [a,b]$. $f: I \to \mathbb{R}$
heißt <u>Treppenfunktion</u>, wenn es $c_0, c_1, \ldots, c_n \in I$ gibt mit
$$a = c_0 < c_1 < \ldots < c_n = b,$$
so daß f auf $]c_i, c_{i+1}[$ konstant ist für alle $i \in \mathbb{N}_0$ mit $0 \le i < n-1$.

<u>Beispiel 2.10</u> Sei $I = [-2,5]$. $f: I \to \mathbb{R}$ sei definiert durch:
$$f(x) = \begin{cases} 1, & \text{falls } -2 \le x < 0 \\ 3, & \text{falls } x = 0 \\ 2, & \text{falls } 0 < x < 2 \\ 1, & \text{falls } 2 \le x \le 5 . \end{cases}$$

f ist eine Treppenfunktion, da f auf den offenen Intervallen
]-2,0[,]0,2[und]2,5[konstant ist. Die Funktion wird in Fig.
2.16 im Koordinatendiagramm dargestellt. Dick eingezeichnete Punkte verdeutlichen, welchen Funktionswert die Funktion an der be-
treffenden Stelle annimmt.

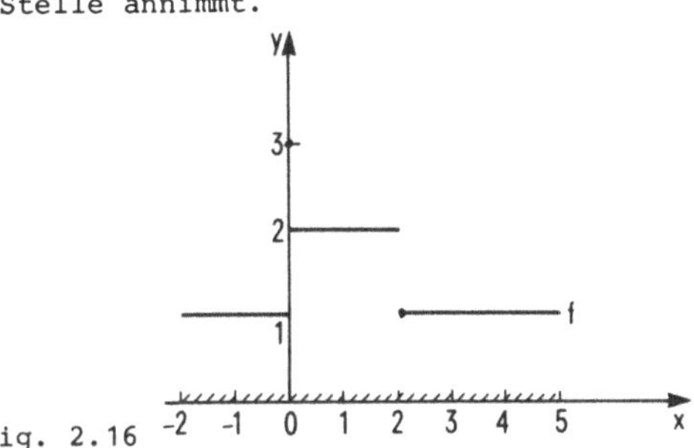

Fig. 2.16

Aufgaben

2.1 Zeigen Sie, daß die Funktion
$$f: \mathbb{R}^+ \to \mathbb{R} \quad \text{mit} \quad x \mapsto x^2+x+1$$
injektiv ist. Bestimmen Sie die Umkehrfunktion von f.

2.2 Die Funktion $f: D \to \mathbb{R}$ sei streng monoton steigend. Zeigen Sie,
daß f umkehrbar ist und die Umkehrfunktion f^{-1} ebenfalls streng
monoton steigend ist.

2.3 Zeigen Sie, daß die Funktion
$$f: [1,2] \to \mathbb{R} \quad \text{mit} \quad x \mapsto x^2-2x$$
streng monoton steigend ist.

2.4 Zeigen Sie, daß die Funktion
$$f:]-1,3[\to \mathbb{R} \quad \text{mit} \quad x \mapsto x^2-2x+3$$
beschränkt ist. Bestimmen Sie sup f und inf f.

2.5 Beweisen Sie: (1) Wenn $f: D \to \mathbb{R}$ nach oben beschränkt ist, ist
-f nach unten beschränkt.
(2) Wenn $f: D \to \mathbb{R}$ streng monoton steigend ist, ist -f streng monoton fallend.

2.6 Wenn $f: D \to \mathbb{R}$ eine reelle Funktion ist, verstehen wir unter
|f| die Funktion
$$|f|: D \to \mathbb{R} \quad \text{mit} \quad x \mapsto |f(x)|.$$
Zeigen Sie: f ist genau dann beschränkt, wenn |f| nach oben be-
schränkt ist.

B 2.2   <u>Polynome, rationale Funktionen und Wurzelfunktionen</u>

In Beispiel 2.6 haben wir die Funktion

$$f:\ \mathbb{R} \to \mathbb{R} \quad \text{mit} \quad x \mapsto x^2+x$$

kennengelernt. Solche Funktionen nennen wir Polynome.

<u>Definition 2.12</u> $a_0, a_1, \ldots, a_n$ seien reelle Zahlen, wobei $n \in \mathbb{N}_0$ und $a_n \neq 0$. Die Funktion

$$f:\ \mathbb{R} \to \mathbb{R} \quad \text{mit} \quad x \mapsto \sum_{i=0}^{n} a_i x^i$$

heißt <u>Polynom</u>. n heißt der <u>Grad des Polynoms f</u>. Die a_i heißen <u>Koeffizienten von f</u>. Ein Polynom vom Grad 1,2,3 bzw. 4 heißt <u>linear</u>, <u>quadratisch, kubisch</u> bzw. <u>biquadratisch</u>. Die konstante Funktion $\underline{O}$ zählen wir ebenfalls zu den Polynomen und nennen sie das <u>Nullpolynom</u>. Dem Nullpolynom ordnen wir keinen Grad zu.

<u>Beispiel 2.11</u>   Die Funktion

$$f:\ \mathbb{R} \to \mathbb{R} \quad \text{mit} \quad x \mapsto 4x^4+5x^3-3x+6$$

ist ein Polynom. f hat den Grad 4, ist also biquadratisch. Die Koeffizienten von f sind 4, 5, -3 und 6.

Fig. 2.17 veranschaulich Polynome vom Grad 0, 1, 2, 3 und 4.

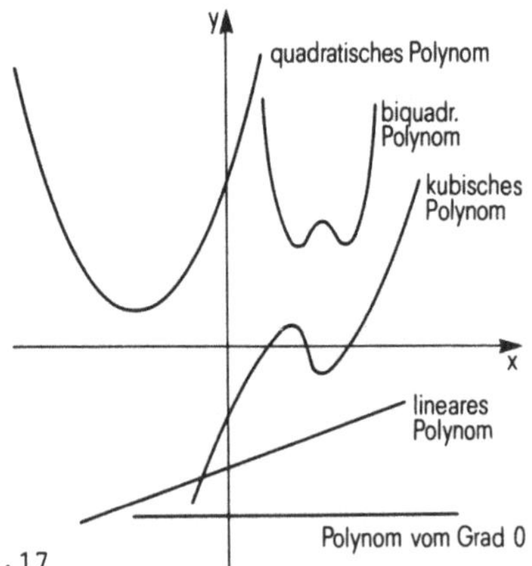

Fig. 2.17

f sei ein Polynom vom Grad n und g ein Polynom vom Grad m, wobei $n, m \in \mathbb{N}_0$ gelte. Dann sind auch f+g und fg Polynome. Falls $f+g \neq O$, ist der Grad von f+g höchstens gleich max $\{ n, m \}$. fg ist vom Grad n+m (vgl. Aufg. 2.7).

B

<u>Beispiel 2.12</u> Für die Polynome f mit $x \mapsto x^2-x+1$ und g mit
$x \mapsto 2x^3+3x^2+5$ gilt

$$(f+g)(x) = 2x^3+4x^2-x+6$$

und $\qquad (fg)(x) = 2x^5+x^4-x^3+8x^2-5x+5$

für alle $x \in \mathbb{R}$. f hat den Grad 2 und g den Grad 3. fg hat den Grad
2+3 = 5.

In vielen Fällen ist es wichtig, zu einer Funktion f: D $\to$ $\mathbb{R}$ den
Wertebereich f(D) zu bestimmen.   Manchmal interessiert uns
nur die speziellere Frage, ob die Funktion f eine bestimmte reelle
Zahl c als Funktionswert annimmt. Wenn dies der Fall ist, gibt es
ein $x \in D$ mit f(x) = c. Wenn c = O ist, nennen wir x eine Nullstelle von f.

<u>Definition 2.13</u> (1) f sei eine reelle Funktion und a ein Element
aus dem Definitionsbereich von f. a heißt <u>Nullstelle von f</u>, wenn
f(a) = O gilt.
(2) f sei ein Polynom und k eine natürliche Zahl. $a \in \mathbb{R}$ heißt
<u>k-fache Nullstelle von f</u>, wenn es ein Polynom g gibt mit g(a) $\neq$ O
und $\qquad f(x) = (x-a)^k g(x) \qquad$ für alle $x \in \mathbb{R}$.

<u>Beispiel 2.13</u> Das Polynom f mit $x \mapsto x^2-3x+2$ hat die Null-
stellen 1 und 2. Das Polynom h mit $x \mapsto x^3-2x^2+x$ hat die zwei-
fache Nullstelle 1. Es gilt nämlich

$$h(x) = (x-1)^2 x \qquad \text{für alle } x \in \mathbb{R}.$$

Den folgenden Satz kann man in Analogie zur Teilbarkeit in der Menge der ganzen Zahlen sehen. Wir sagen, daß ein Polynom h ein Polynom f teilt, wenn es ein Polynom g gibt mit f = gh. Wenn ein Polynom f die Nullstelle a hat, wird f von dem Polynom t mit $x \mapsto x-a$
geteilt:

<u>Satz 2.2</u> f sei ein Polynom, dessen Grad n mindestens 1 ist. $a \in \mathbb{R}$
sei eine Nullstelle von f. Dann gibt es ein Polynom g mit dem Grad
n-1, so daß gilt:

$$f(x) = (x-a)g(x) \qquad \text{für alle } x \in \mathbb{R}.$$

<u>Beweis</u>. Wir führen einen Induktionsbeweis über den Grad von f.
Wenn f den Grad 1 hat, gibt es $a_0, a_1 \in \mathbb{R}$ mit $a_1 \neq$ O und

$$f(x) = a_0 + a_1 x \qquad \text{für alle } x \in \mathbb{R}.$$

B Wenn a Nullstelle von f ist, muß $a_0 + a_1 a = 0$ gelten, woraus $a_1 a = -a_0$ folgt. Daher gilt

$$a_1 x + a_0 = (x-a)a_1 \qquad \text{für alle } x \in \mathbb{R}.$$

Wir setzen jetzt voraus, daß für alle Polynome mit einem Grad kleiner oder gleich n die Aussage von Satz 2.2 gilt ($n \in \mathbb{N}$). f sei ein Polynom mit dem Grad n+1. f habe in a eine Nullstelle und der zu x^{n+1} gehörende Koeffizient von f sei a_{n+1}. Wir definieren das Polynom g durch

$$g(x) = f(x) - (x-a)a_{n+1}x^n \qquad \text{für alle } x \in \mathbb{R}.$$

Wenn $g = \underline{0}$ ist, gilt $f(x) = (x-a)a_{n+1}x^n$ für alle $x \in \mathbb{R}$ und wir sind fertig. Wenn $g \neq \underline{0}$ ist, wissen wir, daß g in a eine Nullstelle hat und der Grad von g kleiner oder gleich n ist. Nach Induktionsvoraussetzung kann man aus g den Faktor (x-a) abspalten: Es gibt ein Polynom h mit einem Grad, der kleiner oder gleich n-1 ist, für das $\qquad g(x) = (x-a)h(x) \qquad$ für alle $x \in \mathbb{R}$ gilt.
Daher ist

$$f(x) = g(x) + (x-a)a_{n+1}x^n = (x-a)h(x) + (x-a)a_{n+1}x^n$$

$$= (x-a)(h(x) + a_{n+1}x^n).$$

Das Polynom p mit $x \mapsto h(x) + a_{n+1}x^n$ hat den Grad n. Damit ist der Induktionsbeweis vollständig geführt. $\qquad\qquad$ •

Wenn man die Anzahl der Nullstellen eines Polynoms angibt, ist es üblich, jede k-fache Nullstelle als k Nullstellen zu zählen.

<u>Satz 2.3</u> f sei ein Polynom vom Grad n, wobei n eine natürliche Zahl ist. Dann hat f in $\mathbb{R}$ höchstens n Nullstellen.

<u>Beweis.</u> Wir führen einen Induktionsbeweis über den Grad von f. Wenn f den Grad 1 hat, gibt es $a_0, a_1 \in \mathbb{R}$ mit $a_1 \neq 0$ und $f(x) = a_0 + a_1 x$ für alle $x \in \mathbb{R}$. Dann ist $-a_0/a_1$ die einzige Nullstelle von f.
Es gelte nun für ein $n \in \mathbb{N}$, daß jedes Polynom vom Grad n höchstens n Nullstellen hat. Sei f ein Polynom mit dem Grad n+1. Wenn f keine Nullstelle hat, sind wir fertig. Wenn f eine Nullstelle $a \in \mathbb{R}$ hat, gibt es nach Satz 2.2 ein Polynom g mit den Grad n, so daß

$$f(x) = (x-a)g(x) \qquad \text{für alle } x \in \mathbb{R}$$

gilt. g hat nach Induktionsvoraussetzung höchstens n Nullstellen. f hat als Nullstellen nur die Zahl a und die Nullstellen von g. Daher hat f höchstens n+1 Nullstellen. $\qquad\qquad$ •

Der folgende Satz zeigt, daß ein Polynom vom Grad n durch seine

Funktionswerte an n+1 verschiedenen Stellen eindeutig bestimmt ist. B

<u>Satz 2.4</u> f und g seien Polynome, deren Grade kleiner oder gleich
n sind (n $\in \mathbb{N}_0$). Die Zahlen $a_1, a_2, \ldots, a_{n+1}$ seien paarweise verschieden und es gelte $f(a_i) = g(a_i)$ für alle $i \in \{ 1,2,\ldots,n+1 \}$.
Dann gilt f = g.

<u>Beweis</u>. Wenn wir indirekt annehmen, daß f $\neq$ g ist, hat das Poly-
nom f-g einen Grad kleiner oder gleich n und n+1 verschiedene Nullstellen. Nach Satz 2.3 ist dies nicht möglich. Daher muß f = g
gelten.   •

Die Quotienten aus Polynomen werden rationale Funktionen genannt:

<u>Definition 2.14</u> f und g seien Polynome. N_g bezeichne die Menge der
Nullstellen von g. Die Funktion
$$r: \mathbb{R} \setminus N_g \to \mathbb{R} \quad \text{mit} \quad x \mapsto \frac{f(x)}{g(x)}$$
heißt <u>rationale Funktion</u>.

<u>Beispiel 2.14</u> Wir betrachten die Polynome f mit $x \mapsto x^3+x-1$ und
g mit $x \mapsto x^2-3x+2$. g hat die Nullstellen 1 und 2. Wir erhalten
die rationale Funktion
$$r: \mathbb{R} \setminus \{ 1,2 \} \to \mathbb{R} \quad \text{mit} \quad x \mapsto \frac{x^3+x-1}{x^2-3x+2} \, .$$
Fig. 2.18 veranschaulicht diese rationale Funktion.

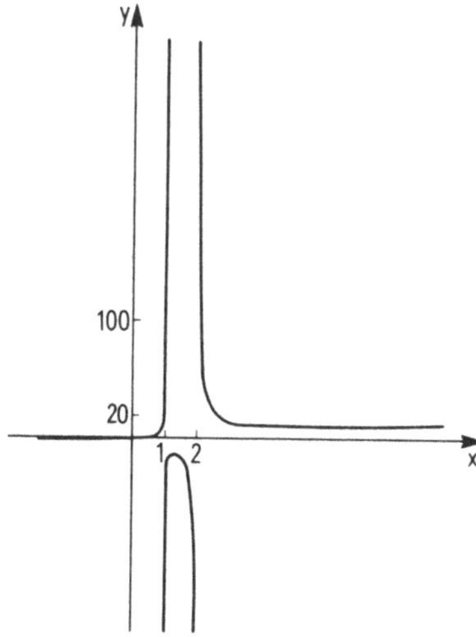

Fig. 2.18

B   Mit der in Abschn. 1.4 eingeführten n-ten Wurzel einer positiven reellen Zahl definieren wir jetzt die n-te Wurzelfunktion.

<u>Definition 2.15</u> Es sei $n \in \mathbb{N}$ mit $n \geq 2$. Die Funktion

$$w_n : \mathbb{R}^+ \to \mathbb{R} \quad \text{mit} \quad x \mapsto \sqrt[n]{x}$$

nennen wir <u>n-te Wurzelfunktion</u>.

Bezeichnen wir mit h_n die Funktion

$$h_n : \mathbb{R}^+ \to \mathbb{R} \quad \text{mit} \quad x \mapsto x^n,$$

so erhalten wir $w_n = h_n^{-1}$. Es gilt nämlich $h_n(\mathbb{R}^+) = \mathbb{R}^+$ und

$$w_n \circ h_n(x) = w_n(h_n(x)) = w_n(x^n) = x \qquad \text{für alle } x \in \mathbb{R}^+.$$

Fig. 2.19 gibt den Verlauf der Wurzelfunktion für verschiedene n an.

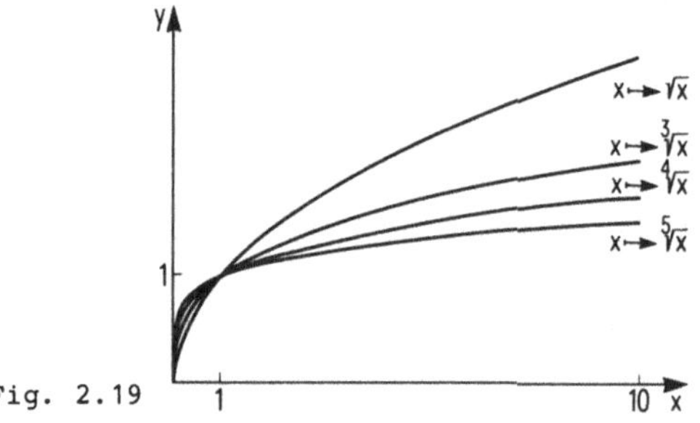

Fig. 2.19

<u>Aufgaben</u>

2.7 f bzw. g seien Polynome vom Grad n bzw. m. Zeigen Sie, daß der Grad von f+g kleiner oder gleich max $\{n,m\}$ und der Grad von fg gleich n+m ist $(f+g \neq 0)$.

2.8 Bestimmen Sie reelle Zahlen a und b, so daß

$$\frac{1}{(x-3)(x-4)} = \frac{a}{x-3} + \frac{b}{x-4} \qquad \text{für alle } x \in \mathbb{R} \setminus \{3,4\}$$

gilt.

2.9 f sei ein quadratisches Polynom, daß in den Argumenten 1, 2 bzw. 3 die Werte 0, 3 bzw. 8 annimmt. Bestimmen Sie die Koeffizienten von f.

2.10 Für $x \in \mathbb{R}$ und $m,n \in \mathbb{N}$ setzen wir

$$x^{n/m} := \sqrt[m]{x^n} .$$

Zeigen Sie, daß $x^{n/m} = (\sqrt[m]{x})^n$ gilt.

3   FOLGEN UND REIHEN

3.1   Achill und die Schildkröte

Achill gilt in der griechischen Sage als der schnellste und tap-
ferste der griechischen Helden vor Troja. Trotzdem kann er eine
Schildkröte mit geringem Vorsprung nicht einholen, wie Zenon von
Elea in einem Scheinbeweis aufzeigte: In der Zeit nämlich, in der
Achill den Vorsprung eingeholt hat, hat die Schildkröte schon wieder einen neuen Vorsprung erzielt. Während Achill diesen neuen Vorsprung wettmacht, ist die Schildkröte schon wieder ein neues Stück
vorangekommen usw. Für die genauere Analyse dieses Trugschlusses
ist es unwesentlich, ob Achill zehnmal so schnell oder nur doppelt
so schnell wie die Schildkröte läuft. Wir nehmen der Einfachheit
halber an, daß Achill doppelt so schnell läuft.

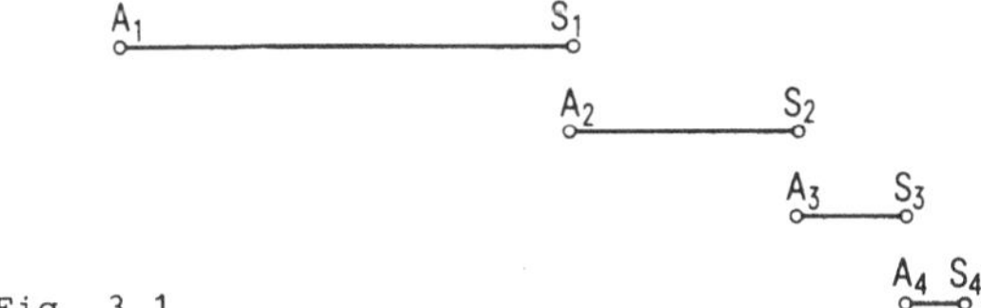

Fig. 3.1

In Fig. 3.1 werden die Positionen von Achill mit $A_1, A_2, \ldots$ und
die Positionen der Schildkröte mit $S_1, S_2, \ldots$ bezeichnet. Dabei
ist A_1 die Anfangsposition von Achill und A_2 die Position von
Achill, nachdem er den Anfangsvorsprung der Schildkröte wettgemacht hat ($A_2 = S_1$). Fig. 3.1 zeigt die ersten 4 Schritte von
Achills Aufholjagd. Nach jedem Schritt hat er den vorherigen Vorsprung der Schildkröte wettgemacht, diese aber einen neuen Vorsprung erzielt.
Mit jedem Schritt wird der Abstand zwischen Achill und der Schildkröte halbiert. Wenn der Anfangsabstand eine Wegeinheit beträgt,
ergen die Abstände bei den einzelnen Schritten die Folge

$$1, \ 1/2, \ 1/4, \ 1/8, \ 1/16, \ \ldots \ .$$

Offenbar werden die Abstände immer kleiner, jedoch niemals Null.
Daher wird Achill ständig hinter der Schildkröte zurückbleiben.
Dem Argument, daß für die immer kürzeren Strecken immer kürzere
Zeiten benötigt werden, hält Zenon entgegen, daß unendlich viele

Strecken nur in einer unendlich langen Zeit durchmessen werden können. Wir wollen der Frage nach der von Achill aufzuwendenden Zeit
jetzt genauer nachgehen. Wir wählen eine solche Zeiteinheit, daß
Achill den Anfangsabstand in einer Zeiteinheit zurücklegt. Um den
Abstand zwischen sich und der Schildkröte auf 1/2, 1/4 bzw. 1/8
Wegeinheiten zu verringern, benötigt Achill insgesamt 1, 1+1/2 bzw.
1+1/2+1/4 Zeiteinheiten. Für die jeweils von Achill insgesamt be-
nötigte Zeit entsteht die Folge

$$1, \; 1+1/2, \; 1+1/2+1/4, \; 1+1/2+1/4+1/8, \; \ldots$$

(gemessen in Zeiteinheiten). Wenn wir zeigen können, daß diese Folge nach oben beschränkt ist, folgt, daß Achill in einer endlichen
Zeit die Schildkröte einholt.

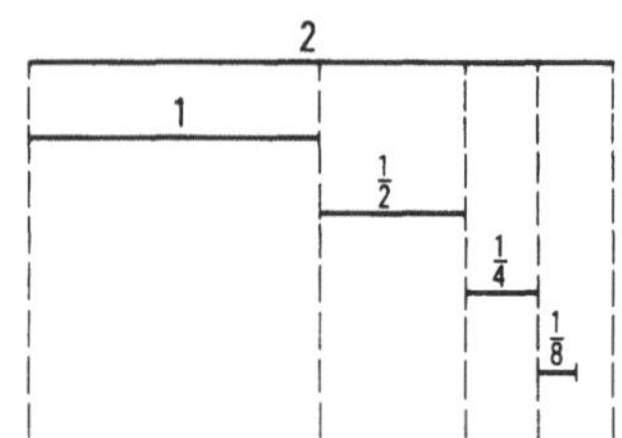

Fig. 3.2

In Fig. 3.2 wird eine Strecke der Länge 2 wiederholt halbiert. Dadurch entstehen Teilstrecken der Länge 1, 1/2, 1/4, ... Man erkennt, daß die Folge 1, 1+1/2, 1+1/2+1/4, ... durch 2 nach oben
beschränkt ist. Wir können jetzt also Zenon entgegnen, daß sich
unendlich viele Zeitintervalle durchaus zu einem endlichen Zeit-
intervall zusammenfügen können. In Abschn. 3 werden die Mittel bereitgestellt, um die Zenonsche Aporie zumindest mathematisch auf-
zulösen: Achill hat die Schildkröte nach 1+1/2+1/4+... = 2 Zeiteinheiten eingeholt. Er hat dabei einen Weg der Länge
1+1/2+1/4+... = 2 Wegeinheiten zurückgelegt.

3.2 Aussageformen über ℕ

Der Schlüssel zur Lösung der Zenonschen Aporie wird der Begriff
der Folgenkonvergenz sein. Zur Vorbereitung auf die Definition dieses Begriffs werden wir uns in diesem Abschnitt mit Aussageformen
über ℕ befassen und dabei insbesondere die Ausdrucksweise "für fast
alle n" erklären. Von einer Aussageform über ℕ sprechen wir, wenn
die zugehörige Grundmenge die Menge der natürlichen Zahlen ist.

Für $k \in \mathbb{N}$ setzen wir $\mathbb{N}_k = \{ 1,2,\ldots,k \}$. Eine Menge $M \subseteq \mathbb{R}$ heißt endlich, wenn sie eine der beiden folgenden Bedingungen erfüllt:

(1)   M ist leer.

(2)   Es gibt ein $k \in \mathbb{N}$ und eine injektive Abbildung $f: \mathbb{N}_k \to \mathbb{R}$ mit $M = f(\mathbb{N}_k)$.

Wenn M eine nicht leere endliche Menge ist, erhalten wir $M = \{ f(1),f(2),\ldots,f(k) \}$. Indem wir $f(i) = a_i$ setzen, können wir dann auch $M = \{ a_1,a_2,\ldots,a_k \}$ schreiben.

$A(n)$ sei eine Aussageform über $\mathbb{N}$. Die Menge

$$L = \{ n \in \mathbb{N} \mid A(n) \text{ ist wahr} \}$$

heißt Lösungsmenge oder auch _Erfüllungsmenge_ von $A(n)$.

$$\mathbb{N} \setminus L = \{ n \in \mathbb{N} \mid A(n) \text{ ist falsch} \}$$

heißt _Ausnahmemenge von $A(n)$_.

Definition 3.1 $A(n)$ sei eine Aussageform über $\mathbb{N}$. $A(n)$ gilt _für fast alle n_, wenn die Ausnahmemenge von $A(n)$ endlich ist.

Beispiel 3.1   Wir wollen die folgenden Aussageformen untersuchen:

$A(n)$: $n^2 < 100$,

$B(n)$:   n ist gerade ,

$C(n)$: $10n - n^2 < 1$.

Legen wir $\mathbb{N}$ als Grundmenge zugrunde, so gilt für $A(n)$:

$$n^2 < 100 \;\leftrightarrow\; n < \sqrt{100} \;\leftrightarrow\; n < 10.$$

Daher ist $L_1 = \{ 1,2,\ldots,9 \}$ die Lösungsmenge von $A(n)$, und $A(n)$ gilt nur für endlich viele n.

Für die Lösungsmenge von $B(n)$ erhalten wir $L_2 = \{ 2,4,6,\ldots \}$. Diese Menge ist unendlich. $B(n)$ gilt jedoch nicht für fast alle n. Die Ausnahmemenge von $B(n)$ ist nämlich die unendliche Menge der ungeraden natürlichen Zahlen.

Wir bestimmen jetzt die Lösungsmenge von $C(n)$. Es gilt

$$10n - n^2 < 1 \;\leftrightarrow\; n(10-n) < 1 \;\leftrightarrow\; 10-n < 1/n$$
$$\leftrightarrow\; 10 < n + 1/n \;\leftrightarrow\; 10 \leq n.$$

Daher ist $L_3 = \{ 10,11,12,\ldots \}$ die Lösungsmenge von $C(n)$. Die Ausnahmemenge $\mathbb{N} \setminus L_3 = \{ 1,2,\ldots,9 \}$ ist endlich. Somit gilt $C(n)$ für fast alle n.

Satz 3.1 $A(n)$ sei eine Aussageform über $\mathbb{N}$. Dann gilt:

$A(n)$ gilt für fast alle n $\leftrightarrow$ Es gibt eine natürliche Zahl n_0, so daß $A(n)$ für alle n mit $n > n_0$ gilt.

Beweis. Für die Teilmengen von $\mathbb{N}$ können wir die Eigenschaft "end-

B lich" besonders einfach beschreiben: Eine Menge M mit $M \subseteq \mathbb{N}$ ist genau dann endlich, wenn sie nach oben beschränkt ist. L sei die Lösungsmenge von A(n).

(1) Wir setzen zunächst voraus, daß A(n) für fast alle n gilt. Dann ist $\mathbb{N} \setminus L$ nach oben beschränkt. n_0 sei eine obere Schranke von $\mathbb{N} \setminus L$. Dann gilt $n \in L$ für alle n mit $n > n_0$. Daher gilt A(n) für alle n mit $n > n_0$.

(2) Wir setzen jetzt voraus, daß es eine natürliche Zahl n_0 gibt, so daß A(n) für alle n mit $n > n_0$ gilt. Dann muß $n \leq n_0$ für alle $n \in \mathbb{N} \setminus L$ gelten. Daher ist $\mathbb{N} \setminus L$ endlich.   •

Vereinigung und Durchschnitt endlich vieler endlicher Mengen sind wieder endlich. Jede Teilmenge einer endlichen Menge ist ebenfalls endlich. Da dies insbesondere für die Ausnahmemengen von Aussageformen über $\mathbb{N}$ gilt, erhalten wir den folgenden Satz.

<u>Satz 3.2</u> A(n) und B(n) seien Aussageformen über $\mathbb{N}$. Wenn A(n) für fast alle n und B(n) für fast alle n gelten, gelten auch $A(n) \wedge B(n)$ für fast alle n und $A(n) \vee B(n)$ für fast alle n.

Wir hatten bereits in Abschn. 1 Folgen kennengelernt. Wir wiederholen die Definition der Folge.

<u>Definition 3.2</u> Jede Abbildung $f: \mathbb{N} \to \mathbb{R}$ heißt <u>Folge</u>. Der Funktionswert f(n) wird <u>n-tes Folgenglied</u> genannt.

Bei einer Folge f ist es üblich, die Folgenglieder mit indizierten Variablen zu bezeichnen:
$$a_n := f(n).$$
Die Folge f wird dann mit (a_n) bezeichnet (Fig. 3.3).

Fig. 3.3

Im folgenden Satz werden die Monotoniegesetze der Addition umd Multiplikation (vgl. S. 35) auf Folgen übertragen.

<u>Satz 3.3</u> (a_n), (b_n) und (c_n) seien Folgen. Dann gilt:
(1) $a_n < b_n$ für fast alle n $\;\Rightarrow\; a_n + c_n < b_n + c_n$ für fast alle n.

(2) $a_n < b_n$ für fast alle n und $b_n < c_n$ für fast alle n $\Rightarrow$ $a_n < c_n$ B
für fast alle n.

(3) $a_n < b_n$ für fast alle n und $0 < c_n$ für fast alle n
$\Rightarrow$ $a_n c_n < b_n c_n$ für fast alle n.

<u>Beweis</u>. (1) Diese Aussage folgt sofort aus der Tatsache, daß

$$a_n < b_n \Leftrightarrow a_n + c_n < b_n + c_n \qquad \text{für alle } n \in \mathbb{N}$$

gilt.

(2) Es gilt wegen des Transitivitätsgesetzes

$$a_n < b_n \text{ und } b_n < c_n \Rightarrow a_n < c_n \qquad \text{für alle } n \in \mathbb{N}. \qquad (3.1)$$

Wegen (3.1) gilt: Die Ausnahmemenge von $a_n < c_n$ ist eine Teilmenge
der Vereinigung der Ausnahmemengen von $a_n < b_n$ und $b_n < c_n$. Wenn
die Ausnahmemengen von $a_n < b_n$ und $b_n < c_n$ endlich sind, ist auch
die Ausnahmemenge von $a_n < c_n$ endlich.

(3) Es gilt

$$a_n < b_n \text{ und } 0 < c_n \Rightarrow a_n c_n < b_n c_n \qquad \text{für alle } n \in \mathbb{N}.$$

Daher ist die Ausnahmemenge von $a_n c_n < b_n c_n$ endlich als eine Teilmenge der Vereinigung der endlichen Ausnahmemengen von $a_n < b_n$
und $0 < c_n$. $\qquad\qquad\qquad\qquad\qquad\qquad\qquad\bullet$

<u>Beispiel 3.2</u> Die Ungleichung $10n < 3^n$ gilt für fast alle n, die
Ausnahmemenge ist $\{1,2,3\}$ (Beweis durch Induktion). Die Ungleichung
$3^n < 4^n/10$ gilt für fast alle n, die Ausnahmemenge ist
$\{1,2,\ldots,8\}$ (Beweis durch Induktion). Nach Satz 3.3 (2) gilt
$10n < 4^n/10$ ebenfalls für fast alle n, und die zugehörige Ausnahmemenge muß eine Teilmenge von $\{1,2,3\} \cup \{1,2,\ldots,8\}$ sein. Als
Ausnahmemenge von $10n < 4^n/10$ erhalten wir $\{1,2,3,4\}$.

Wir werden bei der Untersuchung von Folgen häufig Aussagen der
folgenden Art benutzen:

$$\text{Für alle } \varepsilon \in \mathbb{R}^+ \text{ gilt } a_n < \varepsilon \qquad \text{für fast alle n.}$$

Als Beispiel betrachten wir die Folge (a_n) mit $n \to 1/n^2$. Es gilt

$$1/n^2 < \varepsilon \Leftrightarrow 1/\varepsilon < n^2 \Leftrightarrow \sqrt{1/\varepsilon} < n \qquad \text{für alle } \varepsilon \in \mathbb{R}^+.$$

Da offensichtlich $\sqrt{1/\varepsilon} < n$ für fast alle n gilt (die zugehörige
Ausnahmemenge ist ja durch $\sqrt{1/\varepsilon}$ nach oben beschränkt), erhalten wir:

$$\text{Für alle } \varepsilon \in \mathbb{R}^+ \text{ gilt: } 1/n^2 < \varepsilon \qquad \text{für fast alle n.}$$

Wenn für alle $\varepsilon \in \mathbb{R}^+$

$$a_n < \varepsilon \text{ und } b_n < \varepsilon \qquad \text{für fast alle n}$$

gilt, folgt aus den Rechenregeln für Ungleichungen, daß für alle
$\varepsilon \in \mathbb{R}^+$ gilt:

B $a_n + b_n < 2\varepsilon$ für fast alle n.

Wir wollen uns überlegen, daß diese Aussage äquivalent zu der folgenden Aussage ist: Für alle $\varepsilon \in \mathbb{R}^+$ gilt

$a_n + b_n < \varepsilon$ für fast alle n.

Wir wollen diese Überlegung sofort so allgemein durchführen, daß wir sie später auch bei Stetigkeitsuntersuchungen heranziehen können.

<u>Satz 3.4</u> $A(\varepsilon)$ sei eine Aussageform über der Grundmenge $\mathbb{R}^+$. c sei eine positive reelle Zahl. Dann sind die beiden folgenden Aussagen äquivalent:

(1)   Für alle $\varepsilon \in \mathbb{R}^+$ gilt $A(\varepsilon)$.

(2)   Für alle $\varepsilon \in \mathbb{R}^+$ gilt $A(c\varepsilon)$.

<u>Beweis</u>. An sich ist der Beweis trivial. Sowohl Aussage (1) wie Aussage (2) besagen, daß die Aussageform $A(\varepsilon)$ für alle positiven reellen Zahlen gilt. Wir wollen trotzdem einen genauen Beweis durchführen. Es gelte Aussage (1). Für alle $\varepsilon \in \mathbb{R}^+$ gilt wegen $c \in \mathbb{R}^+$, daß $c\varepsilon \in \mathbb{R}^+$ ist und daher $A(c\varepsilon)$ gilt.
Jetzt gelte Aussage (2). Für alle $\varepsilon \in \mathbb{R}^+$ ist $\varepsilon/c \in \mathbb{R}^+$ und somit $A(c \cdot (\varepsilon/c))$ wahr. Daher gilt $A(\varepsilon)$ für alle $\varepsilon \in \mathbb{R}^+$.   •

<u>Beispiel 3.3</u> Wir wollen zeigen, daß für alle $\varepsilon \in \mathbb{R}^+$ gilt:
$$1/n^3 + 1/n^4 < \varepsilon \qquad \text{für fast alle n.}$$
Sei $\varepsilon \in \mathbb{R}^+$. Wegen
$$1/n^3 < \varepsilon \quad \leftrightarrow \quad n > \sqrt[3]{1/\varepsilon}$$
und $\qquad 1/n^4 < \varepsilon \quad \leftrightarrow \quad n > \sqrt[4]{1/\varepsilon}$
gelten $1/n^3 < \varepsilon$ und $1/n^4 < \varepsilon$ für fast alle n. Daher gilt
$$1/n^3 + 1/n^4 < 2\varepsilon \qquad \text{für fast alle n.}$$
Mit Satz 3.4 folgt, daß für alle $\varepsilon \in \mathbb{R}^+$ gilt:
$$1/n^3 + 1/n^4 < \varepsilon \qquad \text{für fast alle n.}$$

<u>Aufgaben</u>

3.1 Bestimmen Sie die Lösungsmenge der folgenden Aussageform über $\mathbb{N}$: $1/(2n+1) \geq 1/10$.

3.2 Zeigen Sie, daß $1/(2n+1) < 1/10$ für fast alle n gilt.

3.3 Zeigen Sie, daß für alle $\varepsilon \in \mathbb{R}^+$ gilt: $1/n < \varepsilon$ für fast alle n.

3.4 Zeigen Sie, daß für alle $\varepsilon \in \mathbb{R}^+$ gilt:
$$1/(n^2+1) < \varepsilon \qquad \text{für fast alle n.}$$

3.3   Konvergenz von Folgen

B

Für manche Folgen gilt, daß sich ihre Folgenglieder mit wachsendem
n nur unwesentlich von einer festen reellen Zahl unterscheiden. So
gilt z.B. für die Folge (a_n) mit $n \mapsto 3 + 1/n^2$, daß für $n > 100$ die
Folgenglieder a_n sich um weniger als 10^{-4} von 3 unterscheiden. Es
ist nun die Frage, ob 10^{-4} als geringer Unterschied anzusehen ist.
Tritt etwa 10^{-4} als Maßzahl der Längeneinheit km auf, so ist 10^{-4} km
die Länge 10 cm. Diese Länge ist in vielen Fällen keine zu vernach-
lässigende Größe, beim 1000-m-Lauf etwa kann sie für Sieg oder Nie-
derlage entscheidend sein. Tritt 10^{-10} als Maßzahl der Längeneinheit cm auf, so ist für den Menschen die Länge 10^{-10} cm verschwin-
dend klein, mit dem bloßen Auge nicht mehr wahrnehmbar. Vom "Stand-
punkt" des Elektrons aus ist 10^{-10} cm eine ansehnliche Länge, das
500fache des eigenen Radius. Ob eine positive reelle Zahl ver-
schwindend klein ist, hängt offenbar von der verwandten Maßeinheit
und vom Beobachter ab. Es ist deshalb nicht möglich, mit Hilfe nur
einer Zahl bzw. endlich vieler Zahlen zu beschreiben, was bei Folgen unter einem unwesentlichen Unterschied zu verstehen ist. Als
Ausweg bietet sich an, die Gesamtheit aller Zahlen 10^{-k} mit $k \in \mathbb{N}$
zu betrachten: Eine Folge (a_n) konvergiert gegen a, wenn für jedes
$k \in \mathbb{N}$ gilt, daß sich a_n von a um weniger als 10^{-k} für hinreichend
große n unterscheidet. Betrachten wir dabei statt der speziellen
Zahlen 10^{-k} ganz allgemein alle positiven reellen Zahlen, so ge-
langen wir zu der folgenden Definition.

<u>Definition 3.3</u> (a_n) sei eine Folge und a eine reelle Zahl.
(1) (a_n) <u>konvergiert gegen a</u>, wenn für alle $\varepsilon \in \mathbb{R}^+$ gilt:
$$|a_n - a| < \varepsilon \qquad \text{für fast alle n.}$$
(2) (a_n) heißt <u>konvergent</u>, wenn es eine reelle Zahl a gibt, so daß
(a_n) gegen a konvergiert.
(3) (a_n) heißt <u>divergent</u>, wenn (a_n) nicht konvergent ist.

Wegen Satz 3.4 können wir für alle $c \in \mathbb{R}^+$ in (1) die Ungleichung
$|a_n - a| < \varepsilon$ durch die Ungleichung $|a_n - a| < c\varepsilon$ ersetzen.
Die reelle Zahl a in Definition 3.3 (1) ist eindeutig bestimmt:

<u>Satz 3.5</u> (a_n) sei eine Folge, und a und b seien reelle Zahlen.
Wenn (a_n) gegen a und gegen b konvergiert, gilt $a = b$.

B <u>Beweis</u>. Wenn (a_n) gegen a und gegen b konvergiert, gilt für alle
$\varepsilon \in \mathbb{R}^+$: $|a-b| = |a-a_n+a_n-b|$ $|a_n-a|+|a_n-b| < \varepsilon+\varepsilon = 2\varepsilon$ für fast
alle n. Daher ist $|a-b| < 2\varepsilon$ für alle $\varepsilon \in \mathbb{R}^+$. Mit Satz 1.19 folgt
$|a-b| = 0$, woraus a = b folgt.   •

Wegen Satz 3.5 können wir bei einer konvergenten Folge von <u>dem</u>
Grenzwert der Folge sprechen:

<u>Definition 3.4</u> Sei (a_n) eine Folge und a eine reelle Zahl.
(1) Wenn (a_n) gegen a konvergiert, nennen wir a <u>Grenzwert der Fol-</u>
<u>ge</u> (a_n). Wir schreiben dann
$$\lim a_n := a$$
und lesen $\lim a_n$ als "Limes von a_n".
(2) (a_n) heißt <u>Nullfolge</u>, wenn $\lim a_n = 0$ gilt.

Aus Satz 3.1 folgt, daß eine Folge (a_n) genau dann gegen a konver-
giert, wenn zu jedem $\varepsilon \in \mathbb{R}^+$ ein $n_0 \in \mathbb{N}$ existiert, so daß gilt:
$$|a_n-a| < \varepsilon \qquad \text{für alle n mit } n > n_0.$$

Sei $\varepsilon \in \mathbb{R}^+$. Für eine Folge (a_n) und eine reelle Zahl a gilt:
  $|a_n-a| < \varepsilon$ für fast alle n $\leftrightarrow$ $a-\varepsilon < a_n < a+\varepsilon$ für fast alle n
(vgl. Satz 1.15 (1)). Wir setzen $U_\varepsilon(a) =]a-\varepsilon, a+\varepsilon[$ und bezeichnen
$U_\varepsilon(a)$ als <u>ε-Umgebung von a</u>. Mit dieser Bezeichnung gilt: (a_n)
konvergiert gegen a genau dann, wenn für alle $\varepsilon \in \mathbb{R}^+$ gilt:
$$a_n \in U_\varepsilon(a) \qquad \text{für fast alle n.}$$
In Fig. 3.4 wird dieser Sachverhalt anschaulich beschrieben: Es
müssen für fast alle n die Punkte (n, a_n) im ε-Streifen um a liegen (bei beliebiger Wahl von $\varepsilon \in \mathbb{R}^+$).

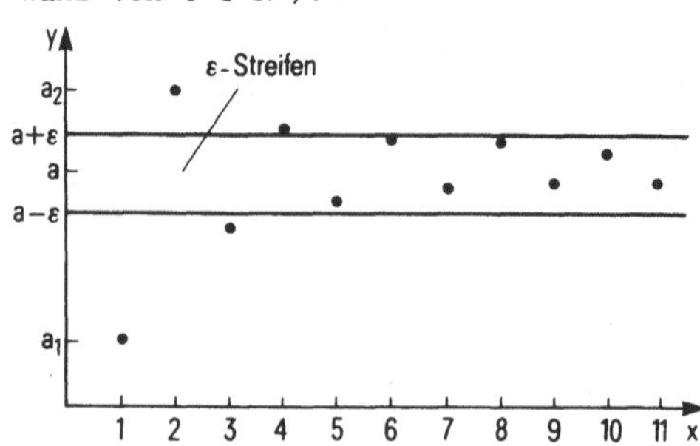

Fig. 3.4

<u>Beispiel 3.4</u> Wir betrachten die Folge (a_n) mit $n \mapsto 1 + (-1)^n/n$.
(a_n) konvergiert gegen 1. Es gilt nämlich für alle $\varepsilon \in \mathbb{R}^+$:
$$|a_n-1| = |1 + (-1)^n/n - 1| = 1/n < \varepsilon \qquad \text{für fast alle n.}$$

In Definition 2.10 haben wir den Begriff "beschränkte Funktion" definiert. Von daher ist klar, was unter einer beschränkten Folge zu verstehen ist.

<u>Satz 3.6</u> Jede konvergente Folge ist beschränkt.

<u>Beweis</u>. Die Folge (a_n) konvergiere gegen a $\in$ R. Dann erhält man, indem man $\varepsilon = 1$ setzt:

$$|a_n - a| < 1 \quad \text{für fast alle n} \leftrightarrow -1 < a_n - a < 1 \quad \text{für fast alle n}$$
$$\leftrightarrow a-1 < a_n < a+1 \quad \text{für fast alle n.}$$

A sei die endliche Menge der n $\in$ N, für die $a-1 < a_n < a+1$ nicht gilt (Ausnahmemenge). Mit

$$b = \min \{ a_n \mid n \in A \}, \qquad c = \max \{ a_n \mid n \in A \}$$

erhalten wir, daß $\min \{ b, a-1 \}$ eine untere Schranke von (a_n) und $\max \{ c, a+1 \}$ eine ober Schranke von (a_n) ist. Daher ist (a_n) beschränkt.   •

Im folgenden geben wir Beispiele für Konvergenzuntersuchungen.

<u>Beispiel 3.5</u> Die Folge (a_n) sei definiert durch

$$a_n = \sqrt[n]{10} \qquad \text{für alle n} \in N.$$

Wir wollen zeigen, daß (a_n) gegen 1 konvergiert. Sei $\varepsilon \in R^+$. Dann gilt

$$|a_n - 1| < \varepsilon \leftrightarrow \sqrt[n]{10} - 1 < \varepsilon \leftrightarrow \sqrt[n]{10} < 1+\varepsilon$$
$$\leftrightarrow 10 < (1+\varepsilon)^n. \tag{3.2}$$

Wegen $(1+\varepsilon)^n \geq 1+n\varepsilon$ (Bernoullische Ungleichung) folgt die Ungleichung (3.2) aus der Ungleichung

$$10 < 1+n\varepsilon. \tag{3.3}$$

Ungleichung (3.3) ist äquivalent zu der Ungleichung $n > 9/\varepsilon$, welche für fast alle n gültig ist. Daher gilt $|a_n - 1| < \varepsilon$ für fast alle n (Fig. 3.5).

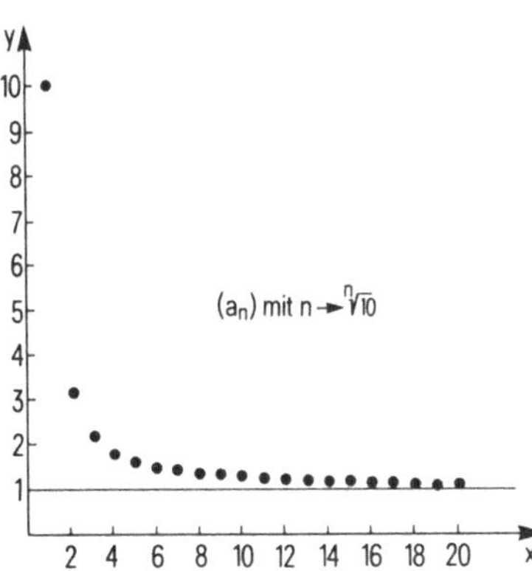

Fig. 3.5

B **Beispiel 3.6** Die Folge

$$(a_n) \quad \text{mit} \quad n \mapsto \sqrt{n^2+2} - \sqrt{n^2+1}$$

ist eine Nullfolge. Es gilt nämlich für alle $\varepsilon \in \mathbb{R}^+$:

$$|a_n - 0| = a_n = \sqrt{n^2+2} - \sqrt{n^2+1} = \frac{(\sqrt{n^2+2} - \sqrt{n^2+1})(\sqrt{n^2+2} + \sqrt{n^2+1})}{\sqrt{n^2+2} + \sqrt{n^2+1}}$$

$$= \frac{1}{\sqrt{n^2+2} + \sqrt{n^2+1}}$$

$$< \frac{1}{\sqrt{n^2+2}} < \frac{1}{\sqrt{n^2}} = \frac{1}{n} < \varepsilon \qquad \text{für fast alle } n.$$

Beispiel 3.7 Die Folge (a_n) mit $n \mapsto n$ ist divergent. Wenn wir indirekt annehmen, daß (a_n) konvergiert, ist (a_n) beschränkt. Das ist aber offensichtlich für die Folge (a_n) nicht der Fall, da $\mathbb{N}$ nicht beschränkt ist.

Bildet man zu einer konvergenten Folge die Folge der Beträge der Folgenglieder, so ist diese Folge ebenfalls konvergent:

Satz 3.7 Die Folge (a_n) sei konvergent. Dann konvergiert $(|a_n|)$, und es gilt $\lim |a_n| = |\lim a_n|$.

$$a_n \longrightarrow a$$
$$\overline{\rule{4cm}{0.4pt}}$$
$$|a_n| \longrightarrow |a|$$

$$\text{Fig. 3.6}$$

Fig. 3.6 beschreibt den Inhalt von Satz 3.7 in einprägsamer Form. Die Schreibweise "$a_n \to a$" bedeutet, daß die Folge (a_n) gegen a konvergiert (Vorsicht vor Verwechslung mit dem Abbildungspfeil!). Der waagerechte Strich trennt die Voraussetzung von der Folgerung.

Beweis von Satz 3.7. (a_n) konvergiere gegen a. Dann gilt nach Satz 1.14 (11) für alle $\varepsilon \in \mathbb{R}^+$:

$$||a_n| - |a|| \leq |a_n - a| < \varepsilon \qquad \text{für fast alle } n.$$

Daher ist $(|a_n|)$ konvergent mit

$$\lim |a_n| = |a| = |\lim a_n|. \qquad \bullet$$

Mit Hilfe von Satz 3.7 können wir eine nützliche Ungleichung für konvergente Folgen herleiten:

Satz 3.8 Die Folge (a_n) sei konvergent mit $\lim a_n \neq 0$. Dann gibt es positive reelle Zahlen c und d mit

$$c < |a_n| < d \qquad \text{für fast alle } n.$$

Beweis. Es sei $a = \lim a_n$. Nach Satz 3.7 ist $(|a_n|)$ konvergent mit $\lim |a_n| = |a|$. Daher gilt ($\varepsilon = |a|/2$ setzen!):

$$||a_n|-|a|| < |a|/2 \qquad \text{für fast alle } n$$
$$\Rightarrow \quad -|a|/2 < |a_n|-|a| < |a|/2 \qquad \text{für fast alle } n.$$
$$\Rightarrow \quad |a|/2 < |a_n| < (3/2)|a| \qquad \text{für fast alle } n.$$

Mit $c = |a|/2$ und $d = (3/2)|a|$ erhält man die Behauptung von Satz 3.8.

Der folgende Satz zeigt uns, daß die Summe und das Produkt von konvergenten Folgen wieder konvergent sind.

<u>Satz 3.9</u> (a_n) und (b_n) seien konvergente Folgen. Dann gilt (Fig. 3.7):

(1) (a_n+b_n) ist konvergent mit $\lim (a_n+b_n) = \lim a_n + \lim b_n$.

(2) $(a_n b_n)$ ist konvergent mit $\lim (a_n b_n) = (\lim a_n)(\lim b_n)$.

(3) Wenn $b_n \neq 0$ für alle n und $\lim b_n \neq 0$ sind, gilt:

$\left(\dfrac{a_n}{b_n}\right)$ ist konvergent mit $\lim \dfrac{a_n}{b_n} = \dfrac{\lim a_n}{\lim b_n}$.

$$a_n \longrightarrow a$$
$$b_n \longrightarrow b$$

$$a_n + b_n \longrightarrow a+b$$
$$a_n \cdot b_n \longrightarrow a \cdot b$$
$$\frac{a_n}{b_n} \longrightarrow \frac{a}{b}$$

Fig. 3.7

<u>Beweis.</u> Die Folgen (a_n) und (b_n) seien konvergent mit den Grenzwerten a und b.

(1) Es ist für alle $\varepsilon \in \mathbb{R}^+$

$$|a_n+b_n-(a+b)| = |(a_n-a)+(b_n-b)|$$
$$\leq |a_n-a|+|b_n-b| < \varepsilon+\varepsilon = 2\varepsilon \qquad \text{für fast alle } n.$$

Unter Beachtung von Satz 3.4 und Beispiel 3.3 folgt, daß (a_n+b_n) konvergent ist mit $\lim (a_n+b_n) = a+b = \lim a_n + \lim b_n$.

(2) Da (b_n) konvergiert, ist (b_n) beschränkt. Es gibt ein $c \in \mathbb{R}^+$ mit $|b_n| < c$ für alle $n \in \mathbb{N}$. Wir erhalten für alle $\varepsilon \in \mathbb{R}^+$:

$$|a_n b_n-ab| = |(a_n-a)b_n + (b_n-b)a|$$
$$\leq |a_n-a||b_n|+|b_n-b||a|$$
$$< \varepsilon \cdot c + \varepsilon \cdot |a| = (c+|a|)\varepsilon \qquad \text{für fast alle } n.$$

Somit ist $(a_n b_n)$ konvergent mit $\lim a_n b_n = ab = (\lim a_n)(\lim b_n)$.

(3) Es sei $b_n \neq 0$ für alle n und $b = \lim b_n \neq 0$. Nach Satz 3.8 gibt es ein $c \in \mathbb{R}^+$ mit $c < |b_n|$ für fast alle n. Daher gilt für alle $\varepsilon \in \mathbb{R}^+$:

B

$$\left|\frac{1}{b_n} - \frac{1}{b}\right| = \left|\frac{b-b_n}{bb_n}\right| = \frac{|b-b_n|}{|b||b_n|}$$

$$< \frac{|b-b_n|}{|b|c} < \frac{\varepsilon}{|b|c} \qquad \text{für fast alle n.}$$

Somit ist $(\frac{1}{b_n})$ konvergent mit $\lim \frac{1}{b_n} = \frac{1}{b} = \frac{1}{\lim b_n}$. Wegen $\left(\frac{a_n}{b_n}\right) = (a_n \cdot \frac{1}{b_n})$ folgt aus (2), daß $\left(\frac{a_n}{b_n}\right)$ konvergiert mit

$$\lim \frac{a_n}{b_n} = (\lim a_n)(\lim \frac{1}{b_n}) = \frac{\lim a_n}{\lim b_n} .$$

Indem man konstante Folgen betrachtet, folgt aus Satz 3.9 (2), daß mit der Folge (a_n) auch die Folge (ca_n) konvergiert ($c \in \mathbb{R}$) und

$$\lim ca_n = c \cdot \lim a_n$$

gilt. Weiter folgert man, daß auch die Differenz konvergenter Folgen konvergiert ($(a_n - b_n) = (a_n + (-1)b_n)$) und dabei gilt:

$$\lim (a_n - b_n) = \lim a_n - \lim b_n.$$

<u>Beispiel 3.8</u> Seien $a \in \mathbb{R}$ und $k \in \mathbb{N}$. Dann ist die Folge

$$(a_n) \qquad \text{mit} \qquad n \mapsto \frac{a}{n^k}$$

eine Nullfolge. Es gilt nämlich für alle $\varepsilon \in \mathbb{R}^+$:

$$|a_n| = |a/n^k| = |a|/n^k \leq |a|/n < \varepsilon \qquad \text{für fast alle n.}$$

<u>Beispiel 3.9</u> Wir wollen die Folge

$$(a_n) \qquad \text{mit} \qquad n \mapsto \frac{3n^3 - 2n^2 + 5n + 6}{5n^3 - 2n + 7}$$

untersuchen. Es ist

$$a_n = \frac{3 - 2/n + 5/n^2 + 6/n^3}{5 - 2/n^2 + 7/n^3} .$$

Die Folgen $(2/n)$, $(5/n^2)$, $(6/n^3)$, $(2/n^2)$ und $(7/n^3)$ sind nach Beispiel 3.8 Nullfolgen. Somit erhält man durch naheliegende Verallgemeinerungen von Satz 3.9, daß (a_n) konvergiert mit

$$\lim a_n = \frac{\lim (3 - 2/n + 5/n^2 + 6/n^3)}{\lim (5 - 2/n^2 + 7/n^3)}$$

$$= \frac{\lim 3 - \lim 2/n + \lim 5/n^2 + \lim 6/n^3}{\lim 5 - \lim 2/n^2 + \lim 7/n^3}$$

$$= \frac{3}{5} .$$

Dabei ist $\lim 3$ als Grenzwert der konstanten Folge $3,3,3,\ldots$ zu verstehen.

Von einer Folge (a_n) ausgehend kann man eine neue Folge bilden,

indem man gewisse Folgenglieder streicht. Streicht man z.B. alle B
Folgenglieder mit geradem Index, so entsteht die Folge

$$a_1, a_3, a_5, \ldots \ .$$

Eine solche Folge nennt man eine Teilfolge von (a_n). Wenn wir die entstandene Teilfolge mit (b_n) bezeichnen, gilt

$$b_n = a_{2n-1} \ .$$

Die Abbildung $f: \mathbb{N} \to \mathbb{N}$ mit $n \mapsto 2n-1$ beschreibt diesen Zusammenhang zwischen den Indizes der beiden Folgen:

$$b_n = a_{f(n)} \ .$$

Wir erhalten deshalb folgende Definition der Teilfolge:

<u>Definition 3.5</u> (a_n) sei eine Folge und $f: \mathbb{N} \to \mathbb{N}$ eine streng monoton steigende Funktion. Dann heißt die Folge

$$(b_n) \quad \text{mit} \quad n \mapsto a_{f(n)}$$

<u>Teilfolge von (a_n)</u>. Wir setzen $(a_{f(n)}) := (b_n)$ (Fig. 3.8).

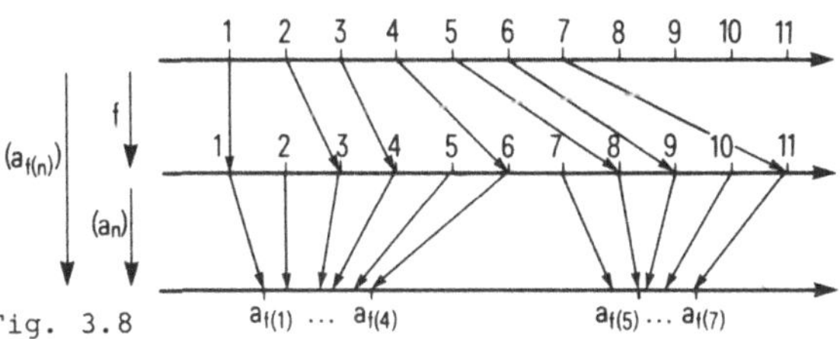

Fig. 3.8

Jede Teilfolge einer konvergenten Folge ist ebenfalls konvergent mit demselben Grenzwert:

<u>Satz 3.10</u> Die Folge (a_n) sei konvergent und $(a_{f(n)})$ eine Teilfolge von (a_n). Dann ist $(a_{f(n)})$ konvergent mit (Fig. 3.9)

$$\lim a_{f(n)} = \lim a_n .$$

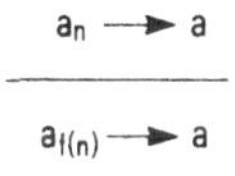

$$a_n \longrightarrow a$$
$$\overline{\qquad\qquad\qquad}$$
Fig. 3.9 $a_{f(n)} \longrightarrow a$

<u>Beweis.</u> Für alle $n \in \mathbb{N}$ gilt $f(n) \geq n$ (Beweis durch Induktion!). Die Folge (a_n) konvergiere gegen a. Sei $\varepsilon \in \mathbb{R}^+$. Dann gibt es ein $n_0 \in \mathbb{N}$, so daß gilt:

$$|a_n - a| < \varepsilon \qquad \text{für alle } n \text{ mit } n > n_0.$$

Für alle n mit $n > n_0$ ist $f(n) > n_0$. Deshalb gilt

$$|a_{f(n)} - a| < \varepsilon \qquad \text{für alle } n \text{ mit } n > n_0.$$

Daher ist $(a_{f(n)})$ konvergent mit $\lim a_{f(n)} = a = \lim a_n$.   •

Beispiel 3.10 Wir betrachten die Folge

$$(a_n) \quad \text{mit} \quad n \mapsto (-1)^n/n$$

und die Funktion

$$f: \mathbb{N} \to \mathbb{N} \quad \text{mit} \quad i \mapsto 2i.$$

f ist eine Streng monoton steigende Funktion. Wir erhalten als Teilfolge $(a_{f(n)})$ von (a_n):

$$(b_n) \quad \text{mit} \quad n \mapsto 1/(2n).$$

Wir wollen die ersten Glieder beider Folgen aufschreiben:

$$(a_n) \quad : \quad -1,1/2,-1/3,1/4,-1/5,1/6,\ldots$$
$$(a_{f(n)}): \quad 1/2 \, , \quad 1/4 \, , \quad 1/6 \, , \ldots .$$

Beispiel 3.11 Die Folge

$$(b_n) \quad \text{mit} \quad n \mapsto \sqrt[3n]{10}$$

konvergiert gegen 1. Diese Folge ist nämlich Teilfolge der in Beispiel 3.5 untersuchten Folge

$$(a_n) \quad \text{mit} \quad n \mapsto \sqrt[n]{10},$$

es gilt $b_n = a_{3n}$ für alle n. Da nach Beispiel 3.5 die Folge (a_n) gegen 1 konvergiert, folgt aus Satz 3.10 die Konvergenz von (b_n) mit $\lim b_n = 1$ (Fig. 3.10).

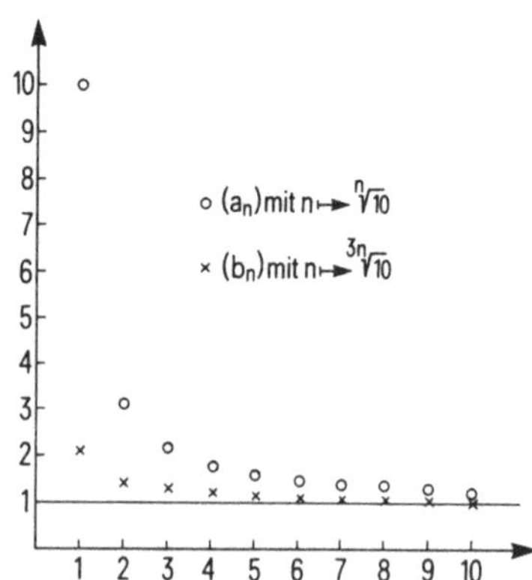

Fig. 3.10

Definition 3.6 (a_n) sei eine Folge und a eine reelle Zahl. a heißt **Häufungswert von** (a_n), wenn für alle $\varepsilon \in \mathbb{R}^+$ gilt (Fig. 3.11):

$$|a_n - a| < \varepsilon \quad \text{für unendlich viele n.}$$

Während konvergente Folgen nur ihren Grenzwert als Häufungswert haben, können divergente Folgen mehrere, ja sogar unendlich viele Häufungswerte besitzen. Es kann aber auch sein, daß eine divergente Folge keinen Häufungswert besitzt, wie das Beispiel der Folge (a_n) mit $n \mapsto n$ zeigt.

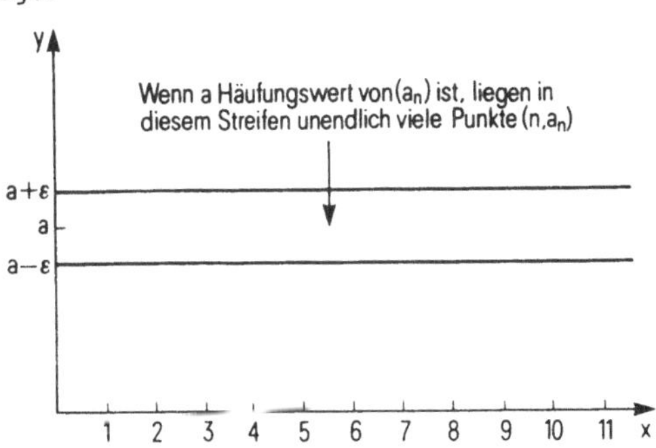

Fig. 3.11

Der folgende Satz bringt die Häufungswerte von (a_n) in einen Zusammenhang mit den konvergenten Teilfolgen von (a_n).

<u>Satz 3.11</u> (a_n) sei eine Folge und a eine reelle Zahl. Dann gilt: a ist genau dann Häufungswert von (a_n), wenn es eine gegen a konvergente Teilfolge $(a_{f(n)})$ von (a_n) gibt.

<u>Beweis</u>. Wir setzen zunächst voraus, daß es eine gegen a konvergente Teilfolge $(a_{f(n)})$ von (a_n) gibt. Sei $\varepsilon \in \mathbb{R}^+$. Dann gilt

$$|a_{f(n)} - a| < \varepsilon \qquad \text{für fast alle n}$$
$$\Rightarrow \quad |a_{f(n)} - a| < \varepsilon \qquad \text{für unendlich viele n}$$
$$\Rightarrow \quad |a_n - a| < \varepsilon \qquad \text{für unendlich viele n.}$$

Daher ist a Häufungswert von (a_n).

Wir setzen jetzt voraus, daß a Häufungswert von (a_n) ist. Wir definieren rekursiv eine Funktion $f: \mathbb{N} \to \mathbb{N}$:

$$f(1) = \min \{ n \in \mathbb{N} \mid |a_n - a| < 1 \},$$
$$f(i+1) = \min \{ n \in \mathbb{N} \mid f(i) < n \text{ und } |a_n - a| < \frac{1}{i+1} \} . \qquad (3.4)$$

Da a Häufungswert von (a_n) ist, sind die in der Rekursionsformel (3.4) auftretenden Mengen nicht leer. f ist eine streng monoton steigende Abbildung von $\mathbb{N}$ in $\mathbb{N}$. Für die Teilfolge $(a_{f(n)})$ von (a_n) gilt, daß für alle $\varepsilon \in \mathbb{R}^+$

$$|a_{f(n)} - a| < 1/n < \varepsilon \qquad \text{für fast alle n}$$

ist. Daher konvergiert die Teilfolge $(a_{f(n)})$ gegen a.   •

<u>Beispiel 3.12</u> Für $a \in \mathbb{R}$ betrachten wir die Folge
$$(b_n) \quad \text{mit} \quad n \mapsto a^n.$$
Wenn $a = 0$ ist, ist (b_n) konstant mit $\lim b_n = 0$. Wenn $a = 1$ ist,

B ist (b_n) ebenfalls konstant mit $\lim b_n = 1$. Für $a = -1$ hat die Folge (b_n) die beiden Häufungswerte -1 und 1. (b_n) ist daher für $a = -1$ divergent. Es verbleiben noch die Fälle $|a| < 1$, $(a \neq 0)$ und $|a| > 1$.

(1) Wir setzen voraus, daß $|a| < 1$ und $a \neq 0$ ist. Nach Aufgabe 1.14 (2) gilt

$$|a|^n \leq \frac{|a|}{1-|a|} \frac{1}{n} .$$

Daher gilt für alle $\varepsilon \in \mathbb{R}^+$:

$$|b_n| = |a|^n \leq \frac{|a|}{1-|a|} \frac{1}{n} < \frac{|a|}{1-|a|} \varepsilon \qquad \text{für fast alle } n.$$

Somit ist (b_n) für $|a| < 1$ eine Nullfolge.

(2) Sei $|a| > 1$. Nach Aufgabe 1.14 (1) gilt

$$|a|^n \geq 1 + n(|a|-1).$$

Für jedes $c \in \mathbb{R}^+$ gilt wegen $|a|-1 > 0$:

$$1 + n(|a|-1) > c \qquad \text{für fast alle } n.$$

Daher ist die Folge $(|a|^n)$ nicht beschränkt, woraus mit Satz 3.6 und Satz 3.7 folgt, daß (a_n) divergiert.

Aufgaben

3.5 Zeigen Sie, daß für $a \in \mathbb{R}^+$ die Folge $(\sqrt[n]{a})$ gegen 1 konvergiert. Tip: Für $a > 1$ gehe man wie in Beispiel 3.5 vor. Den Fall $0 < a < 1$ führe man durch $\sqrt[n]{a} = 1/(\sqrt[n]{1/a})$ auf den Fall $a > 1$ zurück.

3.6 Zeigen Sie, daß die Folge $(\sqrt[n]{n})$ gegen 1 konvergiert. Tip: $d_n = \sqrt[n]{n} - 1$ setzen und $n = (1+d_n)^n$ mit der Formel aus Satz 1.9 (2) abschätzen.

3.7 Zeigen Sie, daß die Folge $(1/\sqrt{n+2})$ eine Nullfolge ist.

3.8 Untersuchen Sie die Folge

$$(a_n) \quad \text{mit} \quad n \mapsto \frac{6n^2+7n-6}{2n^2-3n+5}$$

auf Konvergenz und bestimmen Sie gegebenenfalls den Grenzwert.

3.9 Bestimmen Sie die Häufungswerte der Folge

$$(a_n) \quad \text{mit} \quad n \mapsto (-1)^n(2 + (1/2)^n).$$

Geben Sie zu jedem Häufungswert eine gegen diesen Häufungswert konvergierende Teilfolge von (a_n) an.

3.10 Untersuchen Sie die Folge $((6^n-5^n)/6^n)$.

3.11 (a_n) sei eine konvergente Folge mit $a_n > 0$ für alle n. Zeigen Sie, daß dann $\lim a_n \geq 0$ gilt.

3.12 (a_n) sei eine konvergente Folge mit $a_n > 0$ für alle n. Zeigen Sie, daß dann $(\sqrt{a_n})$ konvergiert und $\lim \sqrt{a_n} = \sqrt{a}$ gilt.

3.13 (a_n) sei eine Folge mit 2 verschiedenen Häufungswerten. Zeigen Sie, daß (a_n) divergiert.

3.14 Bekanntlich sind die rationalen Zahlen abzählbar. Es gibt also eine Folge (a_n) mit

$$\mathbb{Q} = \{ a_n \mid n \in \mathbb{N} \}.$$

Zeigen Sie, daß jede reelle Zahl Häufungswert der Folge (a_n) ist.

3.4   <u>Konvergenzkriterien</u>

Nach Satz 3.10 muß jede Teilfolge einer konvergenten Folge gegen den Grenzwert der Folge konvergieren. Aus Satz 3.6 wissen wir, daß jede konvergente Folge beschränkt ist. Wir erhalten aus diesen Sätzen hinreichende Bedingungen für die Divergenz von Folgen:

Eine Folge (a_n) divergiert, wenn mindestens eine der folgenden Bedingungen vorliegt:

(1) (a_n) ist nicht beschränkt.

(2)   Zu (a_n) existiert eine divergente Teilfolge.

(3)   Zu (a_n) existieren zwei konvergente Teilfolgen mit verschiedenen Grenzwerten.

Um die Konvergenz einer Folge zu beweisen, können wir auf Definition 3.3 zurückgreifen oder Satz 3.9 benutzen. Bei der Anwendung von Definition 3.3 benötigen wir Kenntnis über den Grenzwert der Folge. Satz 3.9 setzt voraus, daß die zu untersuchende Folge als Summe, Produkt oder Quotient von in ihrem Konvergenzverhalten bekannten Folgen dargestellt werden kann. Wir werden im folgenden Konvergenzkriterien kennenlernen, die weder die Kenntnis des Grenzwerts voraussetzen noch den Rückgriff auf in ihrem Konvergenzverhalten bereits bekannte Folgen verlangen.

<u>Satz 3.12</u> (<u>Monotoniekriterium</u>) Wenn die Folge (a_n) monoton und beschränkt ist, ist (a_n) konvergent.

Eine monoton steigende Folge ist genau dann beschränkt, wenn sie nach oben beschränkt ist. Wir brauchen daher in Satz 3.12 für eine monoton steigende Folge nur vorauszusetzen, daß sie nach oben beschränkt ist. Entsprechend brauchen wir bei einer monoton fallen-

B   den Folge nur vorauszusetzen, daß sie nach unten beschränkt ist.

<u>Beweis von Satz 3.12</u>. Wenn (a_n) monoton ist, ist (a_n) monoton steigend oder monoton fallend. Diese beiden Fälle sind zu unterscheiden.

(1) Sei (a_n) monoton steigend und nach oben beschränkt. Dann existiert $s = \sup \{ a_n \mid n \in \mathbb{N} \}$.

Sei $\varepsilon \in \mathbb{R}^+$. Dann gilt

$$|a_n - s| < \varepsilon \;\leftrightarrow\; s - a_n < \varepsilon \;\leftrightarrow\; a_n > s - \varepsilon.$$

Es gibt ein $n_0 \in \mathbb{N}$ mit

$$s - \varepsilon < a_{n_0} \leq s.$$

(Andernfalls wäre ja $s - \varepsilon$ eine obere Schranke von $\{ a_n \mid n \in \mathbb{N} \}$.)

Da (a_n) monoton steigt, gilt

$$a_{n_0} \leq a_n \qquad \text{für alle n mit } n > n_0.$$

$$a_{n_0} \leq a_n \leq s \qquad \text{für alle n mit } n > n_0.$$

$$|a_n - s| \leq |a_{n_0} - s| < \varepsilon \qquad \text{für fast alle n.}$$

Daher konvergiert (a_n) gegen s.

(2) Wenn (a_n) monoton fallend und nach unten beschränkt ist, ist $(-a_n)$ monoton steigend und nach oben beschränkt. Nach (1) ist $(-a_n)$ konvergent. Daher ist $(a_n) = ((-1)(-a_n))$ konvergent. $\quad\bullet$

Fig. 3.12 veranschaulicht das Monotoniekriterium für den Fall einer monoton steigenden Folge.

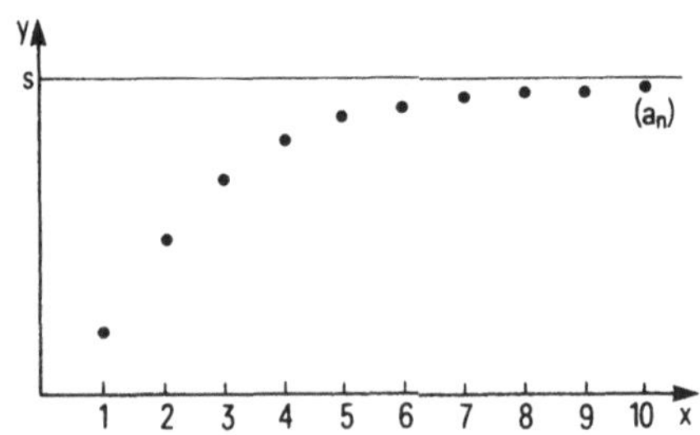

Fig. 3.12

<u>Beispiel 3.13</u> Durch

$$a_1 = 1 ,$$
$$a_{n+1} = \sqrt{1 + a_n}$$

wird rekursiv eine Folge (a_n) definiert. Um erste Aufschlüsse über das Verhalten dieser Folge zu erhalten, berechnen wir - etwa mit einem Taschenrechner - die ersten Folgenglieder. Benutzen wir einen Taschenrechner mit algebraischer Notation, wird der Rekursionsschritt durch die Tastenfolge

$$\boxed{+}\quad\boxed{1}\quad\boxed{=}\quad\boxed{\sqrt{x}}$$

B

erzeugt. Geben wir den Anfangswert 1 ein, so erscheint nach Betätigung der Tastenfolge der Wert von a_2 in der Anzeige. Wird die Tastenfolge jetzt aufs neue betätigt, erscheint der Wert von a_3 usw. Tab 3.1 gibt die so berechneten ersten 6 Werte an.

Tab. 3.1

n	a_n
1	1
2	1,414213562
3	1,553773974
4	1,598053182
5	1,611847754
6	1,616121207
.	
.	
.	

Die berechneten Werte legen die Vermutung nahe, daß die Folge (a_n) streng monoton steigend ist. Wir werden daher versuchen, das Monotoniekriterium auf die Folge (a_n) anzuwenden. Wir zeigen zunächst, daß (a_n) nach oben beschränkt ist und dann, daß (a_n) streng monoton steigend ist.

(1)   Es gilt $0 < a_n < 3$ für alle $n \in \mathbb{N}$.

Wir beweisen die Aussage (1) durch vollständige Induktion. Für $n = 1$ erhalten wir $0 < a_1 = 1 < 3$.

Es gelte $0 < a_n < 3$ für ein $n \in \mathbb{N}$. Dann ist
$$1 < a_n+1 < 4 \;\Rightarrow\; 1 < \sqrt{a_n+1} < 2$$
$$\Rightarrow\; 1 < a_{n+1} < 2 \;\Rightarrow\; 0 < a_{n+1} < 3.$$
Daher gilt $0 < a_n < 3$ für alle n.

(2)   Es gilt $a_{n+1} > a_n$ für alle $n \in \mathbb{N}$.

Wir beweisen die Aussage (2) ebenfalls durch vollständige Induktion. Für $n = 1$ erhalten wir $a_2 = \sqrt{2} > 1 = a_1$.

Es gelte $a_{n+1} > a_n$ für ein $n \in \mathbb{N}$. Dann erhalten wir
$$a_{n+1}+1 > a_n+1 \;\Rightarrow\; \sqrt{a_{n+1}+1} > \sqrt{a_n+1} \;\Rightarrow\; a_{n+2} > a_{n+1}.$$
(Nach (1) sind $a_{n+1}+1$ und a_n+1 positive reelle Zahlen.)
Daher gilt $a_{n+1} > a_n$ für alle n.

Aus (1) und (2) folgt nach dem Monotoniekriterium, daß die Folge (a_n) konvergiert. Wir kennen allerdings noch nicht den Grenzwert von (a_n). Um ihn zu bestimmen, benutzen wir die Rekursionsformel. Es gilt

B

$$a_{n+1} = \sqrt{1+a_n} \qquad \text{für alle n.}$$

$$\rightarrow \quad a_{n+1}a_{n+1} = 1 + a_n \qquad \text{für alle n.} \tag{3.5}$$

Nach Satz 3.9 sind die Folgen $(a_{n+1}a_{n+1})$ und $(1+a_n)$ konvergent, und wir erhalten aus Gleichung (3.5)

$$\lim (a_{n+1}a_{n+1}) = \lim (1+a_n) \tag{3.6}$$

Setzen wir $a = \lim a_n$, erhalten wir mit Satz 3.9 aus Gleichung (3.6)

$$a^2 = 1 + a.$$

Diese quadratische Gleichung hat als einzige positive Lösung $1/2 + (1/2)\sqrt{5}$. Daher gilt (Fig. 3.13)

$$\lim a_n = 1/2 + (1/2)\sqrt{5}.$$

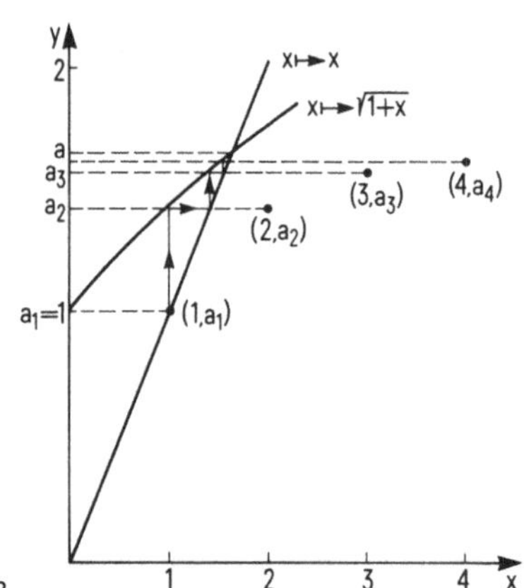

Fig. 3.13

<u>**Satz 3.13**</u> (<u>Einschließungskriterium</u>) (a_n) und (c_n) seien konvergente Folgen mit $\lim a_n = \lim c_n$. Für die Folge (b_n) gelte

$$a_n \leq b_n \leq c_n \qquad \text{für alle n.}$$

Dann ist (b_n) konvergent mit $\lim b_n = \lim a_n$.

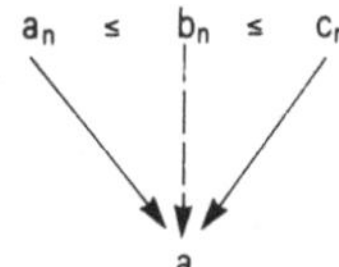

Fig. 3.14

In Fig. 3.14 kennzeichnet der gestrichelte Pfeil die Folgerung.

<u>**Beweis**</u>. Es gelte $a_n \leq b_n \leq c_n$ für alle n. Dann folgt

$$|b_n - a_n| \leq |c_n - a_n| \qquad \text{für alle n.}$$

Wenn (a_n) und (c_n) konvergente Folgen mit $a := \lim a_n = \lim c_n$

sind, ist nach einer Folgerung aus Satz 3.9 die Folge (c_n-a_n) eine Nullfolge. Somit gilt für alle $\varepsilon \in \mathbb{R}^+$

$$|c_n-a_n| < \varepsilon \qquad \text{für fast alle } n$$

und $\qquad |c_n-a| < \varepsilon \qquad$ für fast alle n.

Wir erhalten daher

$$|b_n-a| = |b_n-a_n+a_n-c_n+c_n-a| \leq |b_n-a_n|+|a_n-c_n|+|c_n-a|$$

$$\leq |c_n-a_n|+|a_n-c_n|+|c_n-a|$$

$$< \varepsilon + \varepsilon + \varepsilon = 3\varepsilon \qquad \text{für fast alle } n.$$

Daher ist (b_n) konvergent mit $\lim b_n = \lim a_n$ (Fig. 3.15)

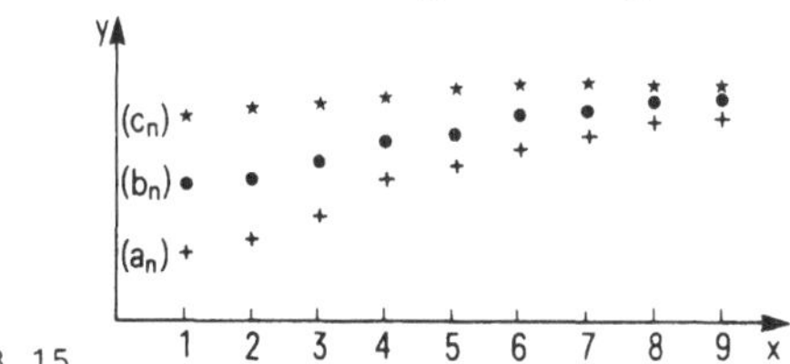

Fig. 3.15

<u>Beispiel 3.14</u> Wir zeigen mit dem Einschließungskriterium, daß die Folge $\quad (a_n)\quad$ mit $\quad n \mapsto \sqrt[n]{1+1/n}$

gegen 1 konvergiert. Aus Beispiel 3.5 wissen wir, daß die Folge $(\sqrt[n]{10})$ gegen 1 konvergiert. Es gilt

$$1 \leq \sqrt[n]{1+1/n} \leq \sqrt[n]{10} \qquad \text{für alle } n.$$

Mit dem Einschließungskriterium folgt, daß $(\sqrt[n]{1+1/n})$ gegen 1 konvergiert.

Das Beispiel der Folge (a_n) mit $n \mapsto (-1)^n$ zeigt uns, daß eine beschränkte Folge divergent sein kann. Der folgende Satz zeigt uns aber, daß zu einer beschränkten Folge mindestens eine konvergente Teilfolge existiert.

<u>Satz 3.14</u> (<u>Satz von Bolzano - Weierstraß</u>) Jede beschränkte Folge besitzt mindestens einen Häufungswert.

<u>Beweis</u>. Sei (a_n) eine beschränkte Folge. Wir bilden die Menge

$$M = \{ x \in \mathbb{R} \mid x \leq a_n \quad \text{für unendlich viele } n \}.$$

Wenn $x_1 \in M$ ist, ist auch jedes $x \in \mathbb{R}$ mit $x < x_1$ Element von M. M ist nach oben beschränkt, da (a_n) nach oben beschränkt ist. Weiter ist M nicht leer, da (a_n) nach unten beschränkt ist. Daher existiert $s := \sup M$. Für alle $\varepsilon \in \mathbb{R}^+$ gilt dann $s-\varepsilon \in M$ und daher

$$s-\varepsilon < a_n \qquad \text{für unendlich viele } n.$$

B Wegen $s+\varepsilon \in M$ gilt

$$s+\varepsilon \leq a_n \qquad \text{für nur endlich viele n.}$$

Es ist $\quad \{\, n \mid s-\varepsilon < a_n \,\} = \{\, n \mid s-\varepsilon < a_n < s+\varepsilon \,\} \cup \{\, n \mid s+\varepsilon \leq a_n \,\}$.

$$M_1 \qquad = \qquad M_2 \qquad \cup \qquad M_3 \ .$$

Da M_1 unendlich und M_3 endlich ist, muß M_2 unendlich sein. Daher ist s ein Häufungswert von (a_n) (Fig. 3.16).

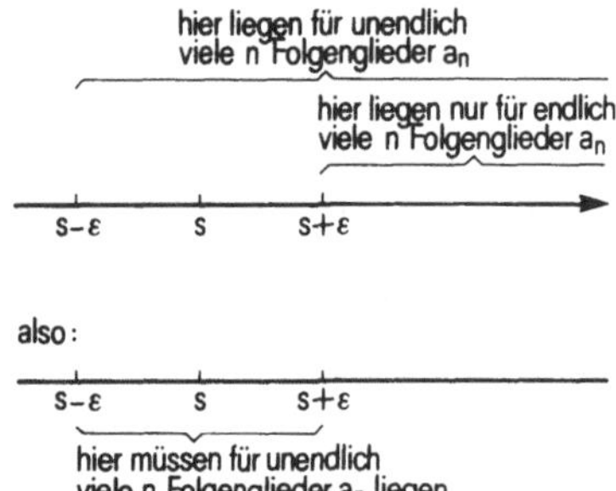

Fig. 3.16

Das Monotoniekriterium gibt uns die Möglichkeit, Konvergenzuntersuchungen ohne Kenntnis des Grenzwerts durchzuführen. Allerdings ist dieses Kriterium nur auf monotone Folgen anwendbar. Wünschenswert wäre ein Konvergenzkriterium, daß ebenfalls ohne Kenntnis des Grenzwerts auskommt, aber allgemein für alle Folgen herangezogen werden kann. Wir werden mit dem Cauchyschen Konvergenzkriterium ein solches Kriterium kennenlernen. Die folgenden Überlegungen dienen der Vorbereitung auf dieses Kriterium.

Wenn eine Folge (a_n) gegen a konvergiert, gibt es zu jedem $\varepsilon \in \mathbb{R}^+$ eine natürliche Zahl n_0, so daß

$$|a_n - a_m| = |(a_n - a) + (a - a_m)| \leq |a_n - a| + |a_m - a| < \varepsilon + \varepsilon = 2\varepsilon$$

für alle n,m mit $n > n_0$ und $m > n_0$ gilt.

Wir können diese für konvergente Folgen gewonnene Eigenschaft zur Definition von sogenannten Cauchyfolgen benutzen. Wir werden sehen, daß eine Folge genau dann konvergiert, wenn sie Cauchyfolge ist.

<u>Definition 3.7</u> Eine Folge (a_n) heißt <u>Cauchyfolge</u>, wenn es zu jedem $\varepsilon \in \mathbb{R}^+$ ein $n_0 \in \mathbb{N}$ gibt, so daß gilt:

$$|a_n - a_m| < \varepsilon \qquad \text{für alle n,m mit } n > n_0 \text{ und } m > n_0 \ .$$

<u>Satz 3.15</u> (<u>Cauchysches Konvergenzkriterium</u>) Eine Folge ist genau dann konvergent, wenn sie Cauchyfolge ist.

B

<u>Beweis</u>. (1) Wenn die Folge (a_n) konvergiert, ist sie – wie wir bereits gesehen haben – Cauchyfolge.

(2) Wir setzen voraus, daß (a_n) eine Cauchyfolge ist. Wir beweisen in 3 Schritten, daß (a_n) konvergiert:

(a) Jede Cauchyfolge ist beschränkt.

(b) Jede beschränkte Folge hat mindestens einen Häufungswert.

(c) Wenn die Cauchyfolge (a_n) den Häufungswert a besitzt, konvergiert (a_n) gegen a.

Aus (a), (b) und (c) folgt, daß jede Cauchyfolge konvergiert.

Zu (a): (a_n) sei eine Cauchyfolge. Dann gibt es ein $n_0 \in \mathbb{N}$ mit
$$|a_n - a_m| < 1 \qquad \text{für alle } n,m \text{ mit } n > n_0 \text{ und } m > n_0.$$
Sei $m_1 \in \mathbb{N}$ mit $m_1 > n_0$. Dann gilt
$$|a_n - a_{m_1}| < 1 \qquad \text{für alle } n \text{ mit } n > n_0.$$
$$\Rightarrow \quad a_{m_1} - 1 < a_n < a_{m_1} + 1 \qquad \text{für alle } n \text{ mit } n > n_0.$$
$$\Rightarrow \quad a_{m_1} - 1 < a_n < a_{m_1} + 1 \qquad \text{für fast alle } n.$$
Daher ist (a_n) beschränkt (vgl. Beweis von Satz 3.6).

Zu (b): Wenn (a_n) beschränkt ist, folgt aus dem Satz von Bolzano – Weierstraß, daß (a_n) mindestens einen Häufungswert besitzt.

Zu (c): a sei ein Häufungswert der Cauchyfolge (a_n). Sei $\varepsilon \in \mathbb{R}^+$. Dann gibt es ein $n_0 \in \mathbb{N}$, so daß gilt:
$$|a_n - a_m| < \varepsilon \qquad \text{für alle } n,m \text{ mit } n > n_0 \text{ und } m > n_0.$$
Sei $m_1 \in \mathbb{N}$ mit $m_1 > n_0$. Da a Häufungswert von (a_n) ist, gilt
$$|a_n - a| < \varepsilon \qquad \text{für unendlich viele } n.$$
Daher gibt es ein $n_1 \in \mathbb{N}$ mit
$$|a_{n_1} - a| < \varepsilon \quad \text{und} \quad n_1 > m_1.$$
Es ist
$$|a_n - a| = |(a_n - a_{m_1}) + (a_{m_1} - a_{n_1}) + (a_{n_1} - a)|$$
$$\leq |a_n - a_{m_1}| + |a_{m_1} - a_{n_1}| + |a_{n_1} - a|$$
$$< \varepsilon + \varepsilon + \varepsilon = 3\varepsilon \qquad \text{für alle } n \text{ mit } n > n_0.$$
Somit konvergiert (a_n) gegen a. $\qquad\qquad\bullet$

<u>Beispiel 3.15</u> Die Folge (a_n) sei rekursiv definiert durch
$$a_1 = 1$$
$$a_{n+1} = 1/(1 + a_n).$$
Mit der Tastenfolge

$\boxed{+}$ $\boxed{1}$ $\boxed{=}$ $\boxed{1/\mathrm{x}}$

B kann man den Rekursionsschritt auf dem Taschenrechner durchführen.
Zu Anfang wird der Wert 1 eingegeben ($a_1 = 1$). Tab 3.2 gibt die so
berechneten ersten 6 Folgenglieder auf 10 Stellen hinter dem Komma gerundet an.

Tab. 3.2

n	a_n
1	1
2	0,5
3	0,6666666667
4	0,6
5	0,625
6	0,6153846154
.	
.	
.	

Die Werte der Tabelle lassen vermuten, daß für die Folge (a_n) gilt:
$$a_1 > a_2 < a_3 > a_4 < a_5 \ldots .$$
Falls diese Vermutung, daß sich Größerzeichen und Kleinerzeichen
abwechseln, stimmt, ist das Monotoniekriterium nicht anwendbar. Wir
versuchen, das Cauchykriterium anzuwenden. Dazu zeigen wir zunächst,
daß (a_n) beschränkt ist, schätzen dann $|a_{n+1}-a_n|$ durch $(1/2)^n$ nach
oben ab und folgern daraus, daß (a_n) eine Cauchyfolge ist.
(1) Für alle $n \in \mathbb{N}$ gilt $1/2 \leq a_n \leq 1$.
Wir beweisen die Behauptung (1) durch vollständige Induktion. Für
$n = 1$ gilt $1/2 \leq a_1 = 1 \leq 1$. Es gelte für ein $n \in \mathbb{N}$: $1/2 \leq a_n \leq 1$.
Daraus folgt $3/2 \leq 1+a_n \leq 2$. Durch Bildung der Kehrwerte erhalten
wir, daß $1/2 \leq 1/(1+a_n) \leq 2/3$ ist. Wegen $a_{n+1} = 1/(1+a_n)$ erhalten wir $1/2 \leq a_{n+1} \leq 1$.
(2) Für alle $n \in \mathbb{N}$ gilt $|a_{n+1}-a_n| \leq (1/2)^n$.
Wir führen wieder einen Induktionsbeweis. Für $n = 1$ gilt
$|a_2-a_1| = 1/2 \leq (1/2)^1$.
Es gelte $|a_{n+1}-a_n| \leq (1/2)^n$ für ein $n \in \mathbb{N}$. Dann folgt

$$|a_{n+2}-a_{n+1}| = \left| \frac{1}{1+a_{n+1}} - a_{n+1} \right| = \left| \frac{1-a_{n+1}(1+a_{n+1})}{1+a_{n+1}} \right|$$

$$= \left| \frac{1 - \frac{1}{1+a_n}(1+a_{n+1})}{1+a_{n+1}} \right| = \left| \frac{(1+a_n) - (1+a_{n+1})}{(1+a_{n+1})(1+a_n)} \right|$$

$$= \frac{|a_n - a_{n+1}|}{|1+a_{n+1}+a_n+a_n a_{n+1}|} < \frac{|a_n - a_{n+1}|}{1+1/2+1/2}$$

$$\leq \frac{(1/2)^n}{2} = (1/2)^{n+1}.$$

B

Damit haben wir (2) durch Induktion bewiesen.

(3) Wir zeigen jetzt mit Hilfe von (2), daß (a_n) eine Cauchyfolge ist. Für alle k,n mit $n > k$ gilt

$$\begin{aligned}
|a_n - a_k| &= |a_n - a_{n-1} + a_{n-1} - a_{n-2} + - \ldots + a_{k+1} - a_k| \\
&\leq |a_n - a_{n-1}| + |a_{n-1} - a_{n-2}| + \ldots + |a_{k+1} - a_k| \\
&\leq (1/2)^{n-1} + (1/2)^{n-2} + \ldots + (1/2)^k \\
&= (1/2)^k (1 + 1/2 + \ldots + (1/2)^{n-k-1}) \\
&= (1/2)^k \frac{1 - (1/2)^{n-k}}{1 - 1/2} < (1/2)^k \cdot 2 = (1/2)^{k-1}.
\end{aligned}$$

(Die letzte Zeile gilt wegen Aufgabe 1.11.) Wir haben also erhalten, daß gilt:

$$|a_n - a_k| < (1/2)^{k-1} \qquad \text{für alle } k,n \text{ mit } k < n.$$

Sei $\varepsilon \in \mathbb{R}^+$. Wir wählen $n_0 \in \mathbb{N}$ so groß, daß gilt:

$$(1/2)^{n_0 - 1} < \varepsilon.$$

Dann gilt

$$|a_n - a_k| < (1/2)^{n_0 - 1} < \varepsilon \qquad \text{für alle } n,k \text{ mit } n,k > n_0.$$

Daher ist (a_n) eine Cauchyfolge und nach dem Cauchyschen Konvergenzkriterium konvergent. Den Grenzwert können wir wie in Beispiel 3.13 mit Hilfe der Rekursionsformel

$$a_{n+1} = 1/(1+a_n)$$

aus der Gleichung

$$a = 1/(1+a)$$

herleiten. Es ist $\lim a_n = -1/2 + (1/2)\sqrt{5}$.

<u>Aufgaben</u>

3.15 Zeigen Sie, daß die durch

$$a_1 = 0, \qquad a_{n+1} = (a_n^2 + 1)/2$$

rekursiv definierte Folge konvergiert und bestimmen Sie $\lim a_n$.

3.16 Zeigen Sie, daß die durch

$$a_1 = -1, \qquad a_{n+1} = a_n + (-1)^{n+1}/(n+1)$$

rekursiv definierte Folge konvergiert.

3.17 a) Untersuchen Sie die durch

$$a_1 = 2, \qquad a_{n+1} = 1/a_n$$

rekursiv definierte Folge auf Konvergenz.

b) Untersuchen Sie die Folge (a_n) mit $n \mapsto (-1)^n (1 + 1/n)^n$ auf Konvergenz.

B 3.18 Die Folge (a_n) sei rekursiv definiert durch
$$a_1 = 1, \qquad a_{n+1} = \sqrt{a_n} + 1.$$
Untersuchen Sie diese Folge auf Konvergenz, und bestimmen Sie gegebenenfalls den Grenzwert.

3.19 Seien $a,b \in \mathbb{R}^+$. Zeigen Sie, daß die Folge
$$(a_n) \quad \text{mit} \quad n \to \sqrt[n]{a^n + b^n}$$
gegen max $\{ a,b \}$ konvergiert.

3.5   <u>Reihen</u>

Zu einer Folge (a_n) können wir durch schrittweises Aufsummieren der Folgenglieder eine neue Folge (s_n) gewinnen, die rekursiv so definiert werden kann:
$$s_1 = a_1,$$
$$s_{n+1} = s_n + a_{n+1}.$$
Die so entstandene Folge (s_n) mit $n \mapsto a_1 + a_2 + \ldots + a_n$ wird Reihe über (a_n) genannt. Umgekehrt können wir aus der Reihe (s_n) die zugehörige Folge (a_n) zurückgewinnen, indem wir rekursiv definieren:
$$a_1 = s_1,$$
$$a_{n+1} = s_{n+1} - s_n.$$
Daher können wir jede beliebige Folge auch als Reihe auffassen. Wir werden in diesem Abschnitt die Konvergenzkriterien aus Abschn. 3.4 auf Reihen übertragen, aber auch spezielle Konvergenzkriterien für Reihen kennenlernen.

<u>Definition 3.8</u> (a_n) sei eine Folge. Die Folge
$$(s_k) \quad \text{mit} \quad k \to \sum_{n=1}^{k} a_n$$
heißt <u>Reihe über (a_n)</u>. Wir setzen $\sum a_n := (s_k)$.
$s_k = \sum_{n=1}^{k} a_n$ heißt <u>k-te Partialsumme von</u> $\sum a_n$. a_n heißt <u>n-tes</u>
<u>Reihenglied</u> von $\sum a_n$. Falls (s_k) konvergiert, setzen wir
$$\sum_{n=1}^{\infty} a_n := \lim s_k .$$

Wenn (s_n) konvergiert, konvergiert wegen $a_{n+1} = s_{n+1} - s_n$ auch die Folge (a_n), und es gilt
$$\lim a_n = \lim (s_{n+1} - s_n) = \lim s_{n+1} - \lim s_n = 0.$$

Wir erhalten daher den folgenden Satz:

B

<u>Satz 3.16</u> Wenn die Reihe $\sum a_n$ konvergiert, ist (a_n) eine Nullfolge.

<u>Beispiel 3.16</u> Sei $q \in \mathbb{R}$ und $a_n = q^n$. Die Reihe $\sum q^n$ heißt <u>geometrische Reihe</u>. Aus Aufgabe 1.11 wissen wir, daß gilt:

$$\sum_{n=1}^{k} q^n = \frac{q - q^{k+1}}{1 - q} \qquad \text{für } q \neq 1.$$

Sei also $q \neq 1$. Wenn wir

$$s_k = \sum_{n=1}^{k} q^n$$

setzen, erhalten wir die Folge

$$(s_k) \quad \text{mit} \quad k \to (q - q^{k+1})/(1-q) \ .$$

Wenn $|q| < 1$ gilt, ist (q^{k+1}) eine Nullfolge. Daher ist (s_k) konvergent für $|q| < 1$, und es gilt

$$\lim s_k = \lim (q - q^{k+1})/(1-q) = q/(1-q) \ .$$

Anders ausgedrückt: Die Reihe $\sum q^n$ ist für $|q| < 1$ konvergent, und es gilt

$$\sum_{n=1}^{\infty} q^n = \frac{q}{1-q} \ .$$

Für $|q| \geq 1$ ist wegen $|a_n| = |q^n| \geq 1$ die Folge (a_n) keine Nullfolge. Aus Satz 3.16 folgt, daß für $|q| \geq 1$ die Reihe $\sum q^n$ divergiert (Fig. 3.17).

In Fig. 3.17 wird ein Streckenzug aus jeweils zueinander senkrechten Strecken mit den Längen

$$q, \ q^2, \ q^2, \ q^3, \ q^3, \ \ldots$$

gebildet. Der Streckenzug verläuft im 1. Quadranten (als 1. Quadranten bezeichnen wir die Menge der Punkte (x,y) mit $x \geq 0$ und $y \geq 0$) und startet im Koordinatenursprung mit einer auf der x-Achse liegenden Strecke der Länge q. Die Ecken des Streckenzugs liegen auf 2 Geraden mit den Gleichungen

$$y = qx \qquad \text{und} \qquad y = x - q \ .$$

Falls $0 < q < 1$ gilt, schneiden sich die Geraden im 1. Quadranten in einem Punkt (x_0, y_0). Wir erhalten

$$\sum_{n=1}^{\infty} q^n = x_0.$$

Aus

$$y_0/x_0 = (x_0 - q)/x_0 = q$$

folgt, daß $x_0 = q/(1-q)$ ist.

B

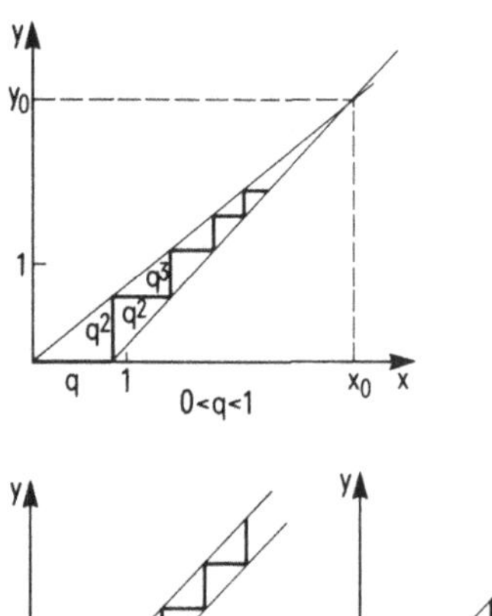

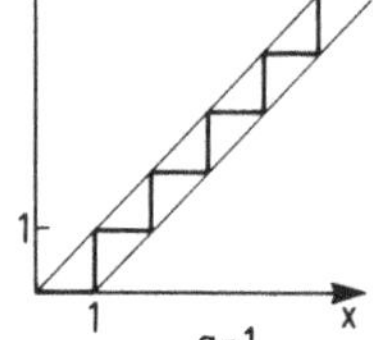

Fig. 3.17

Für $q = 1$ sind die durch die Ecken des Streckenzugs definierten Geraden parallel, für $q > 1$ schneiden sie sich nicht im 1. Quadranten. Es ist anschaulich klar, daß in diesen beiden Fällen der
Streckenzug keine endliche Länge besitzt.

Aus Satz 3.9 erhalten wir, daß aus der Konvergenz der Reihen
$\sum a_n$ und $\sum b_n$ die Konvergenz der Reihe $\sum (a_n + b_n)$ mit

$$\sum_{n=1}^{\infty} (a_n + b_n) = \sum_{n=1}^{\infty} a_n + \sum_{n=1}^{\infty} b_n$$

folgt. Für jede reelle Zahl c folgt aus der Konvergenz von $\sum a_n$
die Konvergenz von $\sum c a_n$, und es gilt

$$\sum_{n=1}^{\infty} c a_n = c \sum_{n=1}^{\infty} a_n \ .$$

$\sum a_n$ sei eine Reihe und s_k die zugehörige k-te Partialsumme. Sei
$n_0 \in \mathbb{N}$. Wenn wir die k-te Partialsumme von $\sum a_{n_0+n}$ mit t_k bezeichnen, erhalten wir

$$t_k = s_{n_0+k} - s_{n_0} \qquad \text{für alle } k \in \mathbb{N}. \tag{3.7}$$

Aus Gleichung (3.7) folgt, daß $\sum a_{n_0+n}$ genau dann konvergiert,
wenn $\sum a_n$ konvergiert. Wir erhalten aus Gleichung (3.7):

$$\sum_{n=1}^{\infty} a_{n_0+n} = \sum_{n=1}^{\infty} a_n - \sum_{n=1}^{n_0} a_n \ .$$

Da Reihen Folgen sind, gelten die Konvergenzkriterien aus Abschn. 3.4 auch für Reihen.

<u>Satz 3.17</u> (<u>Cauchysches Konvergenzkriterium für Reihen</u>) Die Reihe $\sum a_n$ konvergiert genau dann, wenn es zu jedem $\varepsilon \in \mathbb{R}^+$ ein $n_0 \in \mathbb{N}$ gibt mit

$$\left| \sum_{n=k}^{m} a_n \right| < \varepsilon \qquad \text{für alle } k,m \text{ mit } m > k > n_0.$$

<u>Beweis</u>. Wir setzen $s_k = \sum_{n=1}^{k} a_n$. Nach dem Cauchyschen Konvergenzkriterium konvergiert (s_k) genau dann, wenn es zu jedem $\varepsilon \in \mathbb{R}^+$ ein $n_0 \in \mathbb{N}$ gibt, so daß gilt:

$$|s_m - s_k| < \varepsilon \qquad \text{für alle } k,m \text{ mit } m > k > n_0. \qquad (3.8)$$

Falls $m > k$ ist, gilt

$$s_m - s_k = \sum_{n=k}^{m} a_n . \qquad (3.9)$$

Wenn wir die rechte Seite von Gleichung (3.9) in Ungleichung (3.8) einsetzen, erhalten wir die Aussage von Satz 3.17. $\qquad\qquad \bullet$

<u>Beispiel 3.17</u> Die folgende Reihe heißt <u>harmonische Reihe</u>:

$$\sum a_n \qquad \text{mit} \qquad a_n = 1/n.$$

Die harmonische Reihe ist divergent. Für alle $k \in \mathbb{N}$ gilt nämlich

$$\sum_{n=k+1}^{2k} 1/n > k \cdot \frac{1}{2k} = \frac{1}{2} . \qquad (3.10)$$

Im Fall der Konvergenz von $\sum a_n$ müßte es nach dem Cauchyschen Konvergenzkriterium für Reihen zu $\varepsilon = 1/2$ ein $n_0 \in \mathbb{N}$ geben mit

$$\sum_{k=m}^{2m} 1/k < 1/2 \qquad \text{für alle } m \text{ mit } m > n_0.$$

Das ist aber wegen Ungleichung (3.10) nicht der Fall.

Das folgende Kriterium kann für Reihen mit nicht negativen Gliedern herangezogen werden.

<u>Satz 3.18</u> (<u>Monotoniekriterium für Reihen</u>) Sei (a_n) eine Folge mit $a_n \geq 0$ für alle $n \in \mathbb{N}$. Es gebe ein $c \in \mathbb{R}^+$ mit

$$\sum_{n=1}^{k} a_n \leq c \qquad \text{für alle } k \in \mathbb{N}.$$

Dann ist $\sum a_n$ konvergent.

<u>Beweis</u>. Mit s_k bezeichnen wir die k-te Partialsumme von $\sum a_n$. (s_k) ist monoton wachsend, da $a_n \geq 0$ für alle n gilt. Außerdem ist

B (s_k) durch c nach oben beschränkt. Daher ist (s_k) nach dem Monotoniekriterium aus Abschn. 3.4 konvergent.   •

Beispiel 3.18 Wir untersuchen die Reihe $\sum 1/(n^2-1)$ auf Konvergenz. (Wir setzen $a_1 = 0$ und $a_n = 1/(n^2-1)$ für $n > 1$.) Wir er-
halten $\dfrac{1}{n^2-1} = \dfrac{1}{2}\,(\dfrac{1}{n-1} - \dfrac{1}{n+1})$ für $n > 1$ (vgl. Aufgabe 2.8).

Daher gilt für $k \geq 2$

$$s_k = \sum_{n=2}^{k} 1/(n^2-1) = \frac{1}{2}\,(\sum_{n=2}^{k} 1/(n-1) - \sum_{n=2}^{k} 1/(n+1))$$

$$= \frac{1}{2}\,(\sum_{n=1}^{k-1} 1/n - \sum_{n=3}^{k+1} 1/n) = \frac{1}{2}\,(1 + 1/2 - 1/k - 1/(k+1)).$$

Offenbar sind die Partialsummen durch $(1 + 1/2)/2$ nach oben beschränkt. Daher ist die Reihe $\sum 1/(n^2-1)$ nach dem Monotoniekriterium für Reihen konvergent. Wir sehen aber auch direkt, daß
(s_k) konvergiert, da $(1/k)$ und $(1/(k+1))$ Nullfolgen sind. Wir er-
halten $\displaystyle\sum_{n=2}^{\infty} 1/(n^2-1) = \lim s_k = \lim (1 + 1/2 - 1/k - 1/(k+1))/2$

$$= (1 + 1/2)/2 = 3/4$$

Beispiel 3.19 Die Reihe $\sum 1/n^2$ ist konvergent. Es gilt nämlich

$$0 < 1/n^2 < 1/(n^2-1)   \text{für alle n mit } n > 1.$$

Deshalb erhalten wir aus Beispiel 3.18 für die Partialsumme s_k von
$\sum 1/n^2$:

$$s_k < 1 + (1 + 1/2)/2   \text{für alle } k \in \mathbb{N}.$$

Nach dem Monotoniekriterium für Reihen ist (s_k) konvergent.

Bei dem folgenden Kriterium benötigt man Vergleichsreihen, deren
Konvergenzverhalten bekannt ist.

Satz 3.19 (**Vergleichskriterium**) $\sum a_n$ und $\sum b_n$ seien Reihen
mit $a_n \geq 0$ und $b_n \geq 0$ für alle n. Es gelte

$$a_n \leq b_n   \text{für fast alle n.}$$

Dann gilt:
(1) Wenn $\sum b_n$ konvergiert, konvergiert auch $\sum a_n$.
(2) Wenn $\sum a_n$ divergiert, divergiert auch $\sum b_n$.

Im Fall (1) nennt man $\sum b_n$ **Majorante zu** $\sum a_n$.
Im Fall (2) nennt man $\sum a_n$ **Minorante zu** $\sum b_n$.

Beweis. Wir setzen

B

$$r_k = \sum_{n=1}^{k} a_n \ , \qquad s_k = \sum_{n=1}^{k} b_n \ .$$

(1) Da $a_n \leq b_n$ für fast alle n gilt, gibt es ein $n_0 \in \mathbb{N}$ mit

$$a_n \leq b_n \qquad \text{für alle n mit } n > n_0 .$$

Daher gilt

$$r_k \leq s_k + \sum_{n=1}^{n_0} a_n \qquad \text{für alle k} . \tag{3.11}$$

Wenn $\sum b_n$ konvergiert, ist (s_k) nach oben beschränkt. Wegen Ungleichung (3.11) ist dann (r_k) ebenfalls nach oben beschränkt. Nach dem Monotoniekriterium ist (r_k) konvergent.

(2) entsteht durch Kontraposition aus (1) und ist daher zu (1) äquivalent. •

Beispiel 3.20 Die Reihe $\sum 1/n^3$ ist konvergent, da $\sum 1/n^2$ wegen $1/n^3 \leq 1/n^2$ für alle n

eine Majorante zu $\sum 1/n^3$ ist.

Die Reihe $\sum 1/\sqrt{n}$ ist divergent, da wegen

$$1/n \leq 1/\sqrt{n} \qquad \text{für alle n}$$

$\sum 1/n$ eine Minorante zu $\sum 1/\sqrt{n}$ ist.

Indem man eine Reihe an Hand des Vergleichskriterium mit einer geometrischen Reihe vergleicht, erhält man das folgende Kriterium.

Satz 3.20 (1. Quotientenkriterium) Sei (a_n) eine Folge mit $a_n > 0$ für alle n.

(1) Wenn es eine Zahl $q \in \mathbb{R}$ gibt mit

$$\frac{a_{n+1}}{a_n} \leq q < 1 \qquad \text{für fast alle n,}$$

ist die Reihe $\sum a_n$ konvergent.

(2) Wenn gilt

$$\frac{a_{n+1}}{a_n} \geq 1 \qquad \text{für fast alle n,}$$

ist die Reihe $\sum a_n$ divergent.

Wenn die Folge (a_{n+1}/a_n) konvergiert und $\lim a_{n+1}/a_n < 1$ gilt, sind die Voraussetzungen von Satz 3.20 (1) erfüllt: Setzen wir nämlich

$$a := \lim \frac{a_{n+1}}{a_n} ,$$

so gibt es ein $q \in \mathbb{R}$ mit $a < q < 1$. Wegen $q-a > 0$ folgt

B $$\frac{a_{n+1}}{a_n} - a < q - a \qquad \text{für fast alle } n,$$

woraus wir

$$\frac{a_{n+1}}{a_n} < q \qquad \text{für fast alle } n$$

erhalten. Genauso folgt aus $\lim a_{n+1}/a_n > 1$, daß

$$\frac{a_{n+1}}{a_n} \geq 1 \qquad \text{für fast alle } n$$

gilt. Wir erhalten deshalb aus Satz 3.20:

<u>Satz 3.21</u> (<u>2. Quotientenkriterium</u>) Sei (a_n) eine Folge mit $a_n > 0$ für alle n. Dann gilt:

(1) Wenn $\left(\dfrac{a_{n+1}}{a_n}\right)$ konvergiert und $\lim \dfrac{a_{n+1}}{a_n} < 1$ gilt, ist $\sum a_n$ konvergent.

(2) Wenn $\left(\dfrac{a_{n+1}}{a_n}\right)$ konvergiert mit $\lim \dfrac{a_{n+1}}{a_n} > 1$, ist $\sum a_n$ divergent.

<u>Beweis von Satz 3.20</u>. (1) Wenn $a_{n+1}/a_n \leq q < 1$ für fast alle n gilt, gibt es ein $n_0 \in \mathbb{N}$, so daß

$$\frac{a_{n+1}}{a_n} \leq q \qquad \text{für alle } n \text{ mit } n > n_0$$

gilt. Durch Induktion folgt, daß gilt:

$$a_{n_0+n} \leq q^n a_{n_0} \qquad \text{für alle } n.$$

Nach Beispiel 3.16 ist $\sum q^n a_{n_0} = a_{n_0} \sum q^n$ konvergent, falls

$0 < q < 1$ gilt. $\sum q^n a_{n_0}$ ist Majorante zu $\sum a_{n_0+n}$. Daher ist

$\sum a_{n_0+n}$ konvergent, woraus die Konvergenz von $\sum a_n$ folgt (vgl. Ausführungen im Anschluß an Gleichung (3.7)).

(2) Aus $\dfrac{a_{n+1}}{a_n} \geq 1$ für fast alle n

folgt, daß es ein $n_0 \in \mathbb{N}$ gibt, so daß gilt:

$$\frac{a_{n+1}}{a_n} \geq 1 \qquad \text{für alle } n \text{ mit } n > n_0.$$

Durch Induktion können wir daraus herleiten, daß $a_n \geq a_{n_0}$ für

alle n mit $n > n_0$ ist. Wegen $a_{n_0} > 0$ ist somit (a_n) keine Null-

folge. Mit Satz 3.16 folgt, daß $\sum a_n$ divergiert. •

<u>Beispiel 3.21</u> Sei a eine positive reelle Zahl. Wir wollen das Konvergenzverhalten der Reihe $\sum n a^n$ untersuchen. Wir setzen

B

$a_n := na^n$. Dann gilt
$$\frac{a_{n+1}}{a_n} = \frac{(n+1)a^{n+1}}{na^n} = (1 + \frac{1}{n})a.$$

$\left(\frac{a_{n+1}}{a_n}\right)$ konvergiert gegen a. Nach dem 2. Quotientenkriterium ist

$\sum a_n$ konvergent für alle a mit $0 < a < 1$ und divergent für alle a mit $a > 1$. Für $a = 1$ ist $\sum n \cdot 1^n = \sum n$ divergent, da (n) keine Nullfolge ist.

Beispiel 3.22 Die Reihe $\sum \frac{a^n}{n!}$ ist für alle $a \in \mathbb{R}^+$ konvergent:

Wir setzen $a_n := \frac{a^n}{n!}$. Dann gilt $a_n > 0$ für alle n und

$$\frac{a_{n+1}}{a_n} = \frac{a^{n+1}}{(n+1)!} \left(\frac{a^n}{n!}\right)^{-1} = \frac{n!}{(n+1)!} \frac{a^{n+1}}{a^n} = \frac{a}{n+1} \qquad \text{für alle n.}$$

$\left(\frac{a_{n+1}}{a_n}\right)$ ist eine Nullfolge. Daher ist nach dem 2. Quotientenkriterium die Reihe $\sum \frac{a^n}{n!}$ konvergent für alle $a \in \mathbb{R}^+$.

Wie das Quotientenkriterium geht das folgende Wurzelkriterium ebenfalls auf einen Vergleich mit der geometrischen Reihe an Hand des Vergleichskriterium zurück.

Satz 3.22 (1. Wurzelkriterium) (a_n) sei eine Folge mit $a_n \geq 0$ für alle n. Dann gilt:
(1) Wenn es eine reelle Zahl q mit
$$\sqrt[n]{a_n} \leq q < 1 \qquad \text{für fast alle n}$$
gibt, konvergiert die Reihe $\sum a_n$.
(2) Wenn $\sqrt[n]{a_n} \geq 1$ für fast alle n gilt, divergiert die Reihe $\sum a_n$.

Wie beim Quotientenkriterium gilt die folgende Spezialisierung des Wurzelkriteriums:

Satz 3.23 (2. Wurzelkriterium) Sei (a_n) eine Folge mit $a_n \geq 0$ für alle n. Dann gilt:
(1) Wenn $(\sqrt[n]{a_n})$ konvergiert und $\lim \sqrt[n]{a_n} < 1$ gilt, ist die Reihe $\sum a_n$ konvergent.
(2) Wenn $(\sqrt[n]{a_n})$ konvergiert und $\lim \sqrt[n]{a_n} > 1$ gilt, ist die Reihe $\sum a_n$ divergent.

Beweis von Satz 3.22. (1) Es gebe ein q mit

B

$$\sqrt[n]{a_n} \le q < 1 \qquad \text{für fast alle n.}$$

Dann gilt

$$a_n \le q^n \qquad \text{für fast alle n.}$$

Daher ist die Reihe $\sum q^n$ Majorante zu $\sum a_n$. Nach dem Majorantenkriterium ist $\sum a_n$ konvergent.

(2) Aus $\sqrt[n]{a_n} \ge 1$ für fast alle n folgt, daß $a_n \ge 1$ für fast alle n ist. Somit ist (a_n) keine Nullfolge und $\sum a_n$ divergent. •

<u>Beispiel 3.23</u> Sei $a \in \mathbb{R}^+$. Wir untersuchen das Konvergenzverhalten der Reihe $\sum a/n^n$ mit dem Wurzelkriterium. Wenn wir $a_n := \dfrac{a}{n^n}$ setzen, gilt

$$\sqrt[n]{a_n} = \frac{1}{n} \sqrt[n]{a}.$$

Wegen $\lim \sqrt[n]{a} = 1$ gilt

$$\lim \sqrt[n]{a_n} = \lim \frac{1}{n} \lim \sqrt[n]{a} = 0 \cdot 1 = 0.$$

Daher ist nach dem 2. Wurzelkriterium die Reihe $\sum a/n^n$ für alle $a \in \mathbb{R}^+$ konvergent.

<u>Beispiel 3.24</u> Aus Satz 3.16 wissen wir: Wenn eine Reihe konvergiert, bilden die Reihenglieder eine Nullfolge. Diesen Sachverhalt wollen wir jetzt benutzen, um zu zeigen, daß $(\sqrt[n]{1/n!})$ eine Nullfolge ist. Dazu betrachten wir für $a \in \mathbb{R}^+$ die Reihe $\sum a^n/n!$ Wir wissen aus Beispiel 3.22, daß diese Reihe für alle $a \in \mathbb{R}$ konvergiert. Nach Satz 3.16 ist $(a^n/n!)$ eine Nullfolge, woraus

$$\frac{a^n}{n!} \le 1 \qquad \text{für fast alle n}$$

folgt. Hieraus erhalten wir wegen

$$\sqrt[n]{\frac{a^n}{n!}} \le 1 \quad \leftrightarrow \quad a \sqrt[n]{\frac{1}{n!}} \le 1 \quad \leftrightarrow \quad \sqrt[n]{\frac{1}{n!}} \le \frac{1}{a} :$$

$$\sqrt[n]{\frac{1}{n!}} \le \frac{1}{a} \qquad \text{für fast alle n.}$$

Da die letzte Ungleichung für alle $a \in \mathbb{R}^+$ gilt, folgt, daß $(\sqrt[n]{1/n!})$ eine Nullfolge ist.

<u>Definition 3.9</u> Die Reihe $\sum a_n$ heißt <u>absolut konvergent</u>, wenn die Reihe $\sum |a_n|$ konvergiert.

Wenn eine Reihe $\sum a_n$ auch negative Glieder enthält, sind auf sie die Kriterien aus den Sätzen 3.18 bis 3.22 nicht anwendbar. Der folgende Satz eröffnet die Möglichkeit, die Konvergenzkriterien auch auf Reihen mit negativen Gliedern anzuwenden, indem man die absolute Konvergenz der Reihe untersucht. Zu einer Aussage über das Konvergenzverhalten der Reihe führt dieses Vorgehen allerdings nur dann, wenn die absolute Konvergenz der Reihe nachgewiesen werden kann. Aus der Divergenz der Reihe $\sum |a_n|$ kann man nicht auf die Divergenz der Reihe $\sum a_n$ schließen, wie man an dem Beispiel der Reihe $\sum (-1)^n/n$ sieht. Diese Reihe ist nach Aufgabe 3.16 konvergent, nach Beispiel 3.17 aber nicht absolut konvergent.

<u>Satz 3.24</u> Jede absolut konvergente Reihe ist konvergent.

<u>Beweis.</u> Die Reihe $\sum a_n$ sei absolut konvergent. Dann ist die Reihe $\sum |a_n|$ konvergent. Sei $\varepsilon \in \mathbb{R}^+$. Nach dem Cauchyschen Konvergenzkriterium für Reihen gibt es ein $n_0 \in \mathbb{N}$, so daß

$$\sum_{n=k}^{m} |a_n| < \varepsilon \qquad \text{für alle } m,k \text{ mit } m > k > n_0$$

gilt. Aus

$$\left| \sum_{n=k}^{m} a_n \right| \leq \sum_{n=k}^{m} |a_n|$$

folgt, daß gilt:

$$\left| \sum_{n=k}^{m} a_n \right| < \varepsilon \qquad \text{für alle } m,k \text{ mit } m > k > n_0.$$

Daher ist $\sum a_n$ nach dem Cauchyschen Konvergenzkriterium für Reihen konvergent.

<u>Beispiel 3.25</u> Für $a \in \mathbb{R}$ betrachten wir die Reihe $\sum na^n$. Nach Beispiel 3.21 ist für alle a mit $|a| < 1$ und $a \neq 0$ die Reihe $\sum |na^n| = \sum n|a|^n$ konvergent. Nach Satz 3.24 ist daher die Reihe $\sum na^n$ für alle a mit $-1 < a < 1$ konvergent (Der Fall $a = 0$ ist trivial).

<u>Aufgaben</u>

3.20 Untersuchen Sie, ob die Reihe $\sum 1/\sqrt[3]{n}$ konvergiert.

3.21 Zeigen Sie, daß die Reihe $\sum 1/(n^2+6n+5)$ konvergiert und bestimmen Sie den Grenzwert.
Tip zur Grenzwertbestimmung: Suchen Sie wie in Aufgabe 2.8 reelle Zahlen a und b mit

$$\frac{1}{n^2+6n+5} = \frac{1}{n+1}\frac{1}{n+5} = \frac{a}{n+1} + \frac{b}{n+5} .$$

Gehen Sie dann wie in Beispiel 3.18 vor.

B 3.22 Untersuchen Sie die Reihe $\sum n!/n^n$ auf Konvergenz.

3.23 Untersuchen Sie, für welche a die Reihe $\sum n^2/a^n$ konvergiert.

3.24 Untersuchen Sie, ob die Reihe $\sum (n+1)^n/n^{n+1}$ konvergiert.

3.25 Zeigen Sie, daß die Reihe $\sum nq^n$ für $0 < q < 1$ konvergiert

mit $\sum\limits_{n=1}^{\infty} nq^n = \dfrac{q}{(1-q)^2}$.

Tip zur Grenzwertbestimmung: Die Reihe $q(\sum q^n + \sum nq^n)$ ist von ähnlicher Form wie die Reihe $\sum nq^n$.

4   <u>STETIGE FUNKTIONEN</u>

A 4.1   <u>Stetige und unstetige Vorgänge</u>

Im üblichen Sprachgebrauch wird der Begriff "stetig" häufig in
einem Sinn gebraucht, der nicht dem mathematischen Sinn dieses Begriffs entspricht. Wenn etwa von einer stetigen Gewinnentwicklung
eines Unternehmens gesprochen wird, so heißt dies, daß die Gewinne
sich von Jahr zu Jahr gesteigert haben und nicht durch Gewinnein-
bußen oder gar Verluste unterbrochen wurden. In der Mathematik
sprechen wir in einem solchen Fall von einem monotonen Vorgang.
Wir wollen anhand einiger Beispiele die mathematische Bedeutung
des Begriffs "stetig" herausarbeiten. In Abschn. 4.3 erfolgt dann
die genaue Definition dieses Begriffs.
Wenn ein Stein aus der Höhe h im freien Fall zu Boden fällt, liegt
eine stetige Bewegung vor (Fig. 4.1).

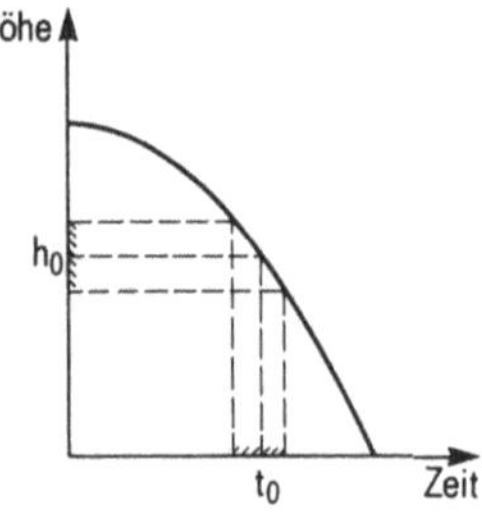

Fig. 4.1

Der Stein durchmißt alle Teilstücke der Strecke zwischen Ausgangs-
lage und Endlage des Steines. Die die Fallbewegung beschreibende

Funktion hat als Wertemenge ein Intervall. Wenn der Stein zum Zeitpunkt t_0 die Höhe h_0 hat, weiß man, daß zu Zeitpunkten, die nahe bei t_0 liegen, auch die zugehörigen Höhen nahe bei h_0 liegen. Alle mit dem Auge beobachteten Vorgänge laufen in der für den Stein beschriebenen stetigen Weise ab - wir erleben diese Vorgänge nicht wie in einem zu langsam laufenden Stummfilm mit seinen abgehackten, sprunghaften Bewegungen. Für die von uns naiv, ohne Meßinstrumente, beobachtete Natur gilt, daß sie keine Sprünge macht. Die Quantenphysik kennt hingegen Vorgänge, die sprunghaft verlaufen. In Fig. 4.2 sehen wir das Energiediagramm für ein Atom.

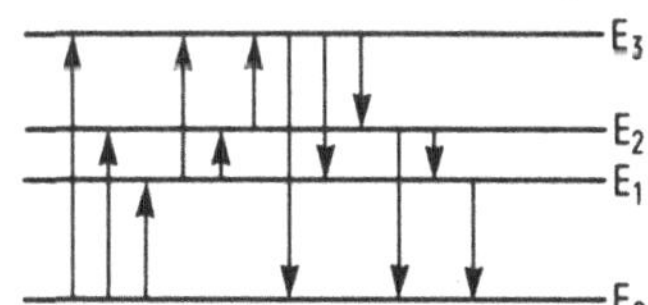

Fig. 4.2

Die Pfeile beschreiben mögliche Energieübergänge. Wenn das Atom sich in einem angeregten Zustand befindet, kann es nur einen der Zustände E_0, E_1, E_2 oder E_3 und keinen Zwischenzustand besitzen. Die Übergänge zwischen den verschiedenen Zuständen sind sprunghaft und somit unstetig.

In Fig. 4.3 wird der Anfang der 8. Sinfonie von Beethoven wiedergegeben. Ersichtlich liegt ein unstetiger zeitlicher Vorgang vor, da die Töne bezüglich ihrer Tonhöhe nicht stetig ineinander übergehen, sondern sprunghaft aufeinanderfolgen.

Fig. 4.3

Aufgrund der Eigenschaften der Instrumente und zur Erleichterung beim Musikhören hat sich historisch eine Tonleiter entwickelt, die nicht das Kontinuum aller Tonhöhen ausnutzt, sondern nur bestimmte Töne auswählt (innerhalb einer Oktave 12 Töne). Die elektronische Musik hingegen nutzt die volle Tonskala und erzeugt dabei stetige Übergänge zwischen den Tönen (Fig. 4.4).

In der Biologie können wir ebenfalls stetige und unstetige Vorgänge beobachten. Wir wollen die Schädigung durch harte Strahlung bei Mehrzellern und Einzellern vergleichen. Wird etwa eine Maus einer tödlichen Strahlungsdosis ausgesetzt, so wird im allgemeinen nicht der augenblickliche Tod herbeigeführt, sondern ein langsames (stetiges) Siechtum ist die Folge, das dann schließlich zum Tod führt. Bei manchen Einzellern stellt sich die Situation anders dar. Wird ein Einzeller bestrahlt, so tritt entweder plötzlicher Tod ein oder der Einzeller überlebt die Strahlung ohne jede Schädigung.

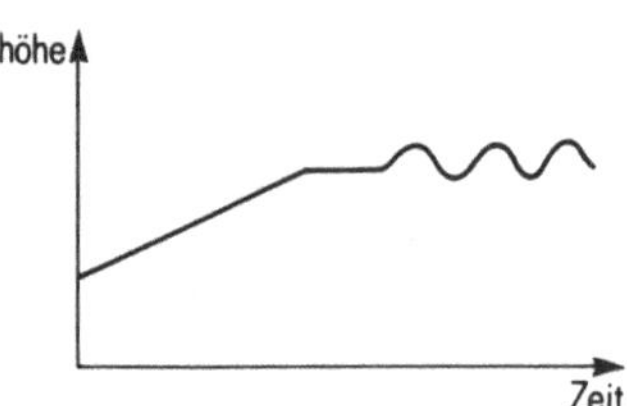

Fig. 4.4

4.2 Lokale Ungleichungen

In Abschn. 3.3 wurden mit Hilfe von Ungleichungen über $\mathbb{N}$ Konvergenzbetrachtungen für Folgen durchgeführt. Bei der Behandlung der Stetigkeit werden wir es mit Ungleichungen über $\mathbb{R}$ zu tun haben.
Im folgenden werden zur Vorbereitung auf Abschn. 4.3 einige nützliche Vereinbarungen über solche Ungleichungen getroffen.

Sei $D \subseteq \mathbb{R}$. f und g seien auf D definierte reelle Funktionen. Wenn $f(x) < g(x)$ für alle $x \in D$ gilt, schreiben wir $f < g$. Ganz analog können wir $f \leq g$ definieren, wenn $f(x) \leq g(x)$ für alle $x \in D$ gilt. Dabei ist zu beachten, daß aus $f \leq g$ nicht folgt, daß $f < g$ oder $f = g$ ist.
Während für reelle Zahlen a und b genau eine der Beziehungen
$$a < b, \qquad a = b, \qquad a > b$$
gilt, ist das für die gerade definierte Kleinerbeziehung zwischen Funktionen nicht der Fall: Für Funktionen f und g braucht keine der Beziehungen
$$f < g, \qquad f = g, \qquad f > g$$
zu gelten. Erfüllt sind aber auch für die Kleinerbeziehung zwischen Funktionen das Transitivitätsgesetz und die Monotoniegesetze.

<u>Beispiel 4.1</u> Wir betrachten die Funktionen
$$f: \mathbb{R} \to \mathbb{R} \quad \text{mit} \quad x \mapsto x^2+1,$$
$$g: \mathbb{R} \to \mathbb{R} \quad \text{mit} \quad x \mapsto x.$$
Es ist $f(x)-g(x) = x^2+1-x = (x - 1/2)^2 + 3/4$ für alle $x \in \mathbb{R}$. Daraus

folgt, daß gilt:

$$f(x)-g(x) > 0 \qquad \text{für alle } x \in \mathbb{R}.$$

Wir erhalten $f(x) > g(x)$ für alle $x \in \mathbb{R}$, woraus $f > g$ folgt
(Fig. 4.5).

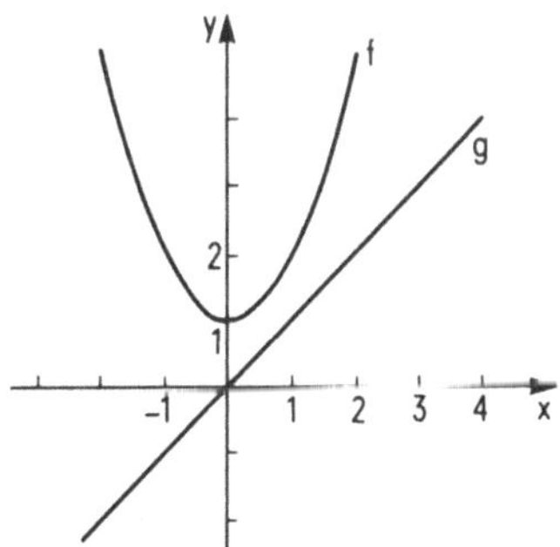

Fig. 4.5

In Abschn. 3.3 hatten wir für $a \in \mathbb{R}$ und $\varepsilon \in \mathbb{R}^+$ als ε-Umgebung von
a die Menge

$$U_{\varepsilon}(a) = \{ x \mid |x-a| < \varepsilon \}$$

definiert. Wir wollen jetzt den Umgebungsbegriff allgemeiner fas-
sen.

<u>Definition 4.1</u> (1) Sei $a \in \mathbb{R}$. Eine Menge $U \subseteq \mathbb{R}$ heißt <u>Umgebung von</u>
<u>a</u>, wenn es ein $\varepsilon \in \mathbb{R}^+$ gibt mit

$$U_{\varepsilon}(a) \subseteq U.$$

(2) A sei eine Teilmenge von $\mathbb{R}$ und a eine reelle Zahl. a heißt
<u>innerer Punkt von A</u>, wenn A Umgebung von a ist.

Für Funktionen f und g haben wir $f < g$ gesetzt, wenn $f(x) < g(x)$
"global" auf ganz D erfüllt ist. In vielen Fällen interessiert
uns die Gültigkeit der Ungleichung $f(x) < g(x)$ aber nur "lokal"
an einer Stelle a und in ihrer Umgebung. Das gleiche gilt für die
Gültigkeit von Eigenschaften von Funktionen wie Injektivität,
Monotonie, Beschränktheit usw.

<u>Definition 4.2</u> Sei $D \subseteq \mathbb{R}$ und $a \in D$. f und g seien auf D definier-
te reelle Funktionen.
(1) E sei eine Eigenschaft, die reellen Funktionen sinnvoll zu-
geschrieben (bzw. aberkannt) werden kann. f <u>besitzt die Eigen-</u>
<u>schaft E um a</u> (oder: <u>lokal um a</u>), wenn es eine Umgebung I von a
gibt, so daß $f|I \cap D$ die Eigenschaft E besitzt.
(2) Es gilt $f(x) < g(x)$ um a   (verkürzte Schreibweise:

B f(x) $<_a$ g(x)), wenn es eine Umgebung I von a gibt, so daß
f(x) < g(x) für alle x ∈ I ∩ D gilt. Die Aussage

$$f(x) < g(x) \quad um\ a$$

bezeichnen wir als <u>lokale Ungleichung</u>.

Wenn D eine Umgebung von a ist, gilt die lokale Ungleichung

$$f(x) < g(x) \quad um\ a$$

genau dann, wenn a innerer Punkt der folgenden Menge ist:

$$\{\ x \in D\ |\ f(x) < g(x)\ \}.$$

<u>Beispiel 4.2</u> Wir betrachten die folgenden Funktionen:

$$f:\ \mathbb{R} \to \mathbb{R} \quad mit \quad x \mapsto x^2\ ,$$
$$g:\ \mathbb{R} \to \mathbb{R} \quad mit \quad x \mapsto x+1.$$

Es gilt f(x) < g(x) um 1. Es ist nämlich

$$f(x) < g(x) \quad \leftrightarrow \quad x^2 < x+1 \quad \leftrightarrow \quad (x - 1/2)^2 < 5/4$$
$$\leftrightarrow \quad 1/2 - \sqrt{5}/2 < x < 1/2 + \sqrt{5}/2.$$

Somit ist die Lösungsmenge von f(x) < g(x) das Intervall
I =]1/2 − $\sqrt{5}$/2 , 1/2 + $\sqrt{5}$/2[. a = 1 ist innerer Punkt von I. Daher
gilt   f(x) < g(x)   um a = 1.

Für b = 2 gilt   g(x) < f(x)   um b. Es ist nämlich

$$g(x) < f(x) \quad \leftrightarrow \quad x+1 < x^2 \quad \leftrightarrow \quad (x - 1/2)^2 > 5/4$$
$$\leftrightarrow \quad x - 1/2 > \sqrt{5}/2 \ oder\ x - 1/2 < -\sqrt{5}/2$$
$$\leftrightarrow \quad x > 1/2 + \sqrt{5}/2 \ oder\ x < 1/2 - \sqrt{5}/2.$$

Setzen wir J = { x ∈ $\mathbb{R}$ | x > 1/2 + $\sqrt{5}$/2 }, so gilt g(x) < f(x) für
alle x ∈ J. Wegen 2 > 1/2 + $\sqrt{5}$/2 ist 2 innerer Punkt von J. Daher
gilt   g(x) < f(x)   um b = 2   (vgl. Fig. 4.6).

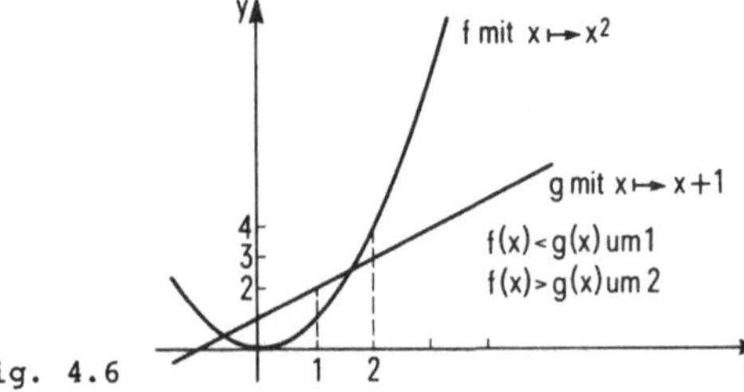

Fig. 4.6

<u>Satz 4.1</u> Sei D ⊆ $\mathbb{R}$ und a ∈ D. f, g und h seien auf D definierte
reelle Funktionen. Dann gilt:

(1) f(x) < g(x) um a,   g(x) < h(x) um a → f(x) < h(x) um a.

(2) f(x) < g(x) um a → f(x)+h(x) < g(x)+h(x) um a.

(3) f(x) < g(x) um a, O < h(x) um a → f(x)h(x) < g(x)h(x) um a.

<u>Beweis</u>. (1) Wenn $f(x) < g(x)$ um a gilt, gibt es eine Umgebung I_1 von a, so daß gilt:

$$f(x) < g(x) \qquad \text{für alle } x \in I_1 \cap D. \qquad (4.1)$$

Entsprechend gibt es, wenn $g(x) < h(x)$ um a gilt, eine Umgebung I_2 von a, so daß gilt:

$$g(x) < h(x) \qquad \text{für alle } x \in I_2 \cap D. \qquad (4.2)$$

Nach dem Transitivitätsgesetz folgt aus den Ungleichungen (4.1) und (4.2), daß gilt:

$$f(x) < h(x) \qquad \text{für alle } x \in I_1 \cap I_2 \cap D.$$

Da $I_1 \cap I_2$ eine Umgebung von a ist (vgl. Aufgabe 4.4), gilt

$$f(x) < h(x) \qquad \text{um a.}$$

(2) Wenn $f(x) < g(x)$ um a gilt, gibt es eine Umgebung I von a mit

$$f(x) < g(x) \qquad \text{für alle } x \in I \cap D.$$

Dann gilt nach dem Monotoniegesetz der Addition

$$f(x)+h(x) < g(x)+h(x) \qquad \text{für alle } x \in I \cap D.$$

Daher gilt

$$f(x)+h(x) < g(x)+h(x) \qquad \text{um a.}$$

Der Beweis von (3) verläuft analog zu (2). •

Wir können den Satz 4.1 entnehmen, daß wir mit lokalen Ungleichungen genauso wie mit normalen Ungleichungen rechnen können.

<u>Aufgaben</u>

4.1 Die reellen Funktionen f und g seien durch $f(x) = x^2-x$ und $g(x) = 3x$ für alle $x \in \mathbb{R}$ definiert. Zeigen Sie, daß gilt:

$$f(x) < g(x) \qquad \text{um a = 2.}$$

4.2 Zeigen Sie, daß für alle $\varepsilon \in \mathbb{R}^+$ gilt:

$$x^2 < \varepsilon \qquad \text{um a = 0.}$$

4.3 Zeigen Sie, daß für alle $a \in \mathbb{R}$ gilt:

$$|x| < |a|+1 \qquad \text{um a.}$$

4.4 a sei eine reelle Zahl, und U_1 und U_2 seien Umgebungen von a. Zeigen Sie, daß dann auch $U_1 \cap U_2$ eine Umgebung von a ist.

4.5 Zeigen Sie, daß die Funktion

$$f: \mathbb{R} \to \mathbb{R} \qquad \text{mit} \qquad x \mapsto x^2+x$$

um a = 0 injektiv ist.

B 4.3   <u>Stetigkeit</u>

Sei f: $\mathbb{R} \to \mathbb{R}$ eine Funktion und a $\in \mathbb{R}$. Als erste vorläufige Bestimmung des Begriffs "stetig in a" fordern wir, daß sich die Funkti-
onswerte f(x) in der Nähe von a nur wenig von f(a) unterscheiden.
Die Funktion darf bei a "keinen Sprung machen". Es ist klar, daß
diese Begriffsbildung noch einer Präzisierung bedarf. Wir wollen
uns als Beispiel die Funktion

$$f: \mathbb{R} \to \mathbb{R} \quad \text{mit} \quad x \mapsto x^2$$

an der Stelle a = 1 ansehen. Aus

$$f(x)-f(1) = x^2-1 = (x+1)(x-1)$$

entnimmt man, daß dann, wenn x und 1 sich nur wenig unterscheiden,
auch f(x) und f(1) sich nur wenig unterscheiden. Für alle x mit
0 < x < 2 ist nämlich 1 < x+1 < 3, woraus

$$|f(x)-f(1)| < 3|x-1| \qquad \text{für } 0 < x < 2$$

folgt. In diesem Fall kann man also als Maß für den Unterschied
zwischen f(x) und f(1) in der Nähe von a = 1 die Vergleichsfunkti-
on   d: $\mathbb{R} \to \mathbb{R}$ mit $x \mapsto 3|x-1|$

benutzen. Eine andere Möglichkeit besteht darin, "kleine" positive
Zahlen ε heranzuziehen. Man kann dann die Ungleichung

$$|f(x)-f(1)| < \varepsilon$$

betrachten und sich fragen, ob der durch ε ausgedrückte geringe
Unterschied zwischen f(x) und f(1) nur an der Stelle a = 1 oder
sogar auf einer ganzen Umgebung von a besteht. Je kleiner $\varepsilon > 0$
wird, umso schwieriger ist unter Umständen die letztere Forderung
zu realisieren. Wenn für jedes $\varepsilon \in \mathbb{R}^+$ gilt, daß

$$|f(x)-f(a)| < \varepsilon \qquad \text{auf einer Umgebung von a}$$

ist, nennen wir die Funktion f stetig an der Stelle a. In unserem
gerade behandelten Beispiel ist dies für a = 1 der Fall (Fig. 4.7).

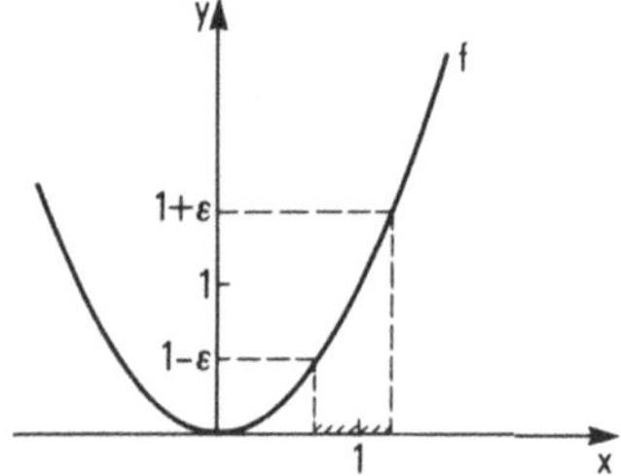

Fig. 4.7

Für die Funktion

$$g: \mathbb{R} \to \mathbb{R} \quad \text{mit} \quad x \mapsto \begin{cases} 2, & \text{falls } x < 1 \\ 1, & \text{falls } x \geq 1 \end{cases}$$

gilt, daß g in a = 1 nicht stetig ist. Für $\varepsilon = 1/2$ erhalten wir nämlich:

$$|g(x)-g(1)| < 1/2 \qquad \text{gilt nicht für } x < 1. \tag{4.3}$$

Daher gibt es keine Umgebung von a = 1, auf der die Ungleichung (4.3) erfüllt ist (Fig. 4.8).

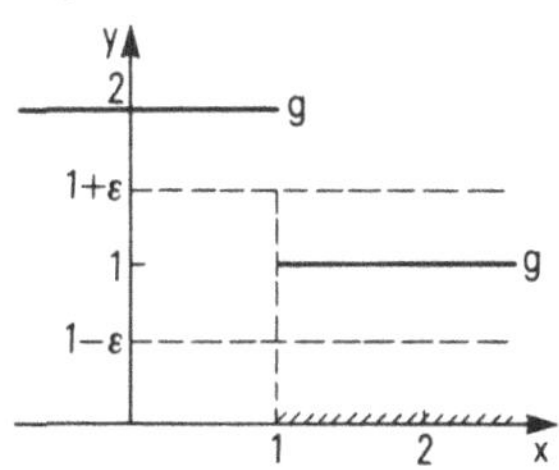

Fig. 4.8

<u>Definition 4.3</u> Sei $D \subseteq \mathbb{R}$ und f eine auf D definierte reelle Funktion. Sei $a \in D$.

(1) f heißt <u>stetig in a</u>, wenn für alle $\varepsilon \in \mathbb{R}^+$ gilt:

$$|f(x)-f(a)| < \varepsilon \quad \text{um a.}$$

(2) f heißt <u>unstetig in a</u>, wenn f nicht stetig in a ist.

(3) f heißt <u>stetig</u> (<u>auf D</u>), wenn f in allen $a \in D$ stetig ist.

Aus Satz 3.4 folgt, daß wir in Definition 4.3 (1) die Bedingung

$$|f(x)-f(a)| < \varepsilon \quad \text{um a}$$

durch die Bedingung

$$|f(x)-f(a)| < c\varepsilon \quad \text{um a}$$

ersetzen können, falls $c \in \mathbb{R}^+$ gilt.

Eine Menge U ist genau dann Umgebung einer Zahl a, wenn a innerer Punkt von U ist. Falls D eine Umgebung von a ist, erhalten wir deshalb: f ist genau dann stetig in a, wenn für alle $\varepsilon \in \mathbb{R}^+$ gilt:

$$a \text{ ist innerer Punkt von } \{ x \in \mathbb{R} \mid |f(x)-f(a)| < \varepsilon \}.$$

Fig. 4.9 auf Seite 108 entnimmt man, daß die Funktion f in a stetig, und in b unstetig ist. Anschaulich untersucht man die Stetigkeit der Funktion f im Punkt a folgendermaßen: Man bildet die Menge der Punkte $(x,f(x))$, die in dem ε-Streifen um f(a) liegen. Man projiziert diese Punkte auf die x-Achse. Wenn bei beliebiger Wahl von $\varepsilon \in \mathbb{R}^+$ der Punkt a innerer Punkt dieser Projektion ist, ist die Funktion f in a stetig. Dies ist in Fig. 4.9 für den Punkt a der

108

B Fall. Wenn ε wie in Fig. 4.9 gewählt wird, ist b kein innerer
Punkt der Projektion. Daher ist die Funktion f in b unstetig.

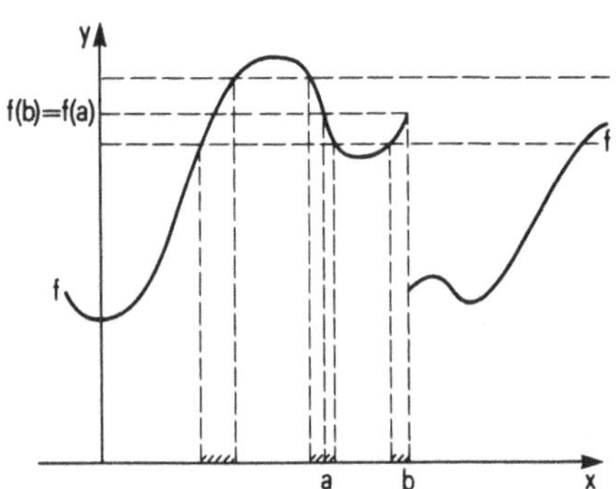

Fig. 4.9

<u>Satz 4.2</u> Sei f: D → ℝ eine Funktion und a ∈ D. f ist genau dann
stetig in a, wenn es zu jedem ε ∈ ℝ⁺ ein δ ∈ ℝ⁺ gibt, so daß für
alle x ∈ D gilt (Fig. 4.10):

$$|x-a| < \delta \;\Rightarrow\; |f(x)-f(a)| < \varepsilon.$$

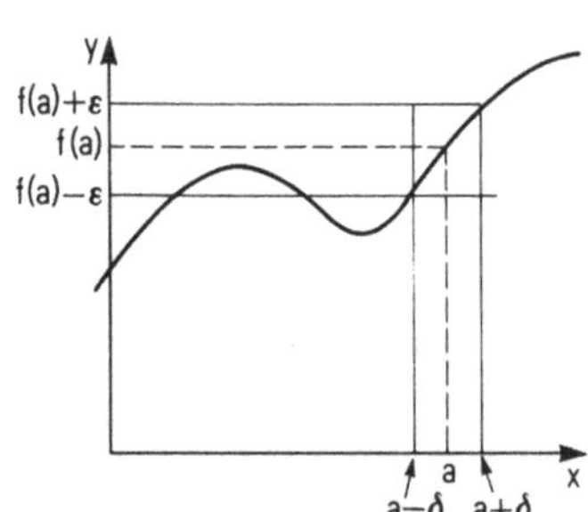

Fig. 4.10

<u>Beweis.</u> (1) f sei stetig in a. Dann gilt für alle ε ∈ ℝ⁺:

$$|f(x)-f(a)| < \varepsilon \qquad \text{um a.}$$

Es gibt also eine Umgebung I von a, so daß

$$|f(x)-f(a)| < \varepsilon \qquad \text{für alle } x \in I \cap D$$

ist. Nach der Definition des Begriffs "Umgebung" gibt es ein
δ ∈ ℝ⁺ mit]a−δ,a+δ[⊆ I. Daher gilt

$$|f(x)-f(a)| < \varepsilon \qquad \text{für alle } x \in \;]a-\delta,a+\delta[\;\cap D. \qquad (4.4)$$

Ungleichung (4.4) besagt gerade, daß für alle x ∈ D gilt:

$$|x-a| < \delta \;\Rightarrow\; |f(x)-f(a)| < \varepsilon.$$

(2) Es gebe zu jedem ε ∈ ℝ⁺ ein δ ∈ ℝ⁺, so daß für alle x ∈ D gilt:

$$|x-a| < \delta \;\Rightarrow\; |f(x)-f(a)| < \varepsilon.$$

Dann gilt

$\qquad |f(x)-f(a)| < \varepsilon \qquad$ für alle $x \in {]}a{-}\delta,a{+}\delta{[} \cap D$,

woraus $\quad |f(x)-f(a)| < \varepsilon \qquad$ um a

folgt. $\hfill \bullet$

B

Zur Beweistechnik bei Stetigkeitsbeweisen:

In Anlehnung an die von uns gegebene Definition der Stetigkeit ergeben sich 2 Möglichkeiten, Stetigkeitsbeweise durchzuführen:

(1) Man ermittelt für $\varepsilon \in \mathbb{R}^+$ die Lösungsmenge der Ungleichung

$\qquad |f(x)-f(a)| < \varepsilon$.

Wenn a innerer Punkt dieser Lösungsmenge ist (bei beliebiger Wahl
von $\varepsilon > 0$), ist die Funktion f in a stetig.

(2) Man rechnet mit den lokalen Ungleichungen wie mit normalen Un-
gleichungen. Man versucht, den Ausdruck $|f(x)-f(a)|$ nach oben so
durch einen Ausdruck g(x) abzuschätzen, daß für den neuen Ausdruck
g)x) die Gültigkeit der Ungleichung $g(x) < \varepsilon$ um a sofort ersichtlich ist. In den Beispielen im Anschluß an Satz 3.4 werden
wir diese Beweistechniken kennenlernen.

<u>Definition 4.4</u> Sei $D \subseteq \mathbb{R}$ und $a \in \mathbb{R}$.

(1) a heißt <u>isolierter Punkt von D</u>, wenn $a \in D$ gilt, und wenn es
eine Umgebung U von a gibt mit $U \cap D = \{a\}$.

(2) a heißt <u>Häufungspunkt von D</u>, wenn in jeder Umgebung von a
Punkte aus D liegen, die von a verschieden sind.

<u>Beispiel 4.3</u> Die Menge $A = [1,2] \cup \{3\}$ hat 3 als einzigen iso-
lierten Punkt. Alle Elemente aus dem Intervall [1,2] sind Häu-
fungspunkte von A.

Die Menge $B = \{ 1/n \mid n \in \mathbb{N} \}$ hat 0 als einzigen Häufungspunkt.
Alle Elemente aus B sind isolierte Punkte von B. Der Häufungspunkt
0 von B ist gleichzeitig Häufungswert der Folge $(1/n)$.

Bildet man allgemein zu einer Folge (a_n) die Wertemenge

$\qquad W = \{ a_n \mid n \in \mathbb{N} \}$,

so gilt, daß jeder Häufungspunkt von W gleichzeitig Häufungswert
der Folge (a_n) ist. Die Umkehrung ist im allgemeinen nicht rich-
tig. Um das einzusehen, betrachten wir die Folge $((-1)^n)$. Für die
Wertemenge C dieser Folge gilt

$\qquad C = \{ (-1)^n \mid n \in \mathbb{N} \} = \{ -1,1 \}$.

-1 und 1 sind Häufungswerte der Folge $((-1)^n)$, aber keine Häu-

B fungspunkte von C.

Sei $\varepsilon \in R^+$, $D \subseteq \mathbb{R}$ und $a \in D$. Wenn a isolierter Punkt von D ist,
gibt es eine Umgebung I von a mit $I \cap D = \{a\}$. Dann gilt

$$|f(x)-f(a)| = |f(a)-f(a)| = 0 < \varepsilon \qquad \text{für alle } x \in I \cap D.$$

$\Rightarrow$ $|f(x)-f(a)| < \varepsilon$ um a.

Daher ist f in a stetig.

Da also Funktionen in isolierten Punkten des Definitionsbereichs
immer stetig sind, sind isolierte Punkte für Stetigkeitsuntersuchungen uninteressant.

Wenn a Häufungspunkt von D ist, gibt es eine gegen a konvergente
Folge (a_n) mit $a_n \in D$ für alle $n \in \mathbb{N}$ (vgl. Aufgabe 4.6). Wenn f
stetig in a ist, konvergiert $(f(a_n))$ gegen f(a). Dies ist eine
Teilaussage des folgenden Satzes. In dem Satz sprechen wir von
einer Folge (a_n) aus D, wenn $a_n \in D$ für alle n gilt.

<u>Satz 4.3</u> Sei $f: D \to \mathbb{R}$ eine Funktion und $a \in D$. Dann sind die bei-
den folgenden Aussagen äquivalent:
(1) f ist stetig.
(2) Für jede gegen a konvergente Folge (a_n) aus D ist $(f(a_n))$
     ebenfalls konvergent mit

$$\lim f(a_n) = f(a).$$

<u>Beweis.</u> Wir setzen zunächst voraus, daß f in a stetig ist. Sei
(a_n) eine gegen a konvergente Folge aus D und $\varepsilon \in \mathbb{R}^+$. Dann gilt

$$|f(x)-f(a)| < \varepsilon \qquad \text{um a,}$$

d.h., es gibt eine Umgebung I von a, so daß gilt:

$$|f(x)-f(a)| < \varepsilon \qquad \text{für alle } x \in I \cap D.$$

Für die Folge (a_n) gilt:

$$a_n \in I \qquad \text{für fast alle n.}$$

Daher ist

$$|f(a_n) - f(a)| < \varepsilon \qquad \text{für fast alle n.}$$

Daraus folgt, daß $(f(a_n))$ gegen f(a) konvergiert.

Wir müssen jetzt noch zeigen, daß aus der Aussage (2) die Aussage
(1) folgt. Wir zeigen dies, indem wir aus der Verneinung der Aussage (1) die Verneinung der Aussage (2) herleiten (Kontraposition).
Sei also f unstetig in a. Dann gibt es ein $\varepsilon \in \mathbb{R}^+$, so daß für jede
Umgebung I von a gilt:

$$\text{Es gibt ein } x \in I \cap D \text{ mit } |f(x)-f(a)| \geq \varepsilon.$$

Daher gilt für alle $n \in \mathbb{N}$:

Es gibt ein $a_n \in U_{1/n}(a) \cap D$ mit $|f(a_n)-f(a)| \geq \varepsilon$.

Wir haben damit eine Folge (a_n) erhalten, die gegen a konvergiert, während $(f(a_n))$ nicht gegen f(a) konvergiert. •

Bei Stetigkeitsuntersuchungen ist Satz 4.3 besonders dann gut anwendbar, wenn man die Unstetigkeit an einer Stelle a beweisen will: Man gibt eine gegen a konvergente Folge (a_n) aus D an, für die $(f(a_n))$ nicht gegen f(a) konvergiert (vgl. Beispiel 4.8).

Wir geben jetzt mehrere Beispiele für Stetigkeitsbeweise.

<u>Beispiel 4.4</u> Die Funktion
$$f: \mathbb{R} \to \mathbb{R} \quad \text{mit} \quad x \mapsto x$$
ist stetig in allen $a \in \mathbb{R}$: Sei $\varepsilon \in \mathbb{R}^+$. Dann gilt
$$|f(x)-f(a)| = |x-a| < \varepsilon \quad \text{um a,}$$
da die Ungleichung $|x-a| < \varepsilon$ die Lösungsmenge $]a-\varepsilon, a+\varepsilon[$ hat und a innerer Punkt dieser Menge ist (Fig. 4.11).

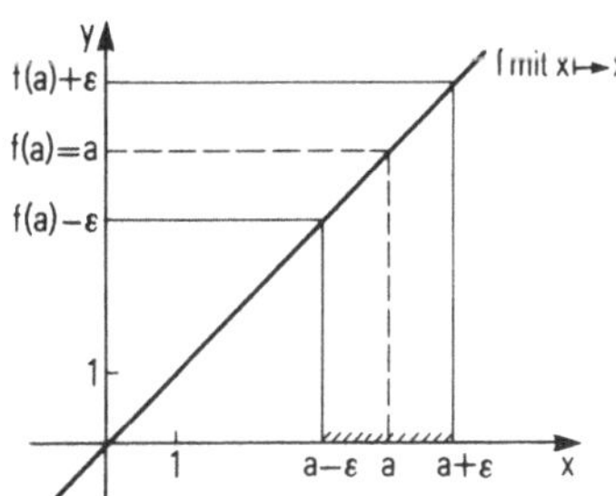

Fig. 4.11

<u>Beispiel 4.5</u> Die Funktion
$$f: \mathbb{R} \to \mathbb{R} \quad \text{mit} \quad x \mapsto c$$
ist stetig in allen $a \in \mathbb{R}$: Für alle $x \in \mathbb{R}$ und alle $\varepsilon \in \mathbb{R}^+$ gilt:
$$|f(x)-f(a)| = |c-c| = 0 < \varepsilon.$$

<u>Beispiel 4.6</u> Die Funktion
$$f: \mathbb{R} \to \mathbb{R} \quad \text{mit} \quad x \mapsto x^2$$
ist stetig in O: Für $\varepsilon \in \mathbb{R}^+$ gilt nämlich
$$|f(x)-f(O)| = x^2 < \varepsilon \quad \text{um O.} \quad \text{(vgl. Aufgabe 4.2).}$$
Wir zeigen jetzt, daß f stetig ist in allen $a \in \mathbb{R}$ mit $a \neq O$. Sei $\varepsilon \in \mathbb{R}^+$. Dann folgt
$$|f(x)-f(a)| = |x^2-a^2| = !(x+a)(x-a)| = |x+a||x-a|$$
$$< |x+a| \varepsilon \quad \text{um a.}$$
Wegen $|x+a| < 3|a|$ um a folgt:

B

$$|f(x)-f(a)| < 3|a|\varepsilon \qquad \text{um a.}$$

Daher ist f stetig in allen a $\in$ $\mathbb{R}$ (Fig. 4.12).

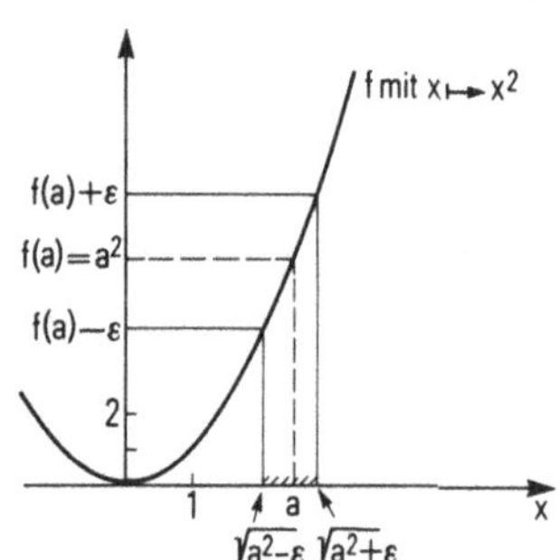

Fig. 4.12

Beispiel 4.7 Die Funktion

$$f: \mathbb{R} \to \mathbb{R} \quad \text{mit} \quad x \mapsto |x|$$

ist stetig in allen a $\in$ $\mathbb{R}$: Nach Satz 1.14 (11) gilt für alle x $\in$ $\mathbb{R}$, daß $||x|-|a|| \leq |x-a|$ ist. Sei $\varepsilon \in \mathbb{R}^+$. Dann gilt

$$|f(x)-f(a)| = ||x|-|a|| \leq |x-a| < \varepsilon \qquad \text{um a.}$$

Beispiel 4.8 Die Funktion

$$f: \mathbb{R} \to \mathbb{R} \quad \text{mit} \quad x \mapsto \begin{cases} 1, & \text{falls } x > 0 \\ 0, & \text{falls } x = 0 \\ -1, & \text{falls } x < 0 \end{cases}$$

ist stetig in allen a $\in$ $\mathbb{R}$ mit a $\neq$ 0: Wir unterscheiden die Fälle a > 0 und a < 0. Sei a > 0. Dann gilt für alle x $\in$ $\mathbb{R}^+$ und alle $\varepsilon \in \mathbb{R}^+$:

$$|f(x)-f(a)| = 1 - 1 = 0 < \varepsilon.$$

Da a innerer Punkt von $\mathbb{R}^+$ ist, ist f stetig in a.

Sei a < 0. Für alle x mit x < 0 und alle $\varepsilon \in \mathbb{R}^+$ gilt dann

$$|f(x)-f(a)| = |-1 - (-1)| = 0 < \varepsilon.$$

Da die Menge der negativen reellen Zahlen eine Umgebung des Punktes a bildet, ist f stetig in a.

f ist unstetig in a = 0: Es genügt, ein $\varepsilon \in \mathbb{R}^+$ anzugeben, für das

$$|f(x)-f(0)| < \varepsilon \qquad \text{um 0} \qquad \text{nicht gilt.}$$

Für ε = 1/2 erhalten wir:

$$|f(x)-f(0)| < 1/2 \iff |f(x)| < 1/2 \iff f(x) = 0 \iff x = 0.$$

Somit gilt $|f(x)-f(0)| < 1/2$ nur für x = 0 und nicht auf einer Umgebung von 0. Daher ist f unstetig in 0.

Mit Satz 4.3 können wir ebenfalls beweisen, daß f unstetig in a = 0 ist: Die Folge

$$(a_n) \quad \text{mit} \quad n \mapsto 1/n$$

konvergiert gegen O. Für alle n ist $f(a_n) = 1$. Somit gilt

$$\lim_n f(a_n) = 1 \neq O = f(O).$$

Daher ist f unstetig in O.

<u>Beispiel 4.9</u> Wir setzen $\mathbb{R}^* = \mathbb{R} \setminus \{O\}$. Die Funktion

$$f: \mathbb{R}^* \to \mathbb{R} \quad \text{mit} \quad x \mapsto 1/x$$

ist stetig in allen $a \in \mathbb{R}^*$: Sei $\varepsilon \in \mathbb{R}^+$. Dann gilt, falls $x \neq O$:

$$|f(x)-f(a)| = \left|\frac{1}{x} - \frac{1}{a}\right| = \frac{|a-x|}{|xa|} < \frac{\varepsilon}{|x||a|} \qquad \text{um a.}$$

Wegen $\frac{1}{|x|} < \frac{2}{|a|}$ um a erhalten wir:

$$|f(x)-f(a)| < \frac{2}{|a|}\,\frac{\varepsilon}{|a|} \qquad \text{um a.}$$

Daher ist f stetig in a (Fig. 4.13).

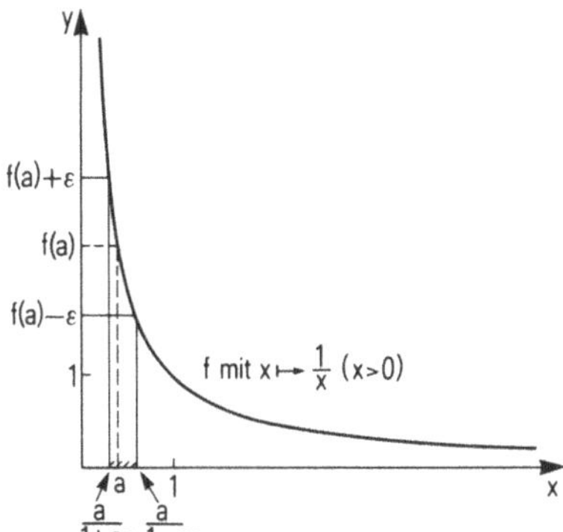

Fig. 4.13

<u>Beispiel 4.10</u> Die Funktion

$$f: \mathbb{R}^+ \to \mathbb{R} \quad \text{mit} \quad x \mapsto \sqrt[n]{x}$$

ist stetig in allen $a \in \mathbb{R}^+$: Nach Aufgabe 1.10 (2) gilt

$$(\sqrt[n]{x})^n - (\sqrt[n]{a})^n = (\sqrt[n]{x} - \sqrt[n]{a}) \sum_{k=0}^{n-1} (\sqrt[n]{x})^k (\sqrt[n]{a})^{n-1-k}.$$

Wir erhalten deshalb für alle $\varepsilon \in \mathbb{R}^+$:

$$|f(x)-f(a)| = |\sqrt[n]{x} - \sqrt[n]{a}| = \frac{|x-a|}{\displaystyle\sum_{k=0}^{n-1} (\sqrt[n]{x})^k (\sqrt[n]{a})^{n-1-k}}$$

$$\leq \frac{|x - a|}{(\sqrt[n]{a})^{n-1}} < \frac{\varepsilon}{(\sqrt[n]{a})^{n-1}} \qquad \text{um a.}$$

Daher ist f stetig in a (Fig. 4.14).

B

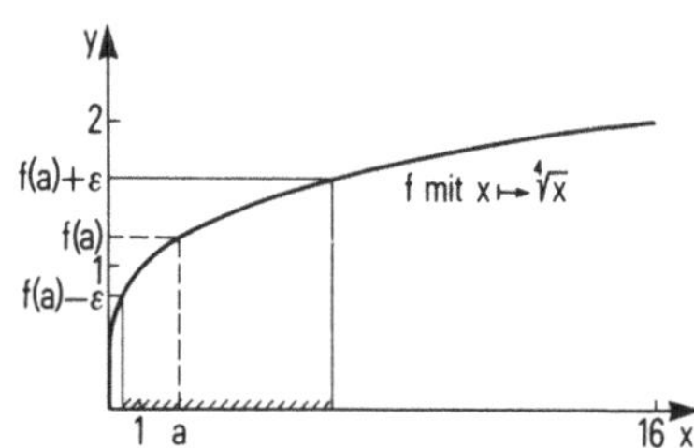

Fig. 4.14

<u>Beispiel 4.11</u> In Abschn. 6 werden wir auf die Sinusfunktion aus-
führlich eingehen. Da diese Funktion aus der Schulmathematik gut
bekannt ist, wollen wir sie schon an dieser Stelle für ein in-
struktives Beispiel verwenden. Wenn wir den Winkel im Bogenmaß
messen (der gestreckte Winkel mit dem Winkelmaß 180° hat als Bogenmaß π, den halben Umfang des Einheitskreises), hat die Sinusfunktion Nullstellen in allen Punkten $k\pi$, $k \in \mathbb{Z}$. In den Punkten
$2k\pi + \pi/2$ nimmt die Sinusfunktion den Wert 1, in den Punkten
$(2k+1)\pi + \pi/2$ den Wert -1 an (Fig. 4.15).

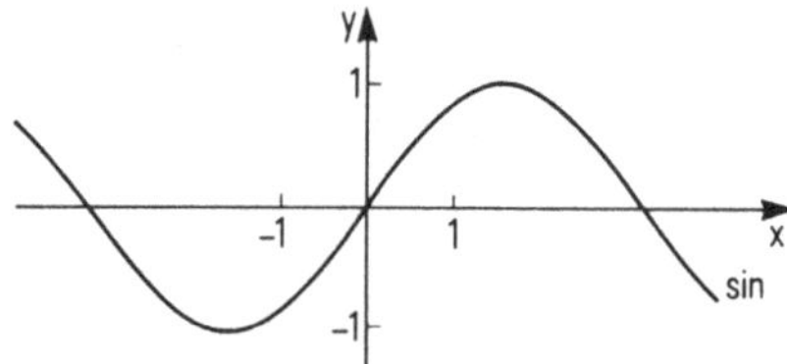

Fig. 4.15

Wir bezeichnen die Sinusfunktion mit sin. Mit Hilfe der Sinusfunktion definieren wir eine neue Funktion:

$$f: \mathbb{R} \to \mathbb{R} \quad \text{mit} \quad x \mapsto \begin{cases} \sin(1/x), & \text{falls } x \neq 0 \\ 0, & \text{falls } x = 0 \end{cases}$$

In Fig. 4.16 wird die Funktion f im Koordinatendiagramm dargestellt. Wir können um den Punkt O den Graph der Funktion f nicht
zeichnen. Die Funktion f "oszilliert" um O: Die Funktionswerte von
f "pendeln" zwischen +1 und -1 um so schneller hin und her, je
mehr sich x der Null nähert. In jeder Umgebung von O werden die
Werte 1 und -1 unendlich oft als Funktionswerte angenommen. f ist
unstetig in O: Für die Folge

$$(a_n) \quad \text{mit} \quad n \mapsto \frac{1}{n\pi + \pi/2} \qquad \text{gilt:}$$

$$f(a_n) = \sin(n\pi + \pi/2) = (-1)^n.$$

Wir haben somit eine Nullfolge (a_n) gefunden, für die die Folge (f(a$_n$)) divergiert. Daher ist f in 0 unstetig.

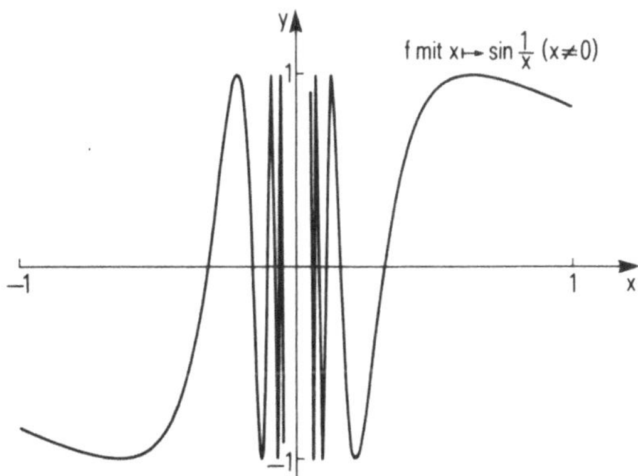

Fig. 4.16

Die mit Hilfe der Funktion f gebildete Funktion

$$g: \mathbb{R} \rightarrow \mathbb{R} \quad mit \quad x \mapsto xf(x)$$

hat ähnliche Eigenschaften wie die Funktion f: g "oszilliert"
ebenfalls um 0 und wechselt in jeder Umgebung von 0 unendlich oft
das Vorzeichen. Genau wie den Graph von f kann man auch den Graph
der Funktion g um 0 nicht zeichnen. Trotzdem ist die Funktion g
in 0 stetig. Es gilt nämlich für alle $\varepsilon \in \mathbb{R}^+$:

$$|g(x)-g(0)| = |g(x)| = |xf(x)| \leq |x| < \varepsilon \quad um \ 0$$

(Fig. 4.17).

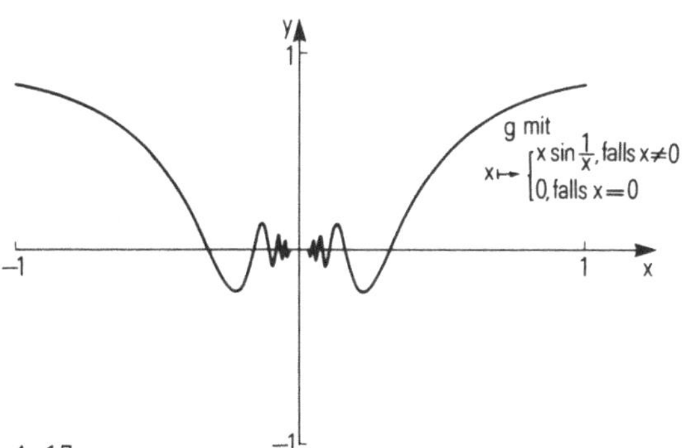

Fig. 4.17

Der folgende Satz zeigt uns, daß die Verkettung stetiger Funktionen wieder stetig ist.

Satz 4.4 Seien $f: D_1 \to \mathbb{R}$ und $g: D_2 \to \mathbb{R}$ Funktionen mit $f(D_1) \subseteq D_2$. Sei $a \in D_1$. Dann gilt:

Wenn f stetig in a und g stetig in $f(a)$ ist, ist $g \circ f$ stetig in a.

Beweis. Sei g stetig in $f(a)$ und $\varepsilon \in \mathbb{R}^+$. Nach Satz 4.2 gibt es ein $\delta \in \mathbb{R}^+$, so daß für alle $y \in D_2$ gilt:

$$|g(y)-g(f(a))| < \varepsilon \ , \qquad \text{falls } |y-f(a)| < \delta. \qquad (4.5)$$

Wenn f in a stetig ist, gilt

$$|f(x)-f(a)| < \delta \qquad \text{um } a. \qquad (4.6)$$

Aus den Ungleichungen (4.5) und (4.6) folgt, daß gilt:

$$|g \circ f(x) - g \circ f(a)| < \varepsilon \qquad \text{um } a. \qquad \bullet$$

Stetige Funktionen sind lokal beschränkt:

Satz 4.5 Sei $f: D \to \mathbb{R}$ eine Funktion und $a \in D$. Dann gilt:
Wenn f stetig in a ist, ist f beschränkt um a.

Beweis. Wenn f stetig in a ist, gilt

$$|f(x)-f(a)| < 1 \qquad \text{um } a.$$

Daraus folgt $-1 < f(x)-f(a) < 1$ um a, woraus wir erhalten:

$$f(a)-1 < f(x) < f(a)+1 \qquad \text{um } a.$$

Daher ist f beschränkt um a.

Der folgende Satz teilt uns mit, daß Summe und Produkt von stetigen Funktionen ebenfalls stetig sind.

Satz 4.6 Seien $f: D \to \mathbb{R}$ und $g: D \to \mathbb{R}$ Funktionen, und sei $a \in D$. Wenn f und g in a stetig sind, gilt:
(1) $f+g$ ist stetig in a.
(2) fg ist stetig in a.
(3) Wenn $f(x) \neq 0$ für alle $x \in D$ gilt, ist $\frac{1}{f}$ stetig in a.

Beweis. Sei $\varepsilon \in \mathbb{R}^+$. Wenn f und g stetig in a sind, gilt:

$$|f(x)-f(a)| < \varepsilon \qquad \text{um } a, \qquad |g(x)-g(a)| < \varepsilon \qquad \text{um } a.$$

Dann gilt:

$$\begin{aligned}
(1) \quad |(f+g)(x)-(f+g)(a)| &= |f(x)+g(x)-f(a)-g(a)| \\
&= |(f(x)-f(a)) + (g(x)-g(a))| \\
&\leq |f(x)-f(a)| + |g(x)-g(a)| \\
&< \varepsilon + \varepsilon = 2\varepsilon \qquad \text{um } a.
\end{aligned}$$

Daher ist $f+g$ stetig in a.
(2) Nach Satz 4.5 gibt es ein $c \in \mathbb{R}^+$ mit $|g(x)| < c$ um a. Damit erhalten wir:

$$| (fg)(x) - (fg)(a) | = | f(x)g(x) - f(a)g(a) |$$
$$= | (f(x)-f(a))g(x) + (g(x)-g(a))f(a) |$$
$$\leq | f(x)-f(a) ||g(x)| + |g(x)-g(a)||f(a)|$$
$$< \varepsilon c + \varepsilon |f(a)| = \varepsilon(c+|f(a)|) \qquad \text{um } a.$$

Daher ist fg stetig in a.

(3) Die Funktion $\quad g: \mathbb{R}^* \to \mathbb{R} \quad$ mit $\quad x \mapsto 1/x \quad$ ist nach Beispiel 4.9 auf $\mathbb{R}^*$ stetig. Wenn f in a stetig ist, ist somit nach Satz 4.4 die Funktion $\frac{1}{f} = g \circ f$ ebenfalls in a stetig. $\qquad \bullet$

Wenn f und g in a stetige Funktionen sind, können wir aus Satz 4.6 folgern:

(1) cf ist in a stetig $\quad$ (c $\in \mathbb{R}$).

(2) f-g ist in a stetig.

(3) $\frac{f}{g}$ ist in a stetig, falls g nirgends den Wert 0 annimmt.

Aus Satz 4.6 können wir weiter folgern, daß alle Polynome und alle rationalen Funktionen auf ihrem Definitionsbereich stetig sind:

<u>Satz 4.7</u> Alle Polynome sind stetig auf $\mathbb{R}$.

<u>Beweis.</u> Wenn f ein Polynom ist, gibt es $a_0, a_1, \ldots, a_n \in \mathbb{R}$ mit

$$f(x) = \sum_{k=0}^{n} a_k x^k \qquad \text{für alle } x \in \mathbb{R}.$$

Aus Beispiel 4.4 wissen wir, daß die identische Funktion

$$i: \mathbb{R} \to \mathbb{R} \quad \text{mit} \quad x \mapsto x$$

auf $\mathbb{R}$ stetig ist. Mit Satz 4.6 erhalten wir, daß die Funktion

$$i \cdot i: \mathbb{R} \to \mathbb{R} \quad \text{mit} \quad x \mapsto x^2$$

ebenfalls stetig auf $\mathbb{R}$ ist. Durch Induktion erhalten wir, daß für alle $k \in \mathbb{N}$ die Funktion

$$i^k: \mathbb{R} \to \mathbb{R} \quad \text{mit} \quad x \mapsto x^k$$

stetig auf $\mathbb{R}$ ist. Wiederum mit Satz 4.6 (2) folgt, daß

$$a_k i^k: \mathbb{R} \to \mathbb{R} \quad \text{mit} \quad x \mapsto a_k x^k$$

stetig auf $\mathbb{R}$ ist. Durch Induktion kann man Satz 4.6 (1) dahingehend verallgemeinern, daß die Summe von endlich vielen, in a stetigen Funktionen wieder in a stetig ist. Daher ist das Polynom

$$f: \mathbb{R} \to \mathbb{R} \quad \text{mit} \quad x \mapsto \sum_{k=0}^{n} a_k x^k$$

als Summe von endlich vielen auf $\mathbb{R}$ stetigen Funktionen ebenfalls auf $\mathbb{R}$ stetig. $\qquad \bullet$

<u>Satz 4.8</u> Alle rationalen Funktionen sind stetig auf ihrem Definitionsbereich.

B   <u>Beweis</u>. Wenn h eine rationale Funktion ist, gibt es Polynome f und g mit

$$h(x) = \frac{f(x)}{g(x)} \qquad \text{für alle } x \in \mathbb{R} \text{ mit } g(x) \neq 0.$$

Nach Satz 4.6 (2) und (3) ist $h = f \cdot \frac{1}{g}$ stetig auf dem Definitions-bereich von h.   •

<u>Beispiel 4.12</u> Zu dem Polynom

$$f: \mathbb{R} \rightarrow \mathbb{R} \qquad \text{mit} \qquad x \mapsto 3x^3 - 2x^2 + 3x + 5$$

bilden wir $D := \{ x \in \mathbb{R} \mid f(x) > 0 \}$. D ist nicht leer. Die Funkti-on

$$g: D \rightarrow \mathbb{R} \qquad \text{mit} \qquad x \mapsto \sqrt[6]{3x^3 - 2x^2 + 3x + 5}$$

ist stetig auf D: Nach Satz 4.7 ist nämlich f stetig auf $\mathbb{R}$, und nach Beispiel 4.10 ist die Funktion

$$w_6: \mathbb{R}^+ \rightarrow \mathbb{R} \qquad \text{mit} \qquad x \mapsto \sqrt[6]{x}$$

stetig auf $\mathbb{R}^+$. Daher ist $g = w_6 \circ f$ stetig auf D.

Der folgende Satz entspricht dem Einschließungskriterium für Fol-gen.

<u>Satz 4.9</u>   f, g und h seien auf D definierte reelle Funktionen. f und h seien stetig in $a \in D$, und es gelte $f(a) = h(a)$. Weiter gel-te für die Funktion g

$$f(x) \leq g(x) \leq h(x) \qquad \text{um a.}$$

Dann ist g stetig in a mit $g(a) = f(a)$.

<u>Beweis</u>. f und h seien stetig in a mit $f(a) = h(a)$. Aus

$$f(x) \leq g(x) \leq h(x) \qquad \text{um a}$$

folgt $f(a) = g(a) = h(a)$ und

$$f(x) - f(a) \leq g(x) - g(a) \leq h(x) - h(a) \qquad \text{um a.}$$

Daher gilt für alle $\varepsilon \in \mathbb{R}^+$:

$$|g(x) - g(a)| \leq |h(x) - h(a)| + |f(x) - f(a)| < 2\varepsilon \qquad \text{um a.}$$

Daher ist g stetig in a.   •

<u>Aufgaben</u>

4.6 Sei $D \subseteq \mathbb{R}$. $a \in \mathbb{R}$ sei Häufungspunkt von D. Zeigen Sie, daß es eine Folge (a_n) aus D gibt, die gegen a konvergiert.

4.7 Beweisen Sie direkt mit Hilfe von Definition 4.3, daß die fol-gende Funktion stetig in allen $a \in \mathbb{R}$ ist:

$$f: \mathbb{R} \rightarrow \mathbb{R} \qquad \text{mit} \qquad x \mapsto x^2 + x + 1.$$

4.8 (1) Zeigen Sie, daß die folgende Funktion auf $\mathbb{R}^+$ stetig ist:

$$f: \mathbb{R}^+ \rightarrow \mathbb{R} \qquad \text{mit} \qquad x \mapsto \sqrt[5]{x^3 + 2x^2} + 1/(x^5 + 1).$$

(2) Zeigen Sie, daß die folgende Funktion auf $\mathbb{R}$ stetig ist:
$$f: \mathbb{R} \to \mathbb{R} \quad \text{mit} \quad x \mapsto \begin{cases} 2x+1, & \text{falls } x \leq 2 \\ x^2+1, & \text{falls } x > 2 \end{cases}.$$

4.9 Für $x \in \mathbb{R}$ setze man $[x] := \max \{ n \in \mathbb{Z} \mid n \leq x \}$. Ermitteln Sie für die Funktion
$$f: \mathbb{R} \to \mathbb{R} \quad \text{mit} \quad x \mapsto [x]$$
die Punkte, in denen f unstetig ist (mit Beweis!).

4.10 f und g seien auf $D \subseteq \mathbb{R}$ stetige Funktionen. Beweisen Sie, daß dann die folgende Funktion stetig auf D ist:
$$h: D \to \mathbb{R} \quad \text{mit} \quad x \mapsto \max \{ f(x), g(x) \}.$$

4.4   Eigenschaften stetiger Funktionen

Die Eigenschaft "stetig" ist eine lokale Eigenschaft. Das bedeutet, daß man aus der Stetigkeit einer Funktion auf ihrem Definitionsbereich vor allem Folgerungen über das Verhalten der Funktion in der Umgebung eines Punktes gewinnen kann. So folgt z.B. für eine in a stetige Funktion f aus
$$f(a) > 0,$$
daß die Funktion sogar auf einer Umgebung von a positiv ist. Gewisse globale Aussagen über stetige Funktionen entstehen erst im Zusammenspiel zwischen der Eigenschaft "stetig" und Forderungen an den Definitionsbereich. So wissen wir aus Beispiel 4.9, daß im allgemeinen aus der Stetigkeit einer Funktion keine Aussagen über das Beschränktsein der Funktion auf ihrem gesamten Definitionsbereich gefolgert werden können. Erst durch zusätzliche Bedingungen an den Definitionsbereich erhalten wir bezüglich des Beschränktseins eine globale Aussage: Eine auf einem abgeschlossenen Intervall [a,b] stetige Funktion ist beschränkt. Sie besitzt dort sogar Maximum und Minimum. Auf diese und ähnliche Eigenschaften werden wir im folgenden eingehen.

<u>Satz 4.10</u> $f: D \to \mathbb{R}$ sei stetig in $a \in D$. Sei $c \in \mathbb{R}$. Dann gilt:
(1) $f(a) < c \implies f(x) < c$ um a.
(2) $f(a) > c \implies f(x) > c$ um a.

<u>Beweis.</u> (1) f sei stetig in a, und es gelte $f(a) < c$. Wir setzen $\varepsilon = c - f(a)$. Dann ist $\varepsilon > 0$ und es gilt
$$|f(x) - f(a)| < \varepsilon \quad \text{um a.}$$

B

$\Rightarrow$ f(x)-f(a) < ε   um a $\Rightarrow$ f(x) < ε + f(a)   um a.
Wegen ε+f(a) = c folgt:

f(x) < c   um a.

(2) Wenn f(a) > c ist, gilt -f(a) < -c. Wenn f stetig in a ist,
ist -f ebenfalls stetig in a. Nach (1) gilt dann

-f(x) < -c   um a. $\Rightarrow$ f(x) > c   um a.   •

Aus Satz 4.10 folgern wir, daß für eine in a stetige Funktion f
aus f(a) ≠ c folgt, daß f(x) ≠ c   um a ist. Indem man zu f(a)
reelle Zahlen c und d mit c < f(a) < d wählt, erhält man, falls
f in a stetig ist:

c < f(x) < d   um a.

Somit kann man Satz 4.5 aus Satz 4.10 folgern.

Eine auf einem abgeschlossenen Intervall stetige Funktion ist dort
beschränkt:

<u>Satz 4.11</u> Seien a und b reelle Zahlen mit a < b. f: [a,b] → $\mathbb{R}$
sei stetig auf [a,b]. Dann gibt es ein s ∈ $\mathbb{R}$ mit

|f(x)| ≤ s   für alle x ∈ [a,b].

<u>Beweis</u>. Wir nehmen an, daß die Funktion

|f|: [a,b] → $\mathbb{R}$ mit   x ↦ |f(x)|

nicht beschränkt ist. Dann gibt es zu jedem n ∈ $\mathbb{N}$ ein x_n ∈ [a,b]
mit $|f(x_n)|$ > n. Die Folge (x_n) ist beschränkt und besitzt nach
dem Satz von Bolzano - Weierstraß einen Häufungswert x_0 ∈ [a,b].
Zu x_0 gibt es nach Satz 3.11 eine gegen x_0 konvergente Teilfolge
$(x_{h(n)})$ von (x_n). Die Folge $(f(x_{h(n)}))$ ist divergent, woraus nach
Satz 4.3 folgt, daß f unstetig in x_0 ist. Das steht im Widerspruch
zu der Voraussetzung, daß f auf [a,b] stetig ist.   •

<u>Definition 4.5</u> Sei f: D → $\mathbb{R}$ eine Funktion und a ∈ D.
(1) f <u>besitzt in a ein Maximum</u>, wenn gilt:

f(x) ≤ f(a)   für alle x ∈ D.

(2) f <u>besitzt in a ein Minimum</u>, wenn gilt:

f(x) ≥ f(a)   für alle x ∈ D.

(3) f <u>besitzt auf D ein Maximum (Minimum)</u>, wenn es ein x ∈ D gibt,
so daß f in x ein Maximum (Minimum) besitzt.

Wenn f in a ∈ D ein Maximum (Minimum) besitzt, wird f(a) <u>Maximum</u>
<u>(Minimum) von f</u> genannt.

Bezeichnung: max f := f(a)   (min f := f(a)).

Sei $I = [a,b]$. Wenn $f: I \to \mathbb{R}$ eine auf I stetige Funktion ist, ist $f(I)$ nach Satz 4.11 beschränkt. Demnach existieren sup $f(I)$ und inf $f(I)$. Es ist aber nicht ohne weiteres klar, daß auch das Maximum und das Minimum von f existieren. Der folgende Satz zeigt, daß eine auf einem abgeschlossenen beschränkten Intervall definierte stetige Funktion Maximum und Minimum besitzt.

<u>Satz 4.12</u>   Seien $a,b \in \mathbb{R}$ mit $a < b$. $f: [a,b] \to \mathbb{R}$ sei stetig auf $[a,b]$. Dann besitzt f auf $[a,b]$ ein Maximum und ein Minimum.

<u>Beweis.</u> (1) Existenz eines Maximums: Sei f auf $[a,b]$ stetig. Wir setzen $s := \sup \{ f(x) \mid x \in [a,b] \}$.
Dann gibt es zu jedem $n \in \mathbb{N}$ ein $x_n \in [a,b]$ mit

$$s - 1/n < f(x_n) \leq s.$$

Die Folge $(f(x_n))$ konvergiert gegen s. Die Folge (x_n) ist beschränkt und hat daher einen Häufungswert $x_0 \in [a,b]$. Zu x_0 gibt es eine Teilfolge $(x_{h(n)})$ von (x_n) mit $\lim x_{h(n)} = x_0$. Da f stetig auf $[a,b]$ ist, gilt

$$s = \lim f(x_{h(n)}) = f(x_0).$$

Daher besitzt f in x_0 ein Maximum.
(2) Existenz eines Minimums: Wir setzen

$$t := \inf \{ f(x) \mid x \in [a,b] \}.$$

Dann ist $-t = \sup \{ -f(x) \mid x \in [a,b] \}$. Nach (1) gibt es ein $x_0 \in [a,b]$ mit $-t = -f(x_0)$. Daher ist $t = f(x_0)$. f besitzt daher in x_0 ein Minimum.   •

Die Gültigkeit von Satz 4.12 hängt genau wie die von Satz 4.11 wesentlich davon ab, daß das Intervall, auf dem die Funktion definiert ist, abgeschlossen ist. Die Funktion

$$f: \,]0,1[\,\to \mathbb{R} \quad \text{mit} \quad x \mapsto x$$

besitzt weder ein Maximum noch ein Minimum. Es ist $\sup f = 1$ und $\inf f = 0$. Für alle $x \in \,]0,1[$ gilt $f(x) \neq 1$ und $f(x) \neq 0$.

<u>Beispiel 4.13</u>   Wir bestimmen das Minimum der Funktion

$$f: [0,2] \to \mathbb{R} \quad \text{mit} \quad x \mapsto x^3 - x.$$

Nach Satz 4.12 gibt es eine Zahl $s \in [0,2]$ mit

$$f(s) \leq f(x) \qquad \text{für alle } x \in [0,2].$$

Es gilt $f(s) \leq f(x) \;\leftrightarrow\; s^3 - s \leq x^3 - x \;\leftrightarrow\; x^3 - s^3 \geq x - s$.
Hieraus erhalten wir:

$$\frac{x^3 - s^3}{x - s} \geq 1 \qquad \text{für alle } x \text{ mit } s < x \leq 2,$$

B
$$\frac{x^3-s^3}{x-s} \leq 1 \qquad \text{für alle x mit } 0 \leq x < s.$$

Für $x \neq s$ ist $\frac{x^3-s^3}{x-s} = x^2+xs+s^2$. Die Funktion

$$g: [0,2] \to \mathbb{R} \qquad \text{mit} \qquad x \mapsto x^2+xs+s^2$$

ist auf [0,2] stetig, und es gilt

$$g(x) \leq 1, \qquad \text{falls } 0 \leq x < s,$$
$$g(x) \geq 1, \qquad \text{falls } s < x \leq 2.$$

Aus Satz 4.9 folgt $g(s) = 1$. Es ist $g(s) = 3s^2$. Aus $3s^2 = 1$ und $s \in [0,2]$ erhalten wir $s = \sqrt{1/3}$. Also hat f in $s = \sqrt{1/3}$ ein Minimum. Es ist

$$\min f = f(\sqrt{1/3}) = (-2/3)\sqrt{1/3} \quad \text{(Fig. 4.18)}.$$

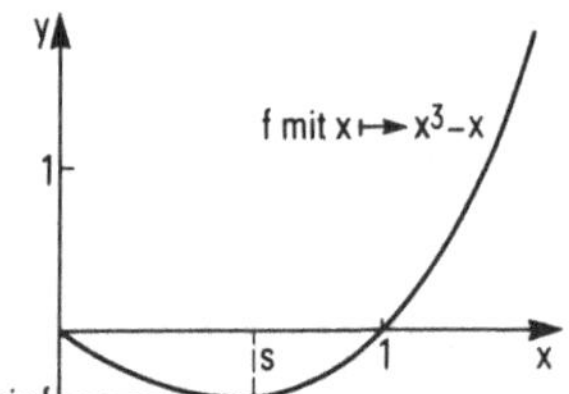

Fig. 4.18

Wenn f auf einem Intervall stetig ist und $f(a) \neq f(b)$ gilt, werden alle Zahlen zwischen $f(a)$ und $f(b)$ als Funktionswerte angenommen:

<u>Satz 4.13</u> (<u>Zwischenwertsatz</u>) $f: [a,b] \to \mathbb{R}$ sei stetig auf $[a,b]$. Es gelte $f(a) \neq f(b)$. Dann gibt es zu jeder Zahl z zwischen $f(a)$ und $f(b)$ eine Zahl $x_0 \in [a,b]$ mit $f(x_0) = z$ (Fig. 4.19).

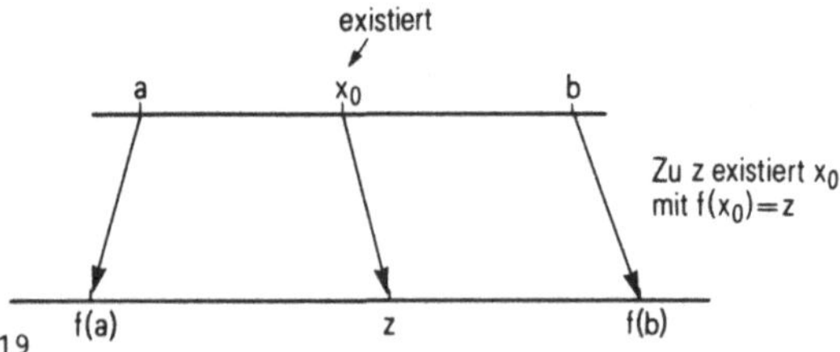

Fig. 4.19

<u>Beweis</u>. Sei $f(a) < z < f(b)$. Wir definieren rekursiv zwei Folgen (x_n) und (y_n):

$$x_1 = a, \qquad y_1 = b,$$
$$x_{n+1} = \frac{x_n+y_n}{2} \text{ und } y_{n+1} = y_n, \qquad \text{falls } f\left(\frac{x_n+y_n}{2}\right) \leq z$$

$$x_{n+1} = x_n \quad \text{und} \quad y_{n+1} = \frac{x_n + y_n}{2}\,, \qquad \text{falls } f\left(\frac{x_n + y_n}{2}\right) > z. \qquad \text{B}$$

Für die Folgen (x_n) und (y_n) gilt:

(1) (x_n) ist monoton steigend; (y_n) ist monoton fallend.

(2) $a \le x_n \le y_n \le b$ und $f(x_n) \le z \le f(y_n)$ für alle n.

(3) $y_n - x_n = (b-a)/2^{n-1}$ für alle n.

Die Folgen (x_n) und (y_n) sind monoton und beschränkt und daher
konvergent. Aus (3) folgt, daß $(y_n - x_n)$ eine Nullfolge ist. (Die
Folge der Intervalle $([x_n, y_n])$ nennt man dann eine <u>Intervallschach-
telung</u>.) Da f stetig ist, sind die Folgen $(f(x_n))$ und $(f(y_n))$ konvergent und haben den Grenzwert $f(x_0)$. Aus (2) folgt, daß
$f(x_0) \le z \le f(x_0)$ gilt. Daher ist $f(x_0) = z$.
Der Fall $f(a) > f(b)$ kann durch Betrachtung von $-f$ auf den gerade
behandelten Fall zurückgeführt werden.   •

In Beispiel 4.15 werden wir die Intervallschachtelung aus dem Be-
weis des Zwischenwertsatzes zur angenäherten Berechnung einer
Nullstelle von f benutzen.
Fig. 4.20 veranschaulicht den Beweisgedanken des gerade geführten
Beweises.

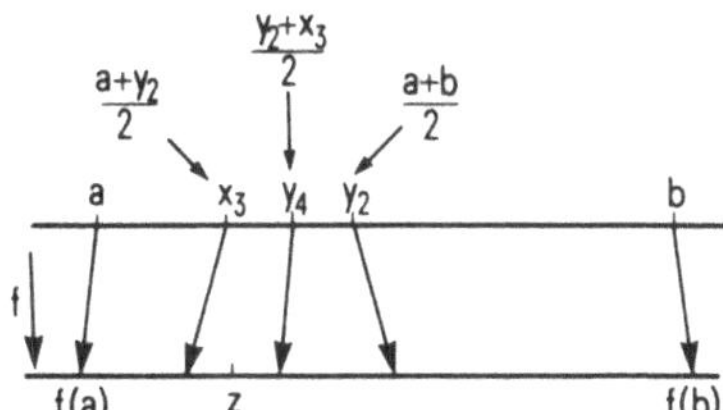

Fig. 4.20

Wir hatten bereits in Abschn. 2.1 den Begriff "Intervall" ganz
allgemein gefaßt, indem wir forderten, daß zu je zwei Zahlen einer
Menge auch alle zwischen diesen Zahlen liegenden Elemente zur Menge gehören:

<u>Definition 4.6</u> $I \subseteq \mathbb{R}$ heißt <u>Intervall</u>, wenn für alle $a,b \in I$ und
alle $x \in \mathbb{R}$ gilt: $a < x < b \rightarrow x \in I$.

Die Intervalle aus Definition 2.4 sind Intervalle im Sinn von De-
finition 4.6. Die Mengen $\mathbb{R}$, $\mathbb{R}^+$, $\{\, x \in \mathbb{R} \mid x < c \,\}$ und
$\{\, x \in \mathbb{R} \mid x > c \,\}$ sind ebenfalls Intervalle.

<u>Satz 4.14</u> I sei ein Intervall und $f: I \rightarrow \mathbb{R}$ sei stetig auf I. Dann
ist $f(I)$ ein Intervall.

B   **Beweis**. Gemäß Definition 4.6 müssen wir zeigen, daß für alle
s,t $\in$ f(I) und alle y $\in$ $\mathbb{R}$ gilt:

$$s < y < t \;\Rightarrow\; y \in f(I).$$

Seien s,t $\in$ f(I) mit s < t. Dann gibt es a,b $\in$ I mit f(a) = s und
f(b) = t. Es gilt a < b oder b < a. Aus a < b und f(a) < y < f(b)
folgt nach dem Zwischenwertsatz, daß y $\in$ f(I) ist.
Sei jetzt b < a. Es gilt

$$f(a) < y < f(b) \;\Leftrightarrow\; -f(b) < -y < -f(a).$$

Aus dem Zwischenwertsatz folgt, daß -y $\in$ (-f)(I) gilt, und somit
y $\in$ f(I) erfüllt ist. Daher ist f(I) ein Intervall.

Wir wollen der Frage nachgehen, ob die Umkehrung von Satz 4.14
wahr ist: Wenn I und f(I) Intervalle sind, ist dann f stetig? Das
folgende Beispiel zeigt, daß diese Umkehrung nicht gilt.

Beispiel 4.14   Wir betrachten die Funktion

$$f: [0,2] \to \mathbb{R} \quad \text{mit} \quad x \mapsto \begin{cases} x, & \text{falls } 0 \le x \le 1 \\ 3-x, & \text{falls } 1 < x \le 2 \,. \end{cases}$$

Es ist f([0,2]) = [0,2]. Für die gegen 1 konvergierende Folge

$$(a_n) \quad \text{mit} \quad n \mapsto 1 + 1/n$$

gilt $f(a_n) = 2 - 1/n$ für alle n. Daher gilt

$$\lim f(a_n) = 2 \neq f(1).$$

Somit ist f unstetig in a = 1 (Fig. 4.21).

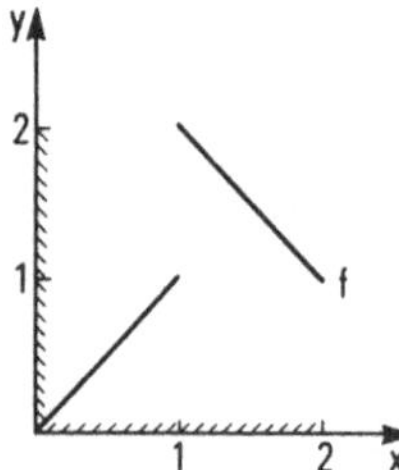

Fig. 4.21

Satz 4.15   Seien s,t $\in$ $\mathbb{R}$ mit s < t. Die Funktion f: [s,t] $\to$ $\mathbb{R}$ sei
streng monoton. Dann ist die Umkehrfunktion f^{-1} stetig auf f([s,t]).

Beweis. Wir betrachten den Fall, daß f streng monoton steigend
ist. Sei a $\in$]s,t[und $\varepsilon \in \mathbb{R}^+$. Dann gibt es $x_1, x_2 \in$ [s,t] mit

$$a-\varepsilon < x_1 < a < x_2 < a+\varepsilon. \qquad \text{(Fig. 4.22)}$$

Es gilt $f(x_1) < f(a) < f(x_2)$. Wir erhalten für alle y $\in$ f([s,t]):

$$|f^{-1}(y) - f^{-1}(f(a))| < x_2-x_1 < 2\varepsilon \,, \quad \text{wenn } f(x_1) < y < f(x_2).$$

Daher ist f^{-1} stetig in f(a). Falls a = s ist, gibt es ein

$x_2 \in \ ]s,t]$ mit $\quad a < x_2 < a+\varepsilon$. Wir erhalten dann für alle
$y \in f([s,t])$:
$$|f^{-1}(y) - f^{-1}(f(a))| < x_2-a < \varepsilon \ , \qquad \text{falls } y < f(x_2).$$
Daher ist auch in diesem Fall die Funktion f^{-1} in $f(a)$ stetig. Der
Fall $a = t$ wird analog behandelt.

Wenn f streng monoton fällt, geht der Beweis entsprechend.

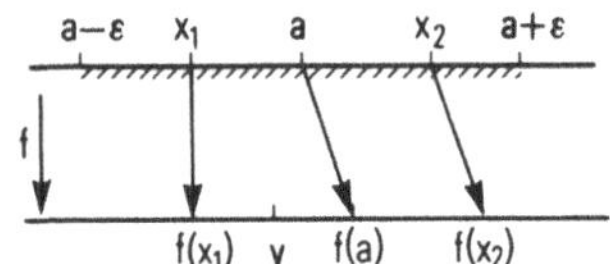

Fig. 4.22

Die Funktion f sei auf einem Intervall I definiert und dort stetig.
Wenn f auf dem Intervall das Vorzeichen wechselt, gibt es Zahlen
$x_1, x_2 \in I$ mit
$$f(x_1) < 0 \quad \text{und} \quad f(x_2) > 0.$$
Dann hat f nach dem Zwischenwertsatz eine Nullstelle x_0, die zwischen x_1 und x_2 liegt. Der Beweis des Zwischenwertsatzes liefert
ein Näherungsverfahren für die Bestimmung einer Nullstelle von f.

<u>Beispiel 4.15</u> Für das Polynom
$$f: \mathbb{R} \to \mathbb{R} \quad \text{mit} \quad x \mapsto x^3+x^2+x-1$$
gilt $f(0) = -1 < 0$ und $f(1) = 2 > 0$. Daher liegt zwischen 0 und
1 eine Nullstelle von f. Das Vorgehen im Beweis des Zwischenwertsatzes führt zu Tab. 4.1 (Die Zahlen der letzten Spalte sind auf
4 Stellen hinter dem Komma gerundet.)

Tab. 4.1

n	x_n	y_n	$\dfrac{x_n+y_n}{2}$	$f\left(\dfrac{x_n+y_n}{2}\right)$
1	0	1	0,5	− 0,125
2	0,5	1	0,75	0,7344
3	0,5	0,75	0,625	0,2598
4	0,5	0,625	0,5625	0,0569
5	0,5	0,5625	0,53125	− 0,0366
6	0,53125	0,5625	0,546875	0,0095
.				
.				
.				

Wir können Tab. 4.1 entnehmen, daß zwischen 0,53 und 0,55 eine
Nullstelle von f liegt.

B Wenn eine Funktion f: D → ℝ in einem Punkt a ∈ D stetig ist, kann man den Funktionswert f(a) nicht an der Stelle a abändern, ohne die Stetigkeit der Funktion f an der Stelle a zu zerstören. (Man muß dabei natürlich voraussetzen, daß a Häufungspunkt von D ist.) Wenn U eine Umgebung von a ist, nennen wir U \ {a} eine <u>punktierte Umgebung von a</u>. Wir können dann folgendes sagen: Der Funktionswert f(a) einer in a stetigen Funktion f ist schon durch das Verhalten der Funktion f auf einer punktierten Umgebung von a eindeutig bestimmt. Wenn also f und g zwei in a stetige Funktionen sind mit

$$f|U \setminus \{a\} = g|U \setminus \{a\},$$

so folgt f(a) = g(a).

Wir können diesem Gedanken eine etwas andere Wendung geben, indem wir uns folgende Frage stellen:

> In welchen Fällen kann man eine in a unstetige Funktion f durch Änderung der Funktionswerts f(a) zu einer in a stetigen Funktion machen?

Ein Beispiel soll die Problemstellung verdeutlichen.

<u>Beispiel 4.16</u> In Fig. 4.23 wird die folgende Funktion dargestellt:

$$f: \mathbb{R}^+ \to \mathbb{R} \quad \text{mit} \quad x \mapsto \begin{cases} x+1, & \text{falls } x \neq 1 \\ 4, & \text{falls } x = 1 . \end{cases}$$

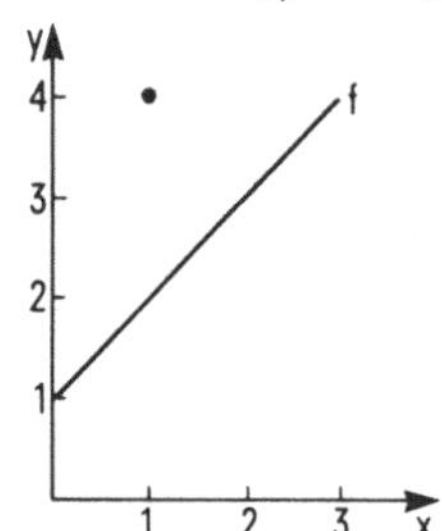

Fig. 4.23

f ist in 1 unstetig. Offensichtlich kann man durch Änderung des Funktionswerts f(1) = 4 die Funktion f zu einer auch in a = 1 stetigen Funktion machen. Dazu brauchen wir nur f(1) = 2 zu setzen. Wir sprechen in diesem Fall von einer <u>hebbaren Unstetigkeit in a</u>.

Die folgende Definition liefert uns einen Begriff, mit dem wir ein Kriterium für hebbare Unstetigkeiten formulieren können.

<u>Definition 4.7</u> f: D → ℝ sei eine reelle Funktion. a sei ein Häufungspunkt von D. Falls die Funktion

$$g: D \to \mathbb{R} \quad \text{mit} \quad x \mapsto \begin{cases} f(x), & \text{falls } x \neq a \\ c, & \text{falls } x = a \end{cases}$$

stetig in a ist, sagen wir, daß die Funktion f <u>im Punkt a den</u>
<u>Grenzwert c besitzt</u>. Wir setzen dann

$$\lim_{x \to a} f(x) := c.$$

Wir lesen "$\lim\limits_{x \to a} f(x)$" als "limes von f(x) für x gegen a".

Wir können jetzt die oben gestellte Frage allgemein beantworten:
Man kann die Unstetigkeit von f in a heben (d.h. beheben), wenn
die Funktion f in a einen Grenzwert besitzt. Dieser Grenzwert ist
im Fall seiner Existenz eindeutig bestimmt. Aufgrund der Definition der Stetigkeit gilt:

$\lim\limits_{x \to a} f(x) = c$ gilt genau dann, wenn es zu jedem $\varepsilon \in \mathbb{R}^+$ eine Umge-

bung I von a gibt, so daß gilt:

$$|f(x) - c| < \varepsilon \qquad \text{für alle } x \in I \cap D \text{ mit } x \neq a.$$

<u>Beispiel 4.17</u> Für die Funktion

$$f: \mathbb{R} \to \mathbb{R} \quad \text{mit} \quad x \mapsto \begin{cases} \dfrac{x^2-1}{x-1}, & \text{falls } x \neq 1 \\ 0, & \text{falls } x = 1 \end{cases}$$

gilt $\lim\limits_{x \to 1} f(x) = 2$. Es ist nämlich

$$f(x) = \frac{x^2-1}{x-1} = \frac{(x-1)(x+1)}{x-1} = x+1 \qquad \text{für alle } x \neq 1.$$

Die Funktion

$$g: \mathbb{R} \to \mathbb{R} \quad \text{mit} \quad x \mapsto \begin{cases} f(x), & \text{falls } x \neq 1 \\ 2, & \text{falls } x = 1 \end{cases}$$

erfüllt somit $g(x) = x+1$ für alle $x \in \mathbb{R}$. g ist als Polynom stetig.
Daher hat f in 1 den Grenzwert 2.

Wir können den Beispielen 4.16 und 4.17 entnehmen, daß es für die
Existenz des Grenzwerts im Punkt a unwesentlich ist, welchen Wert
f an der Stelle a annimmt.

Aus Satz 4.6 erhält man für die Grenzwerte von Folgen:
Wenn $\lim\limits_{x \to a} f(x)$ und $\lim\limits_{x \to a} g(x)$ existieren, existieren auch
$\lim\limits_{x \to a} (f(x) + g(x))$ und $\lim\limits_{x \to a} (f(x)g(x))$, und es gilt:

$$\lim_{x \to a} (f(x) + g(x)) = \lim_{x \to a} f(x) + \lim_{x \to a} g(x)$$

$$\lim_{x \to a} (f(x)g(x)) = \lim_{x \to a} f(x) \cdot \lim_{x \to a} g(x).$$

Wenn überdies $g(x) \neq 0$ für alle $x \in D \setminus \{a\}$ und $\lim\limits_{x \to a} g(x) \neq 0$ gilt,

B erhalten wir, daß auch $\lim\limits_{x \to a} \dfrac{f(x)}{g(x)}$ existiert mit

$$\lim_{x \to a} \frac{f(x)}{g(x)} = (\lim_{x \to a} f(x))/(\lim_{x \to a} g(x)).$$

Nach Satz 4.2 ist f genau dann stetig in a, wenn es zu jedem $\varepsilon \in \mathbb{R}^+$ ein $\delta \in \mathbb{R}^+$ gibt, so daß gilt:

$$|f(x)-f(a)| < \varepsilon \qquad \text{für alle } x \in D \text{ mit } |x-a| < \delta.$$

Wenn f auf D stetig ist, erhebt sich die Frage, ob man δ unabhängig von $a \in D$ wählen kann. δ ist dann nur abhängig von ε. Funktionen mit dieser Eigenschaft werden wir gleichmäßig stetig nennen. Daß nicht alle stetigen Funktionen auch gleichmäßig stetig sind, lehrt uns die aus Beispiel 4.9 bekannte Funktion

$$f: \mathbb{R}^+ \to \mathbb{R} \quad \text{mit} \quad x \mapsto 1/x.$$

Es gilt nämlich für $\varepsilon \in \mathbb{R}^+$:

$$|f(x)-f(a)| < \varepsilon \quad \leftrightarrow \quad \frac{a}{1+a\varepsilon} < x < \frac{a}{1-a\varepsilon} \ . \qquad (4.7)$$

Wenn für alle $x \in \mathbb{R}^+$

$$|x-a| < \delta \quad \Rightarrow \quad |f(x)-f(a)| < \varepsilon$$

gilt, muß wegen (4.7) gelten:

$$\delta < a - \frac{a}{1+a\varepsilon} = \frac{a^2 \cdot \varepsilon}{1+a\varepsilon} < a^2 \varepsilon.$$

Könnte man δ unabhängig von a wählen, müßte gelten:

$$\delta < a^2 \varepsilon \qquad \text{für alle } a \in \mathbb{R}^+.$$

Daraus würde $\delta = 0$ im Widerspruch zu $\delta \in \mathbb{R}^+$ folgen.

<u>Definition 4.8</u> $f: D \to \mathbb{R}$ heißt <u>gleichmäßig stetig auf D</u>, wenn es zu jedem $\varepsilon \in \mathbb{R}^+$ ein $\delta \in \mathbb{R}^+$ gibt, so daß für alle $x,y \in D$ gilt:

$$|x-y| < \delta \quad \Rightarrow \quad |f(x)-f(y)| < \varepsilon.$$

Man überlegt sich leicht, daß folgendes gilt:
f ist gleichmäßig stetig auf D, wenn es ein $c \in \mathbb{R}^+$ gibt, so daß für alle $x,y \in D$ und alle $\varepsilon \in \mathbb{R}^+$ gilt:

$$|x-y| < \varepsilon \quad \Rightarrow \quad |f(x)-f(y)| < c\varepsilon.$$

<u>Beispiel 4.18</u> Die Funktion

$$f: [1,2] \to \mathbb{R} \quad \text{mit} \quad x \mapsto x^2$$

ist auf [1,2] gleichmäßig stetig: Für alle $x,y \in [1,2]$ gilt $|x+y| \leq 2+2 = 4$. Daher gilt für alle $\varepsilon \in \mathbb{R}^+$ und alle $x,y \in [1,2]$:

$$|x-y| < \varepsilon \quad \Rightarrow \quad |f(x)-f(y)| = |x^2-y^2| = |x-y|\,|x+y|$$
$$\leq 4|x-y| < 4\varepsilon.$$

Daher ist f gleichmäßig stetig auf [1,2].

Auf abgeschlossenen Intervallen stetige Funktionen sind dort gleichmäßig stetig:

$\underline{\text{Satz 4.16}}$ Seien $s,t \in \mathbb{R}$ mit $s < t$. Dann gilt: Wenn $f: [s,t] \to \mathbb{R}$ stetig auf $[s,t]$ ist, ist f gleichmäßig stetig auf $[s,t]$.

$\underline{\text{Beweis.}}$ Wenn wir annehmen, daß f nicht gleichmäßig stetig auf $I = [s,t]$ ist, gilt folgendes: Es gibt ein $\varepsilon \in \mathbb{R}^+$, so daß zu jedem $\delta \in \mathbb{R}^+$ Zahlen $x,y \in I$ existieren mit

$$|x-y| < \delta \quad \text{und} \quad |f(x)-f(y)| \geq \varepsilon.$$

Daher gibt es zu jedem $n \in \mathbb{N}$ Zahlen $a_n, b_n \in I$ mit

$$|a_n - b_n| < 1/n \quad \text{und} \quad |f(a_n) - f(b_n)| \geq \varepsilon. \tag{4.8}$$

Die Folge (a_n) ist beschränkt und hat deshalb einen Häufungswert a, für den $a \in [s,t]$ gilt. Zu a existiert eine Teilfolge $(a_{h(n)})$ von (a_n), die gegen a konvergiert. Da $(a_{h(n)} - b_{h(n)})$ eine Nullfolge ist, konvergiert auch die Teilfolge $(b_{h(n)})$ gegen a. Aus Satz 4.3 folgt $\lim f(a_{h(n)}) = f(a) = \lim f(b_{h(n)})$. Daher ist $(f(a_{h(n)}) - f(b_{h(n)}))$ eine Nullfolge im Widerspruch zu Ungleichung (4.8). Daher ist f gleichmäßig stetig auf $[s,t]$.   •

$\underline{\text{Aufgaben}}$

4.11 Geben Sie an, in welchen Punkten die Funktion

$$f: [0,2] \to \mathbb{R} \quad \text{mit} \quad x \mapsto x^2 - 2x + 2$$

Maxima und Minima besitzt, und bestimmen Sie $\min f$ und $\max f$.

4.12 Die Funktion f sei stetig auf $[a,b]$ und es gelte $f([a,b]) = [a,b]$. Zeigen Sie, daß es einen Punkt $x_0 \in [a,b]$ gibt mit $f(x_0) = x_0$.

4.13 Ein Wanderer besteigt einen Berg in der Zeit von 8.00 Uhr bis 10.00 Uhr. Er übernachtet in einer Berghütte und macht am nächsten Morgen den Abstieg auf dem gleichen Weg in der Zeit von 8.00 Uhr bis 9.00 Uhr. Zeigen Sie, daß es eine Stelle auf dem Weg gibt, an der sich der Wanderer an beiden Tagen zur gleichen Zeit befindet.

4.14 Die Funktion $f: \mathbb{R} \to \mathbb{R}$ mit $x \mapsto 2x^3 + x - 1$ hat in $[0,1]$ eine Nullstelle (Begründung!). Nähern Sie diese Nullstelle wie in Beispiel 4.15 auf 2 Stellen hinter dem Komma genau an.

4.15 Bestimmen Sie für $a \in \mathbb{R}^+$:

$$\text{a) } \lim_{x \to a} \frac{1/x - 1/a}{x - a} \qquad\qquad \text{b) } \lim_{x \to a} \frac{x^3 - a^3}{x - a}$$

B

    c) $\lim\limits_{x\to a} \dfrac{x^3-a^3}{x^2-a^2}$ d) $\lim\limits_{x\to a} \dfrac{\sqrt{x}-\sqrt{a}}{x-a}$

4.16 Untersuchen Sie, ob die folgende Funktion gleichmäßig stetig auf $\mathbb{R}$ ist: $f\colon \mathbb{R} \to \mathbb{R}$ mit $x \mapsto x^2$.

4.17 Sei $D = \{\, x \in \mathbb{R} \mid x \geq 1 \,\}$. Zeigen Sie, daß die folgende Funktion gleichmäßig stetig auf D ist: $f\colon D \to \mathbb{R}$ mit $x \mapsto 1/x^2$.

4.18 Die Funktion $f\colon D \to \mathbb{R}$ sei in $a \in D$ stetig und c eine reelle Zahl. Es gebe eine Umgebung U von a, so daß für alle $x \in U \cap D$ gilt:

$$x < a \;\Rightarrow\; f(x) \leq c,$$
$$x > a \;\Rightarrow\; f(x) \geq c.$$

Zeigen Sie, daß dann $f(a) = c$ gilt.

5   <u>DIFFERENZIERBARKEIT UND INTEGRIERBARKEIT</u>

A   5.1   <u>Lineare Näherung</u>

Sei $f\colon D \to \mathbb{R}$ eine reelle Funktion und $a \in D$ Häufungspunkt von D. Wir werden 2 Möglichkeiten kennenlernen, die Differenzierbarkeit der Funktion f im Punkt a zu charakterisieren. Die erste Möglichkeit besteht darin, daß wir fordern:

(D1) f kann um a durch ein lineares Polynom angenähert werden.

Die zweite Charakterisierung der Differenzierbarkeit besteht in der folgenden Forderung:

(D2) Der Differenzenquotient $\dfrac{f(x)-f(a)}{x-a}$ ist in a stetig ergänzbar.

Was unter Näherung durch ein lineares Polynom und unter stetiger Ergänzbarkeit zu verstehen ist, müssen wir natürlich noch im weiteren erklären.

In Abschn. 5.1, der eher motivierenden Charakter hat, werden wir die Charakterisierung (D1) genauer untersuchen. Die endgültige Definition der Differenzierbarkeit geben wir in Abschnitt 5.2, wobei die Eigenschaft (D2) zugrundegelegt wird. Im gleichen Abschnitt wird auch gezeigt, daß die beiden Charakterisierungen (D1) und (D2) zueinander äquivalent sind.

In Fig. 5.1 wird die folgende Funktion dargestellt:
$$f\colon \mathbb{R} \mapsto \mathbb{R} \quad \text{mit} \quad x \mapsto x^2.$$

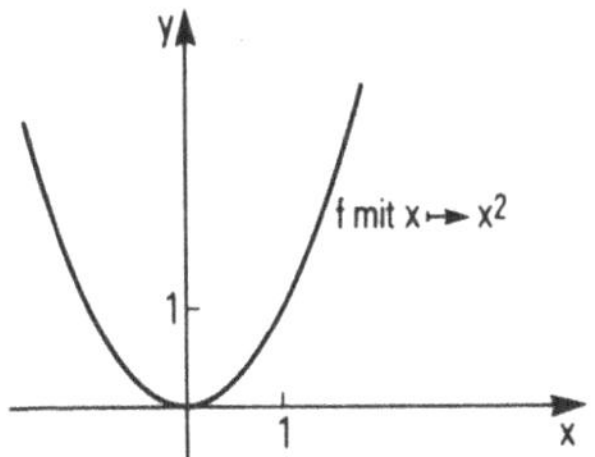

Fig. 5.1

Wir wollen das Verhalten der Funktion f an einer Stelle a betrachten. Dazu vergrößern wir in der Koordinatendarstellung die Länge
der Einheitsstrecke. Fig. 5.2 stellt die Funktion f an der Stelle
a = 1 dar. Gegenüber Fig. 5.1 wird in Fig. 5.2 die Länge der Einheitsstrecke verhundertfacht. (Anstelle von x- und y-Achse werden
in Fig. 5.2 Parallelen zu diesen Achsen benutzt.)

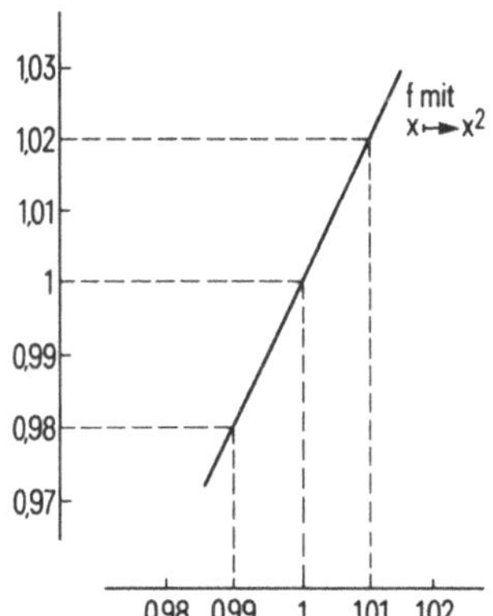

Fig. 5.2

Offensichtlich wird der Graph der Funktion f für Argumente x mit
$0,98 \leq x \leq 1,02$ sehr genau durch eine Gerade mit der Gleichung
$y = 2x-1$ dargestellt. Wir können deshalb sagen, daß die Funktion

$$f: \mathbb{R} \to \mathbb{R} \quad mit \quad x \mapsto x^2$$

in der Umgebung von a = 1 durch das lineare Polynom

$$l: \mathbb{R} \to \mathbb{R} \quad mit \quad x \mapsto 2x-1$$

angenähert wird. Wir werden im folgenden Beispiel die Funktion f
unter einem anderen Gesichtspunkt betrachten.

<u>Beispiel 5.1</u> Der Flächeninhalt eines Quadrats mit der Seitenlänge
a ist a^2. Wird die Seitenlänge a um den Betrag x vergrößert, so
hat das Quadrat mit der Seitenlänge a+x den Flächeninhalt

A
$$(a+x)^2 = a^2 + 2ax + x^2.$$

Für hinreichend kleine x ist die Näherung
$$(a+x)^2 \approx a^2 + 2ax$$

sehr gut. Tab. 5.1 zeigt für a = 5, wie groß jeweils der Fehler ist, wenn man $(a+x)^2 \approx a^2 + 2ax$ setzt.

Tab. 5.1

x	$(5+x)^2$	$5^2+2\cdot5x$	Fehler: $(5+x)^2-(5^2+2\cdot5x)$
1	36	35	1
0,1	26,01	26	0,01
0,01	25,1001	25,1	0,0001
0,001	25,010001	25,01	0,000001
.			
.			
.			

Die Näherung für $(a+x)^2$ entsteht dadurch, daß man in dem Term $a^2+2ax+x^2$ das Glied x^2 wegläßt. Allgemein gilt: Wenn eine Gleichung
$$g(a+x) = c + dx + \sum_{i=2}^{n} a_i x^i$$

besteht, kann man die Näherung von g an der Stelle a dadurch gewinnen, daß man die Terme $a_i x^i$ mit $i \geq 2$ wegläßt.
Die Funktion $l: \mathbb{R} \to \mathbb{R}$ mit $x \mapsto a^2+2ax$ ist ein lineares Polynom. Für die Funktion $f: \mathbb{R} \to \mathbb{R}$ mit $x \mapsto x^2$ erhalten wir nach dem zuvor Gesagten: $f(a+x) \approx l(x)$.
Die Funktion l nennen wir <u>lineare Näherung von f an der Stelle a.</u> Es ist $l(x) = f(a) + 2ax$. Den Koeffizienten von x, in unserem Beispiel 2a, nennt man <u>Ableitung von f in a</u> und bezeichnet ihn mit $f'(a)$. In unseren Beispiel gilt $f'(a) = 2a$. Wir werden später sehen, daß $f'(a)$ eindeutig bestimmt ist (Fig. 5.3).

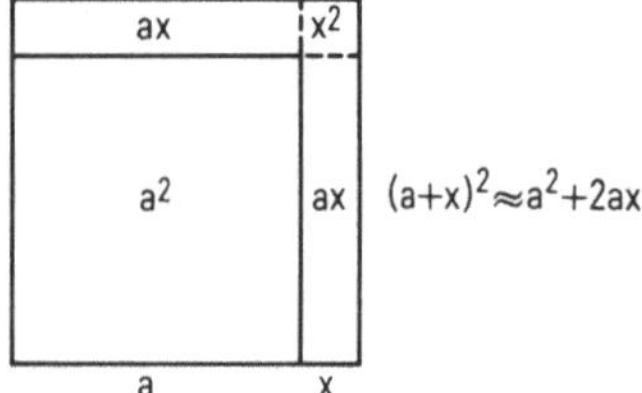

Fig. 5.3

Bevor wir weitere Beispiele behandeln, wollen wir die Bedeutung des Zeichens "$\approx$" präzisieren. Tab. 5.2 ist eine Wertetabelle für die auf $\mathbb{R}$ definierten reellen Funktionen f, g und h mit

$$f(x) = x, \qquad g(x) = x+\sqrt{|x|} \qquad \text{und} \qquad h(x) = x^2+x$$

für alle $x \in \mathbb{R}$.

Tab. 5.2

x	f(x)	g(x)	h(x)
0,1	0,1	0,416...	0,11
0,01	0,01	0,11	0,0101
0,001	0,001	0,032...	0,001001
.			
.			
.			

Alle 3 Funktionen sind in 0 stetig und haben dort den Wert 0. Auch ohne schon im Besitz einer präzisen Bedeutung des Zeichens "$\approx$" zu sein, werden wir vermuten, daß gilt:

$$f(x) \approx h(x) \qquad \text{um } 0,$$
$$f(x) \not\approx g(x) \qquad \text{um } 0.$$

__Definition 5.1__ Sei D eine Teilmenge von $\mathbb{R}$, die 0 als Häufungspunkt besitzt. f und g seien auf D definierte reelle Funktionen. Wir setzen

$$f(x) \approx g(x) \qquad \text{um } 0,$$

wenn $\qquad \lim_{x \to 0} \dfrac{f(x)-g(x)}{x} = 0 \qquad$ gilt.

Statt "$f(x) \approx g(x)$ um 0" schreiben wir im weiteren einfach "$f(x) \approx g(x)$". Die Relation "$\approx$" ist eine Äquivalenzrelation. Für lineare Funktionen l_1 und l_2 folgt aus $l_1(x) \approx l_2(x)$, daß $l_1 = l_2$ ist. Weiter ist $x^i \approx 0$ für alle $i \in \mathbb{N}$ mit $i \geq 2$. Weiter gilt:

$$f(x) \approx g(x) \text{ und } h(x) \approx j(x) \implies f(x)+h(x) \approx g(x)+j(x).$$

__Beispiel 5.2__ Von einem Quadrat sei der Flächeninhalt bekannt. Wir stellen uns die Frage, wie sich die Seitenlänge ändert, wenn man nur geringfügig den Flächeninhalt des Quadrats ändert. Ein Quadrat mit dem Flächeninhalt $a \in \mathbb{R}^+$ hat die Seitenlänge $f(a) = \sqrt{a}$. Wenn der Flächeninhalt $a+x$ ist, erhalten wir für die Seitenlänge $f(a+x) = \sqrt{a+x}$. Wenn wir die Änderung der Seitenlänge mit $h(x)$ bezeichnen, bekommen wir

$$f(a+x) = \sqrt{a+x} = \sqrt{a} + h(x). \tag{5.1}$$

Es ist $\quad h(x) = \sqrt{a+x}-\sqrt{a} = \dfrac{x}{\sqrt{a+x} + \sqrt{a}}$, woraus folgt:

$$(h(x))^2 = \dfrac{x^2}{(\sqrt{a+x} + \sqrt{a})^2} .$$

A   Daher ist $(h(x))^2 \approx 0$. Aus Gleichung (5.1) erhalten wir
$$a+x = a + 2\sqrt{a}\,h(x) + (h(x))^2 \approx a + 2\sqrt{a}\,h(x).$$
Hieraus folgt $\quad h(x) \approx \dfrac{x}{2\sqrt{a}}$. Somit ist

$$f(a+x) = \sqrt{a+x} = \sqrt{a} + h(x) \approx \sqrt{a} + \frac{1}{2\sqrt{a}}\,x,$$

woraus $\quad f'(a) = 1/(2\sqrt{a}) \quad$ folgt (Fig. 5.4).

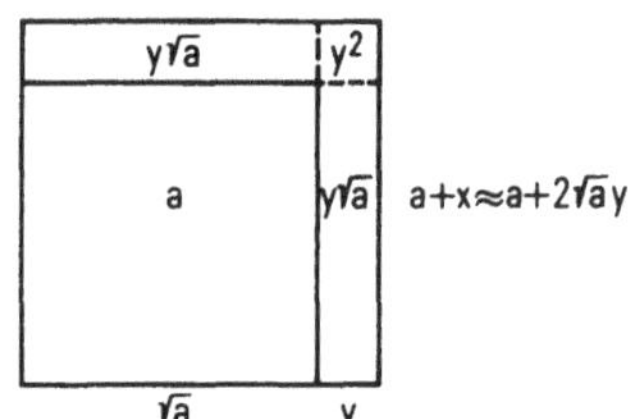

Fig. 5.4

In Fig. 5.4 wird h(x) mit y bezeichnet. Wir erhalten

$$a+x = (\sqrt{a} + y)^2 = a + 2\sqrt{a}\,y + y^2 \approx a + 2\sqrt{a}\,y$$

$$\rightarrow \quad y \approx \frac{x}{2\sqrt{a}} \quad \text{und} \quad \sqrt{a+x} \approx \sqrt{a} + \frac{1}{2\sqrt{a}}\,x.$$

Es ist zu beachten, daß in diesem Fall das Weglassen des quadratischen Terms y^2 einer speziellen Begründung bedarf, da y eine
Funktion von x ist. Wir haben oben diese Begründung gegeben. Die
gefundene lineare Näherung für die Wurzelfunktion kann man gut ge-
brauchen, wenn man Wurzelwerte für Zahlen berechnen will, die in
der Nähe von Quadratzahlen liegen. So ist z.B.

$$\sqrt{9,1} \approx \sqrt{9} + \frac{1}{2\sqrt{9}}\cdot 0,1 = 3,01\overline{6}.$$

Diese Näherung weicht um weniger als 10^{-4} vom genauen Wert ab.

<u>Beispiel 5.3</u> In Fig. 5.5 werden zwei flächeninhaltsgleiche Recht-
ecke mit den Seitenlängen a und 1/a bzw. a+x und 1/(a+x) betrachtet. Der Flächeninhalt ist jeweils 1.

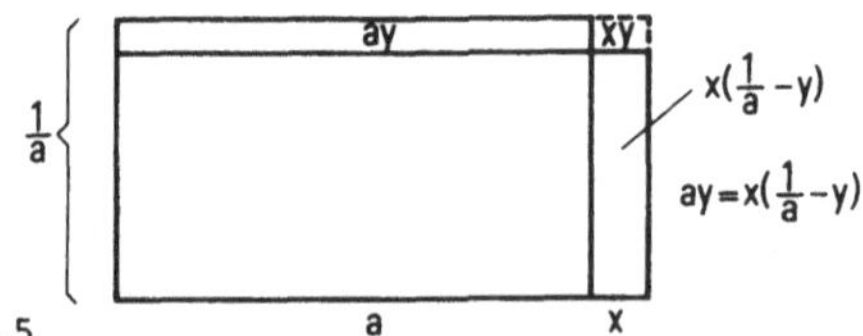

Fig. 5.5

Fig. 5.5 entnimmt man, daß $\quad x(1/a - y) = ay \quad$ ist. Daher gilt
$x/a - xy = ay$. Für kleine x können wir den Term xy weglassen, ohne
einen großen Fehler zu begehen. Wir erhalten

$$ay = \frac{x}{a} - xy \approx \frac{x}{a} . \quad \rightarrow \quad y \approx x/a^2.$$

Somit gilt $\quad \dfrac{1}{a+x} = \dfrac{1}{a} - y \approx \dfrac{1}{a} - \dfrac{1}{a^2}\, x$.

$\hfill$ A

Diese von der Anschauung geleiteten Überlegungen bedürfen einer genaueren Begründung: Für die Funktion

$$f:\ \mathbb{R}^+ \to \mathbb{R} \quad \text{mit} \quad x \mapsto 1/x$$

erhalten wir $\quad f(a+x) = 1/(a+x) = 1/a - h(x)$, wobei h durch

$$h(x) = 1/a - 1/(a+x) \qquad \text{für alle } x \in \mathbb{R}^+$$

definiert ist ($h(x)$ entspricht dem y im Fig. 5.5). Es gilt

$$\frac{1}{a+x} = \frac{1}{a} - h(x). \quad \Rightarrow \quad a = a + x - a(a+x)h(x).$$

$$\Rightarrow \quad x = a^2 h(x) + x h(x). \hfill (5.2)$$

Wegen $\lim\limits_{x \to 0} \dfrac{x h(x)}{x} = \lim\limits_{x \to 0} h(x) = 0\quad$ gilt $\quad x h(x) \approx 0$. (Dies ist die Be-

gründung für das Weglassen von xy.) Daher folgt aus Gleichung

(5.2): $\quad x \approx a^2 h(x). \quad \Rightarrow \quad h(x) \approx \dfrac{1}{a^2}\, x$.

Wir erhalten deshalb

$$f(a+x) = \frac{1}{a+x} = \frac{1}{a} - h(x) \approx \frac{1}{a} - \frac{1}{a^2}\, x\ ,$$

woraus $f'(a) = -\dfrac{1}{a^2}\quad$ folgt.

5.2 Differenzierbarkeit

$\hfill$ B

Um die folgende Definition zu motivieren, stellen wir uns eine zeitabhängige Funktion f vor (z.B. zurückgelegte Wegstrecke in Abhängigkeit von der Zeit). Die in der Zeit zwischen t_1 und t_2 geschehene Änderung der Funktion wird durch $f(t_2)-f(t_1)$ ausgedrückt. Dieser Differenzbetrag sagt nichts darüber aus, wie schnell die Funktion ihre Werte ändert. Erst wenn man die Änderung der Funktionswerte auf die zugehörige Zeitspanne bezieht, erhält man ein Maß für die Änderungsrate. Der Quotient

$$\frac{f(t_2)-f(t_1)}{t_2-t_1}$$

drückt die im Zeitraum t_2-t_1 geschehene Änderung bezogen auf diesen Zeitraum aus. Der Grenzwert

$$f'(t_0) = \lim_{t \to t_0} \frac{f(t)-f(t_0)}{t-t_0}$$

gibt die Änderungsrate der Funktion zum Zeitpunkt t_0 an.

B <u>Definition 5.2</u> a ∈ D sei Häufungspunkt von D. Die Funktion
f: D → ℝ heißt <u>in a differenzierbar</u>, wenn

$$\lim_{x \to a} \frac{f(x)-f(a)}{x-a} \quad \text{existiert.}$$

Wir setzen dann $f'(a) = \lim_{x \to a} \frac{f(x)-f(a)}{x-a}$ und bezeichnen f'(a)

als die <u>Ableitung von f im Punkt a</u>. f heißt <u>auf D differenzierbar</u>,
wenn f in allen Punkten a ∈ D differenzierbar ist (Fig. 5.6).

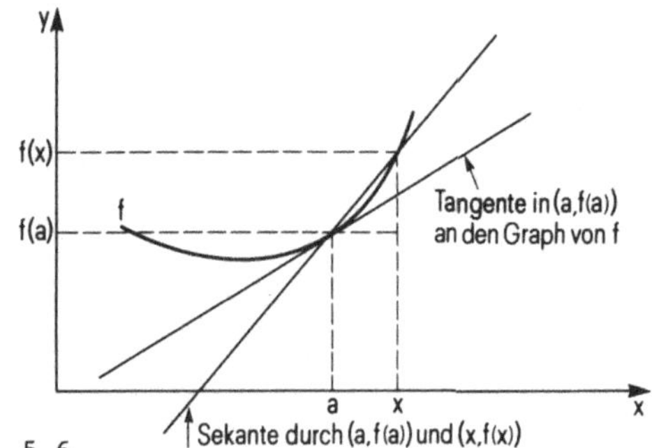

Fig. 5.6

In Fig. 5.6 gibt $\frac{f(x)-f(a)}{x-a}$ das Steigungsmaß der Sekante des
Graphs von f durch die Punkte (a,f(a)) und (x,f(x)) an. Wenn x
sich a nähert, nähert sich das Steigungsmaß der Sekante dem Steigungsmaß der Tangente an den Graph von f im Punkt (a,f(a)). f'(a)
gibt das Steigungsmaß dieser Tangente an.

Wenn f auf D differenzierbar ist, können wir die Funktion

$$f': D \to \mathbb{R} \quad \text{mit} \quad x \mapsto f'(x)$$

bilden. Wir nennen f' die <u>Ableitung von f</u>.

<u>Definition 5.3</u> Sei D ⊆ ℝ und a ∈ D Häufungspunkt von D. Die
Funktion f: D \ {a} → ℝ heißt <u>in a stetig ergänzbar</u>, wenn
$\lim_{x \to a} f(x)$ existiert.

Wenn f in a stetig ergänzbar ist, ist die Funktion

$$\bar{f}: D \to \mathbb{R} \quad \text{mit} \quad x \mapsto \begin{cases} f(x), & \text{falls } x \in D \setminus \{a\} \\ \lim_{x \to a} f(x), & \text{falls } x = a. \end{cases}$$

stetig in a. Wir werden im allgemeinen die Funktion $\bar{f}$ ebenfalls
mit f bezeichnen.

Die folgenden Überlegungen dienen hauptsächlich dazu, der Definition der Differenzierbarkeit eine handlichere Form zu verleihen.

Wir nennen die Funktion

$$d: D \setminus \{a\} \to \mathbb{R} \quad \text{mit} \quad x \mapsto \frac{f(x)-f(a)}{x-a}$$

den <u>Differenzenquotienten von f an der Stelle a</u>. Wir erhalten

$$f(x) = f(a) + (x-a)d(x) \qquad \text{für alle } x \in D \setminus \{a\}.$$

Nach Definition 5.2 ist die Funktion f genau dann in a differenzierbar, wenn die Funktion d in a stetig ergänzbar ist. Damit ist
der folgende Satz bewiesen: (Wir setzen ab jetzt immer stillschweigend voraus, daß die Funktionen in Häufungspunkten ihres Definitionsbereichs betrachtet werden.)

<u>Satz 5.1</u> Die Funktion f: D → $\mathbb{R}$ ist in a $\in$ D genau dann differenzierbar, wenn es eine in a stetige Funktion d: D → $\mathbb{R}$ gibt mit:

$$f(x) = f(a) + (x-a)d(x) \qquad \text{für alle } x \in D. \qquad (5.3)$$

Es gilt dann f'(a) = d(a).

Jetzt können wir auch leicht unseren Differenzierbarkeitsbegriff
in einen Zusammenhang mit den Überlegungen aus Abschn. 5.1 bringen:
Wir erhalten aus Gleichung (5.3), daß gilt:

$$f(x) = f(a) + (x-a)[f'(a)+(d(x)-f'(a)] \qquad \text{für alle } x \in D.$$

Ersetzen wir die Variable x durch den Term a+x, so entsteht

$$f(a+x) = f(a) + x[f'(a) + (d(a+x)-f'(a))].$$

Da d in a stetig ist mit d(a) = f'(a), erhalten wir x(d(a+x)-f'(a)) $\approx$ 0.

$$\Rightarrow \quad f(a+x) \approx f(a) + xf'(a).$$

Somit gilt: Wenn f in a differenzierbar ist mit der Ableitung f'(a),
besitzt f die folgende lineare Näherung um a:

$$l: \mathbb{R} \to \mathbb{R} \quad \text{mit} \quad x \mapsto f(a) + xf'(a).$$

Umgekehrt kann man aus der Existenz einer solchen linearen Näherung die Differenzierbarkeit von f im Punkt a folgern. Aus

$$f(a+x) \approx f(a) + xf'(a)$$

folgt nämlich nach Definition 5.1, daß gilt:

$$\lim_{x \to 0} \frac{f(a+x)-f(a)-xf'(a)}{x} = 0.$$

Wegen $\dfrac{f(a+x)-f(a)-xf'(a)}{x} = \dfrac{f(a+x)-f(a)}{x} - f'(a)$ erhalten wir, daß

$\lim\limits_{x \to 0} \dfrac{f(a+x)-f(a)}{x}$ existiert und gleich f'(a) ist. Daher ist nach

Definition 5.2 die Funktion f in a differenzierbar.

Wir werden im folgenden hauptsächlich mit der in Satz 5.1 gegebenen Charakterisierung der Differenzierbarkeit arbeiten. Wir for

B mulieren deshalb die nach Satz 5.1 zu Definition 5.2 äquivalente folgende Definition:

<u>Definition 5.2'</u> $a \in D$ sei Häufungspunkt von D. Die Funktion $f: D \to \mathbb{R}$ heißt <u>in a differenzierbar</u>, wenn es eine in a stetige Funktion $d: D \to \mathbb{R}$ gibt mit

$$f(x) = f(a) + (x-a)d(x) \qquad \text{für alle } x \in D.$$

$d(a)$ heißt <u>Ableitung von f in a</u> und wird mit $f'(a)$ bezeichnet.

<u>Beispiel 5.4</u> Für $n \in \mathbb{N}$ betrachten wir die Funktion

$$h_n: \mathbb{R} \to \mathbb{R} \quad \text{mit} \quad x \mapsto x^n.$$

Wir wollen zeigen, daß h_n in allen a differenzierbar ist mit $h_n'(a) = na^{n-1}$. Nach Aufgabe 1.10 (2) gilt

$$x^n - a^n = (x-a) \sum_{k=0}^{n-1} x^k a^{n-1-k}.$$

Daher erhalten wir

$$h_n(x) = h_n(a) + (x-a) \sum_{k=0}^{n-1} x^k a^{n-1-k}.$$

Die durch den Summenausdruck dargestellte Funktion ist als Polynom in a stetig. Daher ist h_n in a differenzierbar mit

$$h_n'(a) = \sum_{k=0}^{n-1} a^k a^{n-1-k} = \sum_{k=0}^{n-1} a^{n-1} = na^{n-1}.$$

<u>Beispiel 5.5</u> Für $n \in \mathbb{N}$ mit $n \geq 2$ betrachten wir die Funktion

$$w_n: \mathbb{R}^+ \to \mathbb{R} \quad \text{mit} \quad x \mapsto \sqrt[n]{x}.$$

Nach Aufgabe 1.10 (2) gilt

$$(\sqrt[n]{x})^n - (\sqrt[n]{a})^n = (\sqrt[n]{x} - \sqrt[n]{a}) \sum_{k=0}^{n-1} (\sqrt[n]{x})^k (\sqrt[n]{a})^{n-1-k}.$$

Aus dieser Gleichung erhalten wir

$$w_n(x) - w_n(a) = \sqrt[n]{x} - \sqrt[n]{a} = \frac{1}{\displaystyle\sum_{k=0}^{n-1} (\sqrt[n]{x})^k (\sqrt[n]{a})^{n-1-k}} (x-a)$$

$$\Rightarrow \quad w_n(x) = w_n(a) + \frac{1}{\displaystyle\sum_{k=0}^{n-1} (\sqrt[n]{x})^k (\sqrt[n]{a})^{n-1-k}} (x-a).$$

Die durch den Quotienten dargestellte Funktion ist als Verkettung einer rationalen Funktion mit einer Wurzelfunktion stetig in a. Daher ist w_n in a differenzierbar mit

$$w_n'(a) = \frac{1}{\displaystyle\sum_{k=0}^{n-1} (\sqrt[n]{a})^k (\sqrt[n]{a})^{n-1-k}} = \frac{1}{n(\sqrt[n]{a})^{n-1}}.$$

Setzen wir für $x \in \mathbb{R}^+$ und $m,n \in \mathbb{N}$ $x^{m/n} = \sqrt[n]{x^m}$, so erhalten wir $\quad w_n'(a) = \frac{1}{n} a^{1/n - 1}$ $\qquad$ für alle $a \in \mathbb{R}^+$. $\qquad\qquad$ **B**

<u>Satz 5.2</u> Wenn $f: D \to \mathbb{R}$ in $a \in D$ differenzierbar ist, ist f in a stetig.

<u>Beweis.</u> Wenn f in a differenzierbar ist, gibt es eine in a stetige Funktion $d: D \to \mathbb{R}$ mit

$$f(x) = f(a) + (x-a)d(x) \qquad \text{für alle } x \in D.$$

Da Produkt und Summe in a stetiger Funktionen ebenfalls in a stetig sind, ist f in a stetig. $\qquad\qquad\qquad\qquad\qquad\qquad\qquad$ •

Der folgende Satz zeigt uns u.a., daß Summe und Produkt von in a differenzierbaren Funktionen ebenfalls in a differenzierbar sind.

<u>Satz 5.3</u> Sei $D \subseteq \mathbb{R}$. Die auf D definierten reellen Funktionen f und g seien in $a \in D$ differenzierbar. Dann gilt:

(1) $f+g$ ist in a differenzierbar mit $(f+g)'(a) = f'(a)+g'(a)$.

(2) Für alle $c \in \mathbb{R}$ ist cf in a differenzierbar, und es gilt $(cf)'(a) = cf'(a)$.

(3) fg ist in a differenzierbar mit $(fg)'(a) = f'(a)g(a)+f(a)g'(a)$.

(4) Wenn $g(x) \neq 0$ für alle $x \in D$ gilt, ist $\frac{1}{g}$ in a differenzierbar mit $\left(\dfrac{1}{g}\right)'(a) = -\dfrac{g'(a)}{(g(a))^2}$.

(5) Wenn $g(x) \neq 0$ für alle $x \in D$ gilt, ist $\frac{f}{g}$ in a differenzierbar mit $\left(\dfrac{f}{g}\right)' = \dfrac{f'(a)g(a)-f(a)g'(a)}{(g(a))^2}$

<u>Beweis.</u> Wenn f und g in a differenzierbar sind, gibt es auf D definierte in a stetige Funktionen d_1 und d_2 mit

$$f(x) = f(a) + (x-a)d_1(x), \qquad\qquad\qquad (5.4)$$
$$g(x) = g(a) + (x-a)d_2(x) \qquad \text{für alle } x \in D. \qquad (5.5)$$

(1) Aus den Gleichungen (5.4) und (5.5) erhalten wir

$$(f+g)(x) = (f+g)(a) + (x-a)(d_1+d_2)(x) \qquad \text{für alle } x \in D.$$

Da d_1+d_2 in a stetig ist, ist $f+g$ in a differenzierbar mit

$$(f+g)'(a) = d_1(a)+d_2(a) = f'(a)+g'(a).$$

(2) Wenn wir Gleichung (5.4) mit c multiplizieren, erhalten wir

$$(cf)(x) = (cf)(a) + (x-a)(cd_1)(x) \qquad \text{für alle } x \in D.$$

Mit d_1 ist auch cd_1 in a stetig. Daher ist cf in a differenzierbar mit $(cf)'(a) = (cd_1)(a) = cd_1(a) = cf'(a)$.

(3) Multiplikation der Gleichungen (5.4) und (5.5) ergibt:

$$(fg)(x) = [f(a)+(x-a)d_1(x)][g(a)+(x-a)d_2(x)]$$

B Daraus erhalten wir

$$(fg)(x) = (fg)(a) + (x-a)[g(a)d_1(x)+f(a)d_2(x)+(x-a)(d_1d_2)(x)].$$

Nach Satz 4.6 ist die Funktion in der eckigen Klammer stetig in a.
Daher ist fg in a differenzierbar, und es gilt

$$(fg)'(a) = d_1(a)g(a) + f(a)d_2(a)$$
$$= f'(a)g(a) + f(a)g'(a).$$

(4) Es ist $\quad \dfrac{1}{g(x)} - \dfrac{1}{g(a)} = \dfrac{g(a)-g(x)}{g(x)g(a)}$.

Aus dieser Gleichung und Gleichung (5.5) erhalten wir

$$\frac{1}{g(x)} = \frac{1}{g(a)} - \frac{1}{g(x)g(a)}(g(x)-g(a))$$
$$= \frac{1}{g(a)} + (x-a)\left[-\frac{d_2(x)}{g(x)g(a)}\right].$$

Da d_2 und g in a stetig sind, ist die Funktion in eckigen Klammern stetig in a. Daher ist $\dfrac{1}{g}$ differenzierbar in a, und es gilt

$$\left(\frac{1}{g}\right)'(a) = -\frac{d_2(a)}{g(a)g(a)} = -\frac{g'(a)}{(g(a))^2}.$$

(5) Wenn f und g in a differenzierbar sind, erhalten wir aus (3)
und (4), daß $\dfrac{f}{g} = f\dfrac{1}{g}$ in a differenzierbar ist. Wir erhalten

$$\left(\frac{f}{g}\right)'(a) = \left(f\frac{1}{g}\right)'(a) = f'(a)\frac{1}{g(a)} + f(a)\left(\frac{1}{g}\right)'(a)$$
$$= \frac{f'(a)}{g(a)} + f(a)\frac{-g'(a)}{(g(a))^2} = \frac{f'(a)g(a)-f(a)g'(a)}{(g(a))^2}.$$

$\bullet$

<u>Beispiel 5.6</u> Für $b,c \in \mathbb{R}$ und $m,n \in \mathbb{N}$ betrachten wir die Funktion
$$f: \mathbb{R} \to \mathbb{R} \quad \text{mit} \quad x \mapsto bx^n+cx^m.$$
Aus Beispiel 5.4 wissen wir, daß die Funktionen h_n und h_m differenzierbar auf $\mathbb{R}$ sind, und daß $h_n'(a) = na^{n-1}$ und $h_m'(a) = ma^{m-1}$
gelten. Aus Satz 5.3 (2) folgt, daß die Funktionen bh_n und ch_m
differenzierbar auf $\mathbb{R}$ sind. Nach Satz 5.3 (1) ist daher die Funktion $f = bh_n+ch_m$ auf $\mathbb{R}$ differenzierbar. Als Ableitung erhalten wir
$$f'(a) = (bh_n + ch_m)'(a) = bh_n'(a) + ch_m'(a)$$
$$= bna^{n-1} + cma^{m-1}.$$

<u>Beispiel 5.7</u> Wir wollen zeigen, daß die Funktion
$$f: \mathbb{R}^+ \to \mathbb{R} \quad \text{mit} \quad x \mapsto \sqrt[3]{x}(x^5+x^2)$$
auf $\mathbb{R}^+$ differenzierbar ist. Aus Beispiel 5.6 wissen wir, daß die
Funktion $g: \mathbb{R} \to \mathbb{R}$ mit $x \mapsto x^5+x^2$ auf $\mathbb{R}$ differenzierbar ist.
Aus Beispiel 5.5 folgt, daß die Funktion w_3 mit $w_3(x) = \sqrt[3]{x}$
auf $\mathbb{R}^+$ differenzierbar ist. Aus Satz 5.3 (3) folgt, daß die Funk-

tion $f = w_3 g$ ebenfalls auf $\mathbb{R}^+$ differenzierbar ist. Es ist

$$f'(a) = (w_3 g)'(a) = w_3'(a)g(a) + w_3(a)g'(a)$$
$$= \frac{1}{3} a^{1/3 - 1}(a^5 + a^2) + a^{1/3}(5a^4 + 2a)$$
$$= \frac{16}{3} a^{13/3} + \frac{7}{3} a^{4/3} \; .$$

<u>Beispiel 5.8</u> Die rationale Funktion
$$r: \mathbb{R} \to \mathbb{R} \quad \text{mit} \quad x \mapsto \frac{x+1}{x^2+2}$$

ist auf $\mathbb{R}$ differenzierbar. Wenn wir das Zählerpolynom mit f und das Nennerpolynom mit g bezeichnen, gilt $r = \frac{f}{g}$. Nach Satz 5.3 (5) ist r auf $\mathbb{R}$ differenzierbar, da f und g auf $\mathbb{R}$ differenzierbar sind und $g(x) \neq 0$ für alle $x \in \mathbb{R}$ gilt. Wir erhalten:

$$r'(a) = \frac{f'(a)g(a) - f(a)g'(a)}{(g(a))^2} = \frac{a^2+2-(a+1)2a}{(a^2+2)^2} = \frac{-a^2-2a+2}{(a^2+2)^2} \; .$$

<u>Satz 5.4</u> $f: D \to \mathbb{R}$ und $g: E \to \mathbb{R}$ seien Funktionen mit $f(D) \subseteq E$. Wenn f in a und g in f(a) differenzierbar sind, ist $g \circ f$ in a differenzierbar, und es gilt
$$(g \circ f)'(a) = g'(f(a)) \; f'(a).$$

<u>Beweis.</u> Wenn die Voraussetzungen von Satz 5.4 erfüllt sind, gibt es eine in a stetige Funktion $d_1: D \to \mathbb{R}$ mit
$$f(x) = f(a)+(x-a)d_1(x) \qquad \text{für alle } x \in D.$$
Weiter gibt es eine in f(a) stetige Funktion $d_2: E \to \mathbb{R}$ mit
$$g(y) = g(f(a))+(y-f(a))d_2(y) \qquad \text{für alle } y \in E.$$
$$\Rightarrow \quad (g \circ f)(x) = g(f(x)) = g(f(a)) + (f(x)-f(a))d_2(f(x))$$
$$= (g \circ f)(a) + (x-a)[d_1(x)(d_2 \circ f)(x)] , \qquad (x \in D).$$
Da d_1 und f in a und d_2 in f(a) stetig sind, ist die Funktion in eckigen Klammern in a stetig. Daher ist $g \circ f$ in a differenzierbar. Es ist $\quad (g \circ f)'(a) = d_1(a)d_2(f(a)) = f'(a) \; g'(f(a)).$ •

<u>Beispiel 5.9</u> Für $m,n \in \mathbb{N}$ untersuchen wir die Funktion
$$f: \mathbb{R}^+ \to \mathbb{R} \quad \text{mit} \quad x \mapsto x^{n/m}.$$
Es ist $f = w_m \circ h_n$ (Bezeichnungen aus den Beispielen 5.4 und 5.5). Da h_n und w_m auf $\mathbb{R}^+$ differenzierbar sind, ist auch $f = w_m \circ h_n$ auf $\mathbb{R}^+$ differenzierbar $(h_n(\mathbb{R}^+) = \mathbb{R}^+)$. Für die Ableitung erhalten wir:
$$f'(a) = (w_m \circ h_n)'(a) = w_m'(h_n(a))h_n'(a)$$
$$= \frac{1}{m}(a^n)^{1/m - 1} n a^{n-1} = \frac{n}{m} a^{n/m - 1} \; .$$

Somit gilt für alle $q \in \mathbb{Q}$, daß die Funktion

B

$$f: \mathbb{R}^+ \to \mathbb{R} \quad \text{mit} \quad x \mapsto x^q$$

auf $\mathbb{R}^+$ differenzierbar ist mit $f'(a) = q\, a^{q-1}$.

Wir wollen die in den Sätzen 5.3 und 5.4 mitgeteilten Differentiationsregeln zusammenfassen. Wir setzen voraus, daß die auftretenden Funktionen auf ihrem Definitionsbereich differenzierbar sind.

<u>Summenregel</u>: $(f+g)' = f' + g'$

<u>Produktregel</u>: $(f \cdot g)' = f'g + fg'$

<u>Quotientenregel</u>: $\left(\dfrac{f}{g} \right)' = \dfrac{f'g - fg'}{g^2}$

<u>Kettenregel</u>: $(f \circ g)' = (f' \circ g)g'$.

<u>Satz 5.5</u> Alle Polynome

$$f: \mathbb{R} \to \mathbb{R} \quad \text{mit} \quad x \mapsto \sum_{i=0}^{n} a_i x^i$$

sind auf $\mathbb{R}$ differenzierbar. Für die Ableitung gilt

$$f'(a) = \sum_{i=1}^{n} i a_i x^{i-1} \ .$$

<u>Beweis</u>. Mit den Funktionen h_i aus Beispiel 5.4 erhalten wir

$$f = \sum_{i=0}^{n} a_i h_i \ . \qquad (h_0 := 1)$$

Wenn wir Satz 5.3 (1) auf n+1 Summanden verallgemeinern, erhalten wir aus der Differenzierbarkeit der Funktionen $a_i h_i$, daß f differenzierbar ist. Als Ableitung erhalten wir:

$$f'(a) = \sum_{i=0}^{n} (a_i h_i)'(a) = \sum_{i=1}^{n} a_i \, i \, a^{i-1} . \qquad \bullet$$

<u>Satz 5.6</u> Die Funktion $f: [s,t] \to \mathbb{R}$ sei streng monoton. Weiter sei $a \in [s,t]$. Wenn f in a differenzierbar ist mit $f'(a) \neq 0$, ist f^{-1} in $f(a)$ differenzierbar, und es gilt

$$(f^{-1})'(f(a)) = \dfrac{1}{f'(a)} \ .$$

<u>Beweis</u>. Wir setzen $I = [s,t]$. Da f in a differenzierbar ist, gibt es eine in a stetige Funktion $d: I \to \mathbb{R}$ mit

$$f(x) = f(a) + (x-a)d(x) \qquad \text{für alle } x \in I.$$

Wegen $f'(a) \neq 0$ ist $d(a) \neq 0$. Da $f(x) \neq f(a)$ für $x \neq a$ gilt, ist $d(x) \neq 0$ für alle $x \in I$. Daher gilt

$$x-a = \dfrac{f(x)-f(a)}{d(x)} \qquad \text{für alle } x \in I. \qquad (5.6)$$

Wir setzen $f(x) = y$ und $f(a) = b$. Damit erhalten wir aus Gleichung (5.6):

$$f^{-1}(y) = f^{-1}(b) + (y-b) \, \frac{1}{d(f^{-1}(y))} \, .$$

B

f^{-1} ist nach Satz 4.15 stetig in $b = f(a)$. d ist stetig in $f^{-1}(b) = a$. Daher ist $d \circ f^{-1}$ stetig in b. Somit ist f^{-1} differenzierbar in b, und es gilt für die Ableitung:

$$(f^{-1})'(b) = \frac{1}{d(f^{-1}(b))} = \frac{1}{d(a)} = \frac{1}{f'(a)} \, . \qquad \bullet$$

Beispiel 5.10 Die Funktion
$$f: \mathbb{R}^+ \to \mathbb{R} \quad \text{mit} \quad x \mapsto x^3 + \sqrt{x}$$
ist streng monoton steigend. Es gilt $f(\mathbb{R}^+) = \mathbb{R}^+$ und
$$f'(x) = 3x^2 + \frac{1}{2\sqrt{x}} > 0 \qquad \text{für alle } x \in \mathbb{R}^+.$$
Daher ist $f^{-1}: \mathbb{R}^+ \to \mathbb{R}$ nach Satz 5.6 auf $\mathbb{R}^+$ differenzierbar. Für die Ableitung von f^{-1} an der Stelle $a = 2$ erhalten wir z.B.:
$$(f^{-1})'(2) = (f^{-1})'(f(1)) = \frac{1}{f'(1)} = \frac{1}{3 + 1/2} = \frac{2}{7} \, .$$

Aufgaben

5.1 Zeigen Sie direkt anhand der Definition 5.2', daß die Funktion $f: \mathbb{R}^+ \to \mathbb{R}$ mit $x \mapsto 1/x$ auf $\mathbb{R}^+$ differenzierbar ist, und daß $f'(a) = -\, 1/a^2$ gilt.

5.2 Zeigen Sie, daß die Funktion $f: \mathbb{R} \to \mathbb{R}$ mit $x \mapsto |x|$ in $a = 0$ nicht differenzierbar ist.

5.3 Das Volumen eines Würfels mit der Kantenlänge a ist $f(a) = a^3$. Wird die Kantenlänge um x auf $a+x$ vergrößert, ist das Volumen $f(a+x) = (a+x)^3$. Berechnen Sie den binomischen Ausdruck $(a+x)^3$, und lassen Sie alle Terme weg, die x^2 oder x^3 enthalten. Überzeugen Sie sich, daß die so gewonnene Näherung des Volumens mit $f(a) + f'(a)x$ übereinstimmt. Vergleichen Sie für $a = 2$ die gewonnene Näherung für $x = 0{,}1$ und $x = 0{,}01$ mit dem genauen Wert.

5.4 $f: D \to \mathbb{R}$ sei konstant auf D und $a \in D$ Häufungspunkt von D. Zeigen Sie, daß dann $f'(a) = 0$ gilt.

5.5 f und g seien auf D definierte reelle Funktionen. An der Stelle $a \in D$ gelte $f(a) = g(a) = 0$. f und g seien in a differenzierbar mit $g'(a) \neq 0$. Zeigen Sie, daß dann
$$\lim_{x \to a} \frac{f(x)}{g(x)} \quad \text{existiert mit} \quad \lim_{x \to a} \frac{f(x)}{g(x)} = \frac{f'(a)}{g'(a)} \, .$$

5.6 Benutzen Sie Aufgabe 5.5 zur Bestimmung folgender Grenzwerte:

$$\textbf{B} \quad \text{a) } \lim_{x\to 0} \frac{x^2 + 3x}{3x^2+6x} \qquad \text{b) } \lim_{x\to 16} \frac{\sqrt{x}-4}{\sqrt[4]{x}-2} \qquad \text{c) } \lim_{x\to 5} \frac{1/x - 1/5}{x^2 - 25}$$

5.3   Mittelwertsatz und Anwendungen des Mittelwertsatzes

In diesem Abschnitt werden wir unter anderem den Mittelwertsatz
formulieren und beweisen. Aus dem Mittelwertsatz werden wir dann
einige nützliche Aussagen über differenzierbare Funktionen herleiten, wie z.B.:

>   Kriterium für strenge Monotonie,
>
>   Satz von Taylor (Näherung einer Funktion durch ein Polynom
>   vom Grad n),
>
>   Kriterium für lokale Minima und Maxima.

Wir beschäftigen uns zunächst mit der anschaulichen Bedeutung des
Mittelwertsatzes:

$f: [a,b] \to \mathbb{R}$ sei eine Funktion, die auf $]a,b[$ differenzierbar und
auf $[a,b]$ stetig ist. Der Quotient $\dfrac{f(b)-f(a)}{b-a}$ gibt das Steigungsmaß der Geraden durch die Punkte $(a,f(a))$ und $(b,f(b))$ an (Fig.5.7).

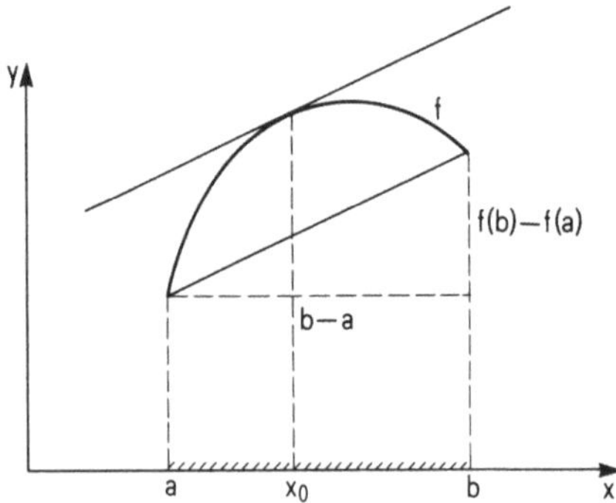

Fig. 5.7

Aus Fig. 5.7 wird anschaulich klar, daß es zu der Geraden durch
$(a,f(a))$ und $(b,f(b))$ eine parallele Tangente an den Graph der
Funktion gibt. Wenn die Tangente den Graph der Funktion im Punkt
$(x_0,f(x_0))$ berührt, ist das Steigungsmaß der Tangente gleich $f'(x_0)$.
Der Anschauung entnehmen wir also, daß es ein $x_0 \in \,]a,b[$ gibt mit

$$\frac{f(b)-f(a)}{b-a} = f'(x_0).$$

Um den Mittelwertsatz zu beweisen, werden wir zunächst den Spezial-
fall $f(a) = f(b)$ betrachten (Satz von Rolle). In diesem Fall ist

$\frac{f(b)-f(a)}{b-a}$ = 0. Die zuvor betrachtete Tangente an den Graph von f

B

hat dann das Steigungsmaß 0, es gilt $f'(x_0)$ = 0. Um den Satz von Rolle zu beweisen, benötigen wir die Tatsache, daß die Ableitung einer differenzierbaren Funktion in den Punkten, wo sie ein lokales Maximum oder Minimum besitzt, verschwindet. Dabei sagen wir, daß die Funktion f <u>in a ein lokales Maximum besitzt</u>, wenn gilt:

$$f(x) \leq f(a) \qquad \text{um a.}$$

f(a) wird dann ein <u>lokales Maximum von f</u> genannt. Für lokale Minima gehen wir entsprechend vor. Weiter sagen wir, daß f <u>in a ein lokales Extremum besitzt</u>, wenn f in a ein lokales Maximum oder ein lokales Minimum besitzt. f(a) nennen wir dann ein lokales Extremum.

<u>Satz 5.7</u> f: [a,b] → $\mathbb{R}$ sei auf]a,b[differenzierbar und besitze in $x_0 \in$]a,b[ein lokales Extremum. Dann gilt $f'(x_0)$ = 0.

<u>Beweis</u>. Wir nehmen an, daß f in x_0 ein lokales Maximum besitzt. Da f in x_0 differenzierbar ist, gibt es eine in x_0 stetige Funktion d

mit $\qquad f(x) = f(x_0) + (x-x_0)d(x) \qquad$ für alle $x \in$]a,b[.

Weiter gilt

$$f(x) \leq f(x_0) \qquad \text{um a.} \quad \Rightarrow \quad f(x) - f(x_0) \leq 0 \qquad \text{um a.}$$

Daher gibt es eine Umgebung U von x_0, so daß für alle $x \in U \cap$]a,b[

gilt: $\qquad x < x_0 \quad \Rightarrow \quad d(x) = \dfrac{f(x) - f(x_0)}{x - x_0} \geq 0,$

$$x > x_0 \quad \Rightarrow \quad d(x) = \dfrac{f(x) - f(x_0)}{x - x_0} \leq 0.$$

Nach Aufgabe 4.18 gilt deshalb $d(x_0)$ = 0, was nichts anderes als $f'(x_0)$ = 0 bedeutet.

Der Fall, daß f in x_0 ein lokales Minimum besitzt, kann durch Betrachtung der Funktion -f auf den gerade behandelten Fall zurückgeführt werden. $\bullet$

<u>Satz 5.8</u> (<u>Satz von Rolle</u>) Die Funktion f: [a,b] → $\mathbb{R}$ sei stetig auf [a,b] und differenzierbar auf]a,b[. Wenn f(a) = f(b) gilt, gibt es ein $x_0 \in$]a,b[mit $f'(x_0)$ = 0.

<u>Beweis</u>. Wenn f auf [a,b] konstant ist, erhalten wir f'(x) = 0 für alle $x \in$ [a,b]. Wenn f nicht konstant ist, besitzt f nach Satz 4.12 auf [a,b] ein Maximum und ein Minimum, die voneinander verschieden sind. Daher wird das Maximum oder das Minimum in]a,b[angenommen.

B Es gibt also ein $x_0 \in [a,b]$, in dem f ein lokales Extremum besitzt. Nach Satz 5.7 gilt dann $f'(x_0) = 0$.   •

<u>Satz 5.9</u> (Mittelwertsatz) Die Funktion $f: [a,b] \to \mathbb{R}$ sei stetig auf $[a,b]$ und differenzierbar auf $]a,b[$. Dann gibt es ein $x_0 \in]a,b[$ mit

$$\frac{f(b)-f(a)}{b-a} = f'(x_0).$$

<u>Beweis</u>. Um den Satz von Rolle anwenden zu können, subtrahieren wir von f ein geeignetes lineares Polynom, so daß die entstehende Funktion an den Stellen a und b den gleichen Wert annimmt. Dieses gelingt durch die Subtraktion des Polynoms

$$g: \mathbb{R} \to \mathbb{R} \quad \text{mit} \quad x \mapsto \frac{f(b)-f(a)}{b-a} \, (x-a).$$

Die Funktion

$$h: [a,b] \to \mathbb{R} \quad \text{mit} \quad x \mapsto f(x) - \frac{f(b)-f(a)}{b-a} \, (x-a)$$

ist stetig auf $[a,b]$ und differenzierbar auf $]a,b[$. Weiter gilt $h(a) = h(b) = f(a)$. Daher gibt es nach dem Satz von Rolle ein x_0 aus $]a,b[$ mit $h'(x_0) = 0$. Es gilt

$$h'(x) = f'(x) - \frac{f(b)-f(a)}{b-a} \qquad \text{für alle } x \in]a,b[. \qquad (5.7)$$

Wenn wir x durch x_0 ersetzen, erhalten wir aus Gleichung (5.7):

$$f'(x_0) = \frac{f(b)-f(a)}{b-a} \; . \qquad\qquad\qquad •$$

Jede konstante Funktion ist differenzierbar und hat die Ableitung 0. Der folgende Satz befaßt sich mit der Umkehrung dieser Aussage.

<u>Satz 5.10</u> Die Funktion $f: [a,b] \to \mathbb{R}$ sei stetig auf $[a,b]$ und differenzierbar auf $]a,b[$. Wenn $f'(x) = 0$ für alle $x \in]a,b[$ gilt, ist f konstant.

<u>Beweis</u>. Sei $x \in]a,b]$. Wir betrachten das Intervall $[a,x]$. Nach dem Mittelwertsatz gibt es ein $x_0 \in]a,x[$ mit

$$\frac{f(x)-f(a)}{x-a} = f'(x_0).$$

Wegen $f'(x_0) = 0$ folgt $f(x) = f(a)$. Daher ist $f(x) = f(a)$ für alle $x \in]a,b]$.   •

Wenn eine auf D differenzierbare Funktion $f: D \to \mathbb{R}$ streng monoton steigend ist, gilt für alle $a,x \in D$:

$$a < x \;\Rightarrow\; f(a) < f(x), \qquad x < a \;\Rightarrow\; f(x) < f(a).$$

Hieraus folgt für den Differenzenquotienten:

$$\frac{f(x)-f(a)}{x-a} > 0 \qquad \text{für alle } a,x \in D \text{ mit } a \neq x.$$

Daher gilt

$$f'(a) = \lim_{x \to a} \frac{f(x)-f(a)}{x-a} \geq 0 \qquad \text{für alle } a \in D.$$

Es ist klar, daß aus $f'(a) \geq 0$ für alle $a \in D$ nicht umgekehrt geschlossen werden kann, daß f streng monoton steigend ist. Erst wenn wir $f'(a) > 0$ für alle $a \in D$ voraussetzen, folgt die strenge Monotonie von f:

Satz 5.11 Die Funktion $f: [a,b] \to \mathbb{R}$ sei stetig auf $[a,b]$ und differenzierbar auf $]a,b[$. Wenn $f'(x) > 0$ für alle $x \in {]a,b[}$ gilt, ist f streng monoton steigend. Wenn $f'(x) < 0$ für alle $x \in {]a,b[}$ gilt, ist f streng monoton fallend.

Beweis. Wir betrachten den Fall, daß $f'(x) > 0$ für alle $x \in {]a,b[}$ gilt. Seien $x_1, x_2 \in [a,b]$ mit $x_1 < x_2$. Nach dem Mittelwertsatz gibt es dann ein $x_0 \in {]x_1, x_2[}$ mit

$$\frac{f(x_2)-f(x_1)}{x_2-x_1} = f'(x_0),$$

woraus $f(x_2)-f(x_1) = (x_2-x_1)f'(x_0)$ folgt. Wegen $f'(x_0) > 0$ und $x_2 > x_1$ folgt $f(x_2)-f(x_1) > 0$, d.h. $f(x_2) > f(x_1)$.
Den Fall, daß $f'(x) < 0$ für alle $x \in {]a,b[}$ ist, kann man durch Betrachtung von $(-f)$ auf den obigen Fall zurückführen (f ist genau dann streng monoton fallend, wenn $-f$ streng monoton steigend ist).

$$\bullet$$

Beispiel 5.11 Wir wollen für die Funktion

$$f: \mathbb{R}^+ \to \mathbb{R} \quad \text{mit} \quad x \mapsto x - \sqrt{x}$$

untersuchen, in welchem Bereich sie streng monoton steigend bzw. fallend ist. Als Ableitung erhalten wir

$$f'(x) = 1 - 1/(2\sqrt{x}) \qquad \text{für alle } x \in \mathbb{R}^+.$$

Für $0 < x < 1/4$ gilt $f'(x) < 0$, für $1/4 < x$ gilt $f'(x) > 0$. Daher ist f im Intervall $]0,1/4[$ streng monoton fallend und im Intervall $\{ x \in \mathbb{R} \mid x > 1/4 \}$ streng monoton steigend.

Wir wissen, daß eine in a differenzierbare Funktion dort durch ein lineares Polynom angenähert wird. Wir werden uns jetzt mit der allgemeineren Frage beschäftigen, unter welchen Bedingungen man eine Funktion durch ein Polynom vom Grad n annähern kann. Der Näherungsbegriff wird dabei ebenfalls verallgemeinert. Zunächst benötigen wir den Begriff der n-mal differenzierbaren Funktion. Wenn die Funktion f auf D differenzierbar ist, können wir die Ableitung von f bilden:

$$f': D \to \mathbb{R} \quad \text{mit} \quad x \mapsto f'(x).$$

Wenn die Funktion f' ebenfalls auf D differenzierbar ist, können wir die Ableitung von f' bilden:

$$(f')': D \to \mathbb{R} \quad \text{mit} \quad x \mapsto (f')'(x).$$

So fortfahrend können wir für Funktionen die sog. höheren Ableitungen definieren:

<u>Definition 5.4</u> Sei $D \subseteq \mathbb{R}$, und f sei eine auf D definierte reelle Funktion. Wir definieren rekursiv die höheren Ableitungen von f:

f heißt <u>einmal differenzierbar auf D</u>, wenn f differenzierbar auf D ist. Wir setzen dann $f^{(1)} := f'$ und nennen $f^{(1)}$ die <u>erste Ableitung von f</u>.

f heißt <u>(n+1)-mal differenzierbar auf D</u>, wenn f n-mal differenzierbar auf D ist, und die n-te Ableitung $f^{(n)}$ differenzierbar auf D ist. Wir setzen dann $f^{(n+1)} := (f^{(n)})'$ und nennen $f^{(n+1)}$ die <u>(n+1)-te Ableitung von f</u>.

Für kleine n schreiben wir auch: $f'' := f^{(2)}$, $f''' := f^{(3)}$ usw.

f heißt <u>n-mal stetig differenzierbar auf D</u>, wenn f n-mal differenzierbar auf D ist und $f^{(n)}$ stetig auf D ist.

Wir betrachten als Beispiel zu Definition 5.4 die Funktion

$$f: \mathbb{R}^+ \to \mathbb{R} \quad \text{mit} \quad x \mapsto 1/x.$$

Es ist $f'(x) = -1/x^2$, $f''(x) = 2/x^3$ und $f'''(x) = -6/x^4$ für alle $x \in \mathbb{R}^+$. Allgemein erhalten wir, daß für alle $n \in \mathbb{N}$ die Funktion f n-mal differenzierbar auf $\mathbb{R}^+$ ist. (In einem solchen Fall sagt man auch, daß die Funktion f <u>beliebig oft differenzierbar</u> ist.) Als n-te Ableitung erhalten wir (Beweis durch Induktion!):

$$f^{(n)}(x) = (-1)^n \, n! \, x^{-n-1}.$$

<u>Definition 5.5</u> Sei $D \subseteq \mathbb{R}$ und $x_0 \in D$. f und g seien auf D definierte reelle Funktionen. Die Funktion g <u>nähert die Funktion f um x_0 von der Ordnung n an</u>, wenn es eine um x_0 beschränkte Funktion h gibt, so daß gilt:

$$f(x) = g(x) + (x-x_0)^{n+1} h(x) \quad \text{um a.}$$

Die Funktion $f: \,]a,b[\,\to \mathbb{R}$ sei n-mal differenzierbar. Sei x_0 Element von $]a,b[$. Wir wollen annehmen, daß es ein Polynom

$$p: \mathbb{R} \to \mathbb{R} \quad \text{mit} \quad x \mapsto \sum_{i=0}^{n} c_i (x-x_0)^i$$

gibt, daß die Funktion f um x_0 von der Ordnung n annähert. Es gibt
dann eine um x_0 beschränkte Funktion g mit

$$f(x) = p(x) + (x-x_0)^{n+1}g(x) \qquad \text{für alle } x \in \,]a,b[. \qquad (5.8)$$

Da f und p n-mal differenzierbar sind, ist auch g n-mal differenzierbar auf $]a,b[$. Aus Gleichung (5.8) erhalten wir:

$$f'(x) = p'(x) + (n+1)(x-x_0)^n g(x) + (x-x_0)^{n+1}g'(x)$$

$$= p'(x) + (x-x_0)^n [(n+1)g(x) + (x-x_0)g'(x)].$$

Wir können durch Induktion zeigen, daß für alle $i \in \{1,2,\ldots,n\}$

gilt: $\qquad f^{(i)}(x) = p^{(i)}(x) + (x-x_0)^{n+1-i}g_i(x), \qquad (5.9)$

wobei g_i eine (n-i)-mal differenzierbare Funktion ist, falls $i < n$
gilt. Die genaue Kenntnis der Funktionen g_i ist für uns nicht wichtig. Wenn wir in Gleichung (5.9) die Variable x durch x_0 ersetzen,
erhalten wir:

$$f^{(i)}(x_0) = p^{(i)}(x_0) = i!\,c_i.$$

Wir erhalten also die Koeffizienten des Polynoms p aus den Ableitungen der Funktion f:

$$c_i = \frac{f^{(i)}(x_0)}{i!} . \qquad (5.10)$$

Somit ist das Polynom, das die Funktion f von der Ordnung n annähert, eindeutig bestimmt. Es erhebt sich die Frage, ob zu einer
n-mal differenzierbaren Funktion stets ein Polynom existiert, das
die Funktion f um x_0 von der Ordnung n annähert. Dabei ist klar,
daß, wenn überhaupt ein solches Polynom existiert, die Koeffizienten nach Gleichung (5.10) aufgebaut sein müssen.

<u>Definition 5.6</u> Sei $x_0 \in \,]a,b[$ und f: $[a,b] \to \mathbb{R}$ eine auf $]a,b[$
n-mal differenzierbare Funktion.

(1) $\qquad T_n: \mathbb{R} \to \mathbb{R} \quad$ mit $\quad x \mapsto \sum_{i=0}^{n} \frac{f^{(i)}(x_0)}{i!} (x-x_0)^i$

heißt <u>n-tes Taylorpolynom von f im Entwicklungspunkt</u> x_0. Dabei setzen wir $f^{(0)} := f$.

(2) $\qquad R_n: \mathbb{R} \to \mathbb{R} \quad$ mit $\quad x \mapsto f(x) - T_n(x)$

heißt <u>n-tes Restglied von f im Entwicklungspunkt</u> x_0.

Um den Entwicklungspunkt x_0 hervorzuheben, schreiben wir anstelle
von $T_n(x)$ bzw. $R_n(x)$ auch $T_n(x,x_0)$ bzw. $R_n(x,x_0)$.

Mit den Bezeichnungen aus Definition 5.6 erhalten wir für jede
n-mal differenzierbare Funktion f: $]a,b[\to \mathbb{R}$, daß für alle x aus

B $]a,b[$ gilt: $f(x) = T_n(x) + R_n(x)$. Damit ist aber noch nicht gesagt, daß das Polynom T_n die Funktion f um x_0 von der Ordnung n annähert. Dazu müßte ja gezeigt werden, daß die Funktion R_n in der Form

$$R_n(x) = (x-x_0)^{n+1} g(x)$$

mit einer um x_0 beschränkten Funktion g darstellbar ist. Wir werden im folgenden sehen, daß eine (n+1)-mal stetig differenzierbare Funktion durch ihr n-tes Taylorpolynom um x_0 von der Ordnung n angenähert wird.

Satz 5.12 (**Satz von Taylor**) Sei $x_0 \in]a,b[$. Die Funktion f sei auf $]a,b[$ definiert und dort (n+1)-mal differenzierbar. Dann gibt es zu jedem $x \in]a,b[$ eine Zahl z zwischen x und x_0 mit

$$f(x) = \sum_{i=0}^{n} \frac{f^{(i)}(x_0)}{i!} (x-x_0)^i + \frac{f^{(n+1)}(z)}{n!} (x-z)^n (x-x_0).$$

Bevor wir den Satz von Taylor beweisen, sei die wesentliche Aussage dieses Satzes hervorgehoben: Wir haben oben schon festgestellt, daß für jede (n+1)-mal differenzierbare Funktion f gilt:

$$f(x) = T_n(x) + R_n(x) \qquad \text{für alle } x \in]a,b[.$$

Satz 5.12 sagt aus, daß es ein z zwischen x und x_0 gibt mit

$$R_n(x) = \frac{f^{(n+1)}(z)}{n!} (x-z)^n (x-x_0).$$

Aufgrund dieser Gleichung ist es in vielen Fällen möglich, eine brauchbare Abschätzung für das Restglied zu finden. Wenn $f^{(n+1)}$ um x_0 beschränkt ist, wird f von T_n um x_0 von der Ordnung n angenähert. (Es ist $(x-z)^n = c(x-x_0)^n$ mit $|c| \leq 1$.)

Beweis des Satzes von Taylor. Sei $x_0 \in]a,b[$. x sei fest gewählt mit $x \in]a,b[$ und $x \neq x_0$. Der Grundgedanke des Beweises besteht darin, daß wir, um $R_n(x,x_0)$ genauer bestimmen zu können, zunächst den Entwicklungspunkt variieren und auf die so entstehende Funktion

$$h:]a,b[\to \mathbb{R} \quad \text{mit} \quad t \mapsto R_n(x,t)$$

den Mittelwertsatz anwenden. Es ist

$$h(t) = f(x) - \sum_{i=0}^{n} \frac{f^{(i)}(t)}{i!} (x-t)^i.$$

Wenn wir jetzt die Ableitung von h bilden, ist zu beachten, daß bezüglich der Variablen t der Ausdruck f(x) eine konstante Funktion ist. Wir erhalten:

$$h'(t) = -f'(t) - \sum_{i=1}^{n} \left(\frac{f^{(i+1)}(t)}{i!} (x-t)^i + \frac{f^{(i)}(t)}{i!} i (x-t)^{i-1} (-1) \right)$$

$$= -\sum_{i=0}^{n} \frac{f^{(i+1)}(t)}{i!}\,(x-t)^i + \sum_{i=1}^{n} \frac{f^{(i)}(t)}{(i-1)!}\,(x-t)^{i-1}$$

$$= -\sum_{i=0}^{n} \frac{f^{(i+1)}(t)}{i!}\,(x-t)^i + \sum_{i=0}^{n-1} \frac{f^{(i+1)}(t)}{i!}\,(x-t)^i.$$

Für alle $i \in \{0,1,\ldots,n-1\}$ stimmen in beiden Summen die Summanden überein und heben sich wegen der verschiedenen Vorzeichen auf. Daher gilt

$$h'(t) = -\frac{f^{(n+1)}(z)}{n!}\,(x-t)^n \qquad \text{für alle } t \in \,]a,b[.$$

Nun zum eigentlichen Beweis des Satzes von Taylor! Die Funktion h ist, wie wir gesehen haben, auf $]a,b[$ differenzierbar. Nach dem Mittelwertsatz gibt es ein z zwischen x und x_0 mit

$$\frac{h(x) - h(x_0)}{x - x_0} = h'(z) = -\frac{f^{(n+1)}(z)}{n!}\,(x-z)^n.$$

Wegen $h(x) = 0$ erhalten wir

$$\frac{h(x_0)}{x - x_0} = \frac{f^{(n+1)}(z)}{n!}\,(x-z)^n.$$

$$\Rightarrow \quad h(x_0) = \frac{f^{(n+1)}(z)}{n!}\,(x-z)^n(x-x_0).$$

Wegen $h(x_0) = R_n(x,x_0)$ haben wir somit Satz 5.12 bewiesen. $\qquad\bullet$

<u>Beispiel 5.12</u> Wir wollen die Funktion

$$f: \mathbb{R}^+ \to \mathbb{R} \quad \text{mit} \quad x \mapsto \sqrt{x}$$

an der Stelle $x_0 = 1$ durch das zweite Taylorpolynom annähern. Für jedes $n \in \mathbb{N}$ ist die Funktion f auf $\mathbb{R}^+$ n-mal differenzierbar. Als Ableitungen erhalten wir:

$$f'(x) = \frac{1}{2}\,x^{-1/2}, \qquad f''(x) = -\frac{1}{4}\,x^{-3/2},$$

$$f^{(3)}(x) = \frac{3}{8}\,x^{-5/2}.$$

Nach dem Satz von Taylor gilt: Es gibt ein z zwischen x und 1 mit

$$f(x) = f(1) + f'(1)(x-1) + \frac{f''(1)}{2}(x-1)^2 + \frac{f'''(z)}{2}(x-z)^2(x-1)$$

$$= 1 + \frac{1}{2}(x-1) - \frac{1}{8}(x-1)^2 + \frac{3}{16}z^{-5/2}(x-z)^2(x-1).$$

Die Funktion f wird in der Nähe von 1 durch das zweite Taylorpolynom

$$T_2(x) = 1 + \frac{1}{2}(x-1) - \frac{1}{8}(x-1)^2$$

von der Ordnung 2 angenähert. Mit Hilfe des Satzes von Taylor können wir eine Fehlerabschätzung durchführen: Für $z > 0{,}9$ erhalten wir

$$0 < \frac{3}{16}\,z^{-5/2} < \frac{3}{16}\,(0{,}9)^{-5/2}.$$

Durch Ausrechnen und Runden des rechten Terms erhalten wir die

B gröbere Abschätzung:
$$0 < \frac{3}{16} z^{-5/2} < 0,3 \qquad \text{für alle } z \text{ mit } z > 0,9.$$
Daher gilt für alle $z \in \mathbb{R}$ mit $0,9 < z < 1,1$:
$$\left| \frac{f^{(3)}(z)}{2} (x-z)^2 (x-1) \right| < 0,3 \cdot (0,1)^3 = 0,0003.$$
Wenn wir $\sqrt{x}$ im Intervall $]0,9;1,1[$ durch das zweite Taylorpolynom annähern, ist der Fehler kleiner als $0,0003$.
Zahlenbeispiel: Für $x = 0,92$ erhalten wir die Näherung
$$1 + \frac{1}{2}(-0,08) - \frac{1}{8}(0,08)^2 = 0,9592.$$
Daher gilt $0,9589 < \sqrt{0,92} < 0,9595$.

Aus Satz 5.7 wissen wir: Wenn f auf $]a,b[$ differenzierbar ist und in $x_0 \in]a,b[$ ein lokales Extremum besitzt, ist $f'(x_0) = 0$. Das Beispiel der Funktion
$$h_3: \mathbb{R} \to \mathbb{R} \quad \text{mit} \quad x \mapsto x^3$$
lehrt, daß man den Satz 5.7 nicht umkehren kann: Obschon $h_3'(0) = 0$ gilt, hat h_3 in 0 kein lokales Extremum. Der folgende Satz gibt hinreichende Bedingungen für das Vorliegen eines lokalen Extremums an.

<u>Satz 5.13</u> f: $]a,b[\to \mathbb{R}$ sei zweimal stetig differenzierbar auf $]a,b[$. Für $x_0 \in]a,b[$ gelte $f'(x_0) = 0$. Dann gilt:
(1) Wenn $f''(x_0) < 0$, hat f in x_0 ein lokales Maximum.
(2) Wenn $f''(x_0) > 0$, hat f in x_0 ein lokales Minimum.

<u>Beweis.</u> (1) Es gelte $f''(x_0) < 0$. Da f'' stetig auf $]a,b[$ ist, gibt es eine Umgebung U von x_0, so daß $f''(x) < 0$ für alle x aus $U \cap]a,b[$ gilt. Sei $x \in U \cap]a,b[$ mit $x \neq x_0$. Nach dem Satz von Taylor gibt es ein z zwischen x und x_0 mit
$$f(x) = f(x_0) + f'(x_0)(x-x_0) + f''(z)(x-z)(x-x_0). \qquad (5.11)$$
Es gilt $f'(x_0) = 0$, $f''(z) < 0$ und $(x-z)(x-x_0) > 0$. Damit erhalten wir aus Gleichung (5.11), daß $f(x)-f(x_0) < 0$ gilt. Daher gilt
$$f(x) \geq f(x_0) \qquad \text{um a.}$$
(2) Wenn $f''(x_0) > 0$ gilt, folgt $-f''(x_0) < 0$. Daher hat nach (1) $-f$ in x_0 ein lokales Maximum. Daraus folgt, daß f in x_0 ein lokales Minimum besitzt. $\bullet$

Die Lage der lokalen Extrema liefert eine wichtige Information über das Verhalten der Funktion. Wenn man überdies weiß, in welchen Bereichen die Funktion monoton steigt bzw. fällt, kann man häufig schon aus diesen Kenntnissen ein anschauliches Bild über den Ver-

lauf der Funktion gewinnen. Weitere Informationen über den Funk- B
tionsverlauf erhält man durch die Ermittlung der Bereiche, in denen
die erste Ableitung der Funktion monoton steigt bzw. fällt. Wenn
die erste Ableitung der Funktion lokal streng monoton steigt, hat
der Graph der Funktion dort <u>Linkskrümmung</u> (Diese Richtungsangabe
bezieht sich auf einen Punkt, der den Graph der Funktion bei wachsendem Argument durchläuft; Fig. 5.8).

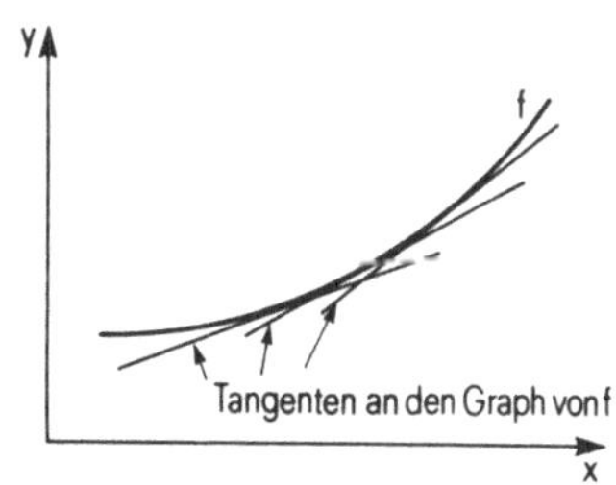

Fig. 5.8

Wenn die erste Ableitung lokal streng monoton fällt, hat der Graph
der Funktion dort <u>Rechtskrümmung</u>. Punkte, in denen sich das Krümmungsverhalten des Graphs der Funktion ändert, werden <u>Wendepunkte</u>
genannt. Da in einem Wendepunkt die erste Ableitung ein lokales
Extremum besitzt, muß im Wendepunkt die zweite Ableitung der Funktion - sofern die zweite Ableitung existiert - verschwinden. Die
Beschreibung einer Funktion anhand lokaler Extrema, Monotonie,
Krümmungsverhalten und Wendepunkte wird <u>Kurvendiskussion</u> genannt.

<u>Beispiel 5.13</u> Wir wollen den Verlauf der Funktion
$$f: \mathbb{R}^+ \to \mathbb{R} \quad \text{mit} \quad x \mapsto x^{3/2} - x^2$$
untersuchen. f ist beliebig oft differenzierbar auf $\mathbb{R}^+$. Wir erhalten für alle $x \in \mathbb{R}^+$:
$$f'(x) = \frac{3}{2} x^{1/2} - 2x, \qquad f''(x) = \frac{3}{4} x^{-1/2} - 2.$$
Es gilt $\quad f'(x) = 0 \leftrightarrow \frac{3}{2}\sqrt{x} = 2x \leftrightarrow x = \frac{9}{16}$.
Wegen $f''(\frac{9}{16}) = 1 - 2 = -1 < 0$ hat f in b = 9/16 ein lokales Maximum. Weiter gilt:
$$f'(x) > 0 \qquad \text{für alle x mit } 0 < x < \frac{9}{16} \, ,$$
$$f'(x) < 0 \qquad \text{für alle x mit } \frac{9}{16} < x.$$
Daher ist f auf dem Intervall $]0,9/16[$ streng monoton steigend und
auf dem Intervall $\{ x \in \mathbb{R} \mid 9/16 < x \}$ streng monoton fallend. Für
die Nullstelle der zweiten Ableitung erhalten wir
$$f''(x) = 0 \leftrightarrow -\frac{3}{4} x^{-1/2} - 2 = 0 \leftrightarrow x = \frac{9}{64} \, .$$

B Wir können vermuten, daß in a = 9/64 ein Wendepunkt vorliegt. Es
gilt: f''(x) > 0   für alle x mit 0 < x < 9/64,
             f''(x) < 0   für alle x mit x < 9/64.
Somit hat der Graph der Funktion f auf dem Intervall]0 , 9/64[
Linkskrümmung und auf dem Intervall { x ∈ ℝ | x > 9/64 } Rechts-
krümmung. In a = 9/64 liegt ein Wendepunkt vor (Fig. 5.9).

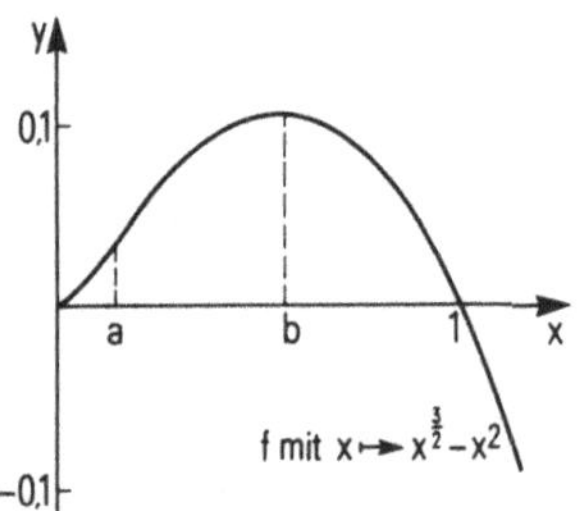

Fig. 5.9

Durch die Bestimmung lokaler Extrema kann man in vielen Fällen Op-
timierungsprobleme lösen (Extremwertaufgaben). Das folgende Beispiel löst ein Optimierungsproblem, daß darin besteht, die Abmes-
sung einer zylindrischen Konservendose so zu wählen, daß der Materialaufwand möglichst gering ist.

Beispiel 5.14 Wir betrachten einen Zylinder mit der Höhe h. r be-
zeichne den Radius der Grundfläche (Fig. 5.10).

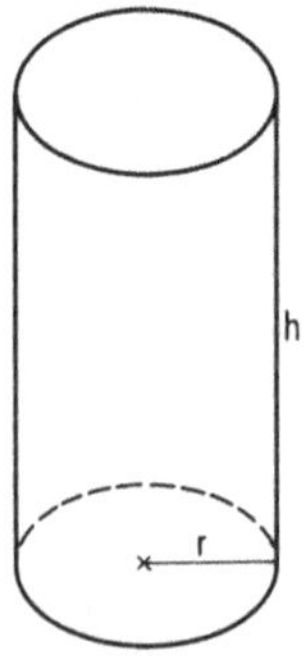

Fig. 5.10

Für das Volumen V des Zylinders
erhalten wir $V = x^2\pi h$, woraus

$$h = \frac{V}{x^2\pi} \qquad (5.11)$$

folgt. Für die Oberfläche S des
Zylinders erhalten wir

$$S = 2x^2\pi + 2x\pi h.$$

Das Volumen V sei fest vorgegeben. Wegen Gleichung (5.11) ist
h eine Funktion von x. Bei konstantem Volumen V ist die Ober-
fläche S ebenfalls eine nur von x abhängige Funktion

$$S = f(x) = 2x^2\pi + 2x\pi h = 2x^2\pi + 2x\pi\frac{V}{x^2\pi} = 2x^2\pi + \frac{2V}{x} .$$

Wir wollen x so bestimmen, daß die Oberfläche S = f(x) möglichst
klein wird (bei festem Volumen). Als erste und zweite Ableitung von

f erhalten wir:

$$f'(x) = 4x\pi - \frac{2V}{x^2}, \qquad f''(x) = 4\pi + \frac{4Vx}{x^4}.$$

Da $f''(x) > 0$ für alle $x \in \mathbb{R}^+$ gilt, liegen nach Satz 5.14 in den positiven Lösungen von $f'(x) = 0$ lokale Minima vor. Es ist

$$f'(x) = 0 \iff 4x\pi = \frac{2V}{x^2} \iff x = \sqrt[3]{\frac{V}{2\pi}}.$$

Somit liegt in $a = \sqrt[3]{\frac{V}{2\pi}}$ das einzige lokale Minimum von f vor. Da der Graph von f auf $\mathbb{R}^+$ Linkskrümmung besitzt, ist a sogar ein globales Minimum, d.h., es gilt

$$f(x) \geq f\left(\sqrt[3]{\frac{V}{2\pi}}\right) \qquad \text{für alle } x \in \mathbb{R}^+.$$

Also ist für $r = \sqrt[3]{\frac{V}{2\pi}}$ der Materialaufwand am geringsten.

Während wir mit Hilfe der Ableitungen Aufschlüsse über Monotonieverhalten und lokale Extrema einer Funktion erhalten, fehlt uns bis jetzt ein elegantes Verfahren, um Nullstellen einer Funktion zu bestimmen bzw. anzunähern. Das in Beispiel 4.15 beschriebene Verfahren der fortgesetzten Intervallhalbierung konvergiert zu langsam, um für numerische Zwecke brauchbar zu sein. Das im folgenden beschriebene _Newtonsche Näherungsverfahren_ führt in vielen Fällen zu einer sehr schnellen Konvergenz.

Sei f: $[a,b] \rightarrow \mathbb{R}$ eine auf $[a,b]$ zweimal differenzierbare Funktion mit $f(a) < 0$ und $f(b) > 0$. Wir wollen weiter annehmen, daß für alle $x \in [a,b]$ folgendes gilt:

$$f'(x) > 0, \qquad f''(x) > 0.$$

Dann ist f streng monoton steigend und der Graph von f hat Linkskrümmung. Nach dem Zwischenwertsatz hat f im Intervall $[a,b]$ eine Nullstelle x_0. Wegen der strengen Monotonie von f gibt es keine weitere Nullstelle in $[a,b]$. Für $x \in [a,b]$ mit $x > x_0$ betrachten wir die Tangente an den Graph von f im Punkt $(x,f(x))$. Diese Tangente schneidet die x-Achse an einer Stelle x_1, für die $x_1 > x_0$ gelten muß (Fig. 5.11).

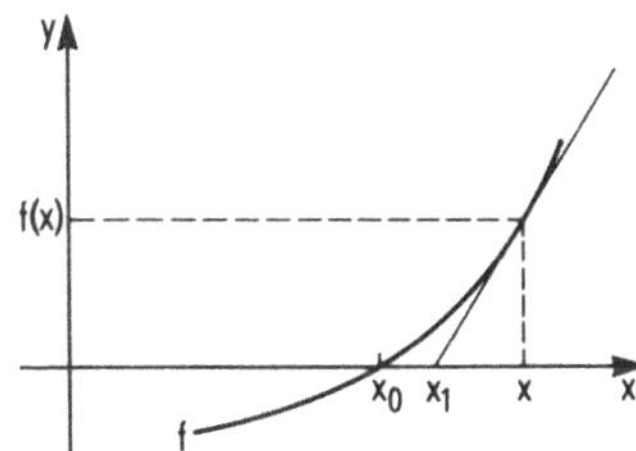

Fig. 5.11

B Wir erhalten

$$\frac{f(x) - f(x_1)}{x - x_1} = f'(x).$$

Hieraus erhalten wir wegen $f(x_1) = 0$:

$$x_1 = x - \frac{f(x)}{f'(x)} \qquad (5.12)$$

Gleichung (5.12) gibt die Möglichkeit, zu einer Näherung der Nullstelle x_0 durch x eine bessere Näherung durch x_1 zu erhalten. Wir
definieren rekursiv eine Folge (c_n), indem wir Gleichung (5.12) der
Rekursionsformel zugrunde legen:

$$c_1 = b,$$
$$c_{n+1} = c_n - \frac{f(c_n)}{f'(c_n)} . \qquad (5.13)$$

(c_n) ist streng monoton fallend und durch x_0 nach unten beschränkt.
Daher ist (c_n) konvergent. Setzen wir $c = \lim c_n$, so folgt aus
Gleichung (5.13) nach leichter Umformung wegen der Stetigkeit von
f und f':

$$f'(c) c = f'(c) c - f(c).$$

Somit gilt $f(c) = 0$, die Folge (c_n) konvergiert gegen die gesuchte
Nullstelle x_0.

<u>Beispiel 5.15</u> Für die Funktion

$$f: \mathbb{R}^+ \to \mathbb{R} \quad \text{mit} \quad x \mapsto x^2 + \sqrt{x} - 3$$

gilt $f(1) = -1 < 0$ und $f(2) = 1+2 > 0$. Da f stetig auf $\mathbb{R}^+$ und
streng monoton steigend ist, besitzt f zwischen 1 und 2 genau eine
Nullstelle. Als Ableitungen von f erhalten wir für alle $x \in \mathbb{R}^+$:

$$f'(x) = 2x + \frac{1}{2} x^{-1/2} , \qquad f''(x) = 2 - \frac{1}{4} x^{-3/2} .$$

Es gilt $f''(x) > 0$ für alle x mit $x > 1$. Daher hat der Graph von f
für $x > 1$ Linkskrümmung. Zur Bestimmung der Nullstelle wenden wir
das Newtonsche Näherungsverfahren an, indem wir eine Folge (c_n)
rekursiv gemäß Gleichung (5.13) definieren:

$$c_1 = 2 ,$$
$$c_{n+1} = c_n - \frac{f(c_n)}{f'(c_n)} = c_n - \frac{c_n^2 + \sqrt{c_n} - 3}{2c_n + \frac{1}{2} c_n^{-1/2}}$$

Mit einem programmierbaren Taschenrechner berechnen wir die ersten
6 Glieder der Folge (a_n) (Tab. 5.3).
Ab $n = 5$ ändern sich die Werte für (a_n) in der Anzeige des Rech-
ners nicht mehr. Weitere Rechnung ergibt, daß $f(1,35497) < 0$ und
$f(1,35498) > 0$ gilt. Daher gilt für die Nullstelle x_0 von f:

$$1{,}35497 < x_0 < 1{,}35498.$$

B

Tab. 5.3

n	a_n
1	2
2	1,445461363
3	1,357269808
4	1,354979346
5	1,354977808
6	1,354977808

Aufgaben

5.7 Führen Sie für die folgenden Funktionen Kurvendiskussionen
durch: a) $f: \mathbb{R} \to \mathbb{R}$ mit $x \mapsto 2x^3 - 9x^2 + 12x$,
b) $f: \mathbb{R}^+ \to \mathbb{R}$ mit $x \mapsto x + 1/x$

5.8 Nach dem Mittelwertsatz gibt es zu der Funktion

$$f: [1,4] \to \mathbb{R}   \text{mit}   x \mapsto \sqrt{x}$$

ein $x_0 \in \,]1,4[$ mit $\dfrac{f(4) - f(1)}{4 - 1} = f'(x_0)$. Zeigen Sie, daß in diesem Fall x_0 eindeutig bestimmt ist, und bestimmen Sie x_0.

5.9 Geben Sie zu der Funktion

$$f: \mathbb{R}^+ \to \mathbb{R}   \text{mit}   x \mapsto 1/x$$

das dritte Taylorpolynom im Entwicklungspunkt 1 an. Zeigen Sie,
daß für das zugehörige Restglied R_3 gilt:
$$|R_3(x,1)| \leq 10^{-3}   \text{für alle x mit } 1 < x < 1{,}1.$$

5.10 Zeigen Sie ohne Verwendung von Taschenrechnern und Tafelwer-
ken, daß
$$\sqrt[3]{8{,}1} = 2{,}008\ldots$$
mit gültiger dritter Stelle hinter dem Komma ist. Bilden Sie zu
diesem Zweck das erste Taylorpolynom für die Funktion

$$f: \mathbb{R}^+ \to \mathbb{R}   \text{mit}   x \mapsto \sqrt[3]{x}$$

in Entwicklungspunkt 8, und benutzen Sie $R_1(x,8)$ zur Abschätzung.

5.11 Bestimmen Sie mit dem Newtonschen Näherungsverfahren die positive Nullstelle von

$$f: \mathbb{R} \to \mathbb{R}   \text{mit}   x \mapsto x^3 + x - 9$$

auf 3 Stellen hinter dem Komma genau (Taschenrechner benutzen).

A 5.4   <u>Messung des Flächeninhalts</u>

Bei der Messung des Flächeninhalts von ebenen Figuren wird man
folgendes verlangen:

(1)   Der Flächeninhalt einer Figur ist eine nicht negative
           reelle Zahl.

(2)   Kongruente Figuren haben den gleichen Flächeninhalt.

(3)   Wenn man eine Figur A in disjunkte Teilfiguren $A_1, A_2, \ldots,$
           A_n zerlegt, ist der Flächeninhalt von A gleich der Summe
           der Flächeninhalte von $A_1, A_2, \ldots, A_n$.

(4)   Der Flächeninhalt eines Rechtecks mit den Seitenlängen
           a und b ist gleich a·b.

Wenn A eine Teilfigur von B ist, folgt aus (1) und (3), daß der
Flächeninhalt von A kleiner oder gleich dem Flächeninhalt von B
ist. Wenn in einem Dreieck die Länge der Grundseite g und die Länge der Höhe h ist, beträgt der Flächeninhalt des Dreiecks gh/2.
Dies kann man aus (2), (3) und (4) folgern. Ein n-Eck heißt einfach, wenn der das n-Eck begrenzende Streckenzug sich weder selbst
schneidet noch berührt ($n \in \mathbb{N}$, $n \geq 3$). Da man jedes einfache n-Eck
in lauter Dreiecke zerlegen kann, läßt sich nach (3) auch der Flächeninhalt von einfachen n-Ecken berechnen (Fig. 5.12).

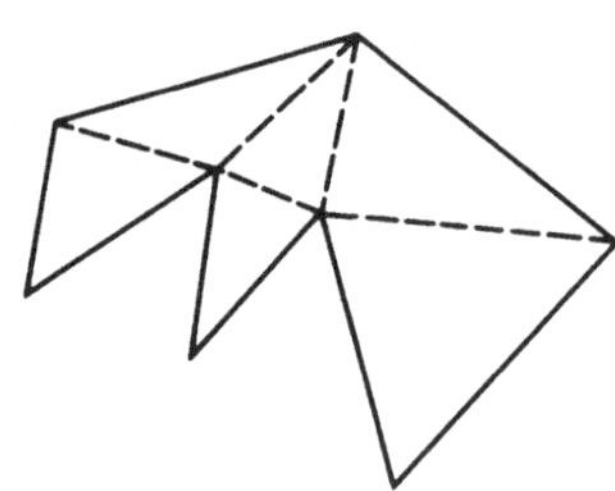

Fig. 5.12

Diese elementare Möglichkeit der Flächenberechnung ist nicht mehr
gegeben, wenn wir krummlinig begrenzte Figuren betrachten (Fig.
5.13). Immerhin können wir versuchen, der krummlinig begrenzten
Figur A möglichst genau ein n-Eck einzubeschreiben. Den Flächeninhalt des einbeschriebenen n-Ecks können wir als Näherung des
Flächeninhalts von A betrachten (Fig. 5.14). Das Supremum der Flächeninhalte aller einbeschriebenen n-Ecke bezeichnen wir als <u>in-
neren Flächeninhalt der</u> krummlinig begrenzten <u>Figur A.</u>

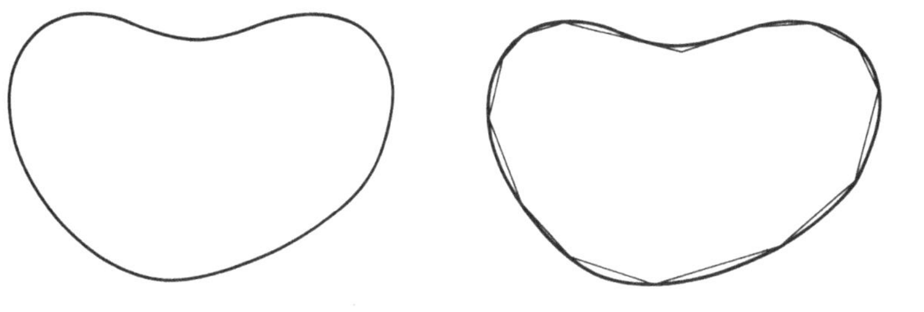

Fig. 5.13   Fig. 5.14

Es gibt eine weitere Möglichkeit, den Flächeninhalt der Figur A
anzunähern. Wir können ihr möglichst genau n-Ecke umschreiben und
den Flächeninhalt dieser umschriebenen n-Ecke betrachten (Fig.
5.15)

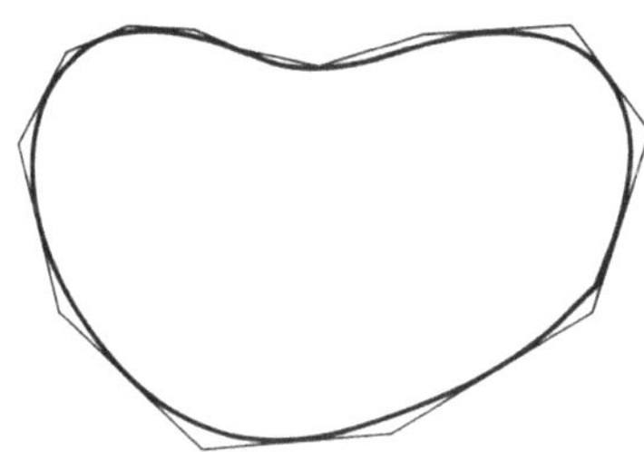

Fig. 5.15

Das Infimum der Flächeninhalte aller umschriebenen n-Ecke bezeichnen wir als <u>äußeren Flächeninhalt von A</u>. Da jedes einbeschriebene
n-Eck Teilfigur eines jeden umschriebenen n-Ecks ist, folgt, daß
der innere Flächeninhalt von A kleiner oder gleich dem äußeren
Flächeninhalt von A ist. Nur wenn innerer und äußerer Flächeninhalt von A übereinstimmen, sagen wir, daß wir den Flächeninhalt
der Figur messen können. In diesem Fall wird der gemeinsame Wert
des inneren und äußeren Flächeninhalts der Figur A als <u>Flächenin-
halt von A</u> definiert. Innerer und äußerer Flächeninhalt einer Figur werden sicherlich dann übereinstimmen, wenn man zu jedem ε aus
$\mathbb{R}^+$ der Figur einbeschriebene und umschriebene n-Ecke finden kann,
deren Flächeninhalte sich um weniger als ε unterscheiden.

5.5   <u>Integrierbarkeit</u>

Wir beginnen mit einem einführenden Beispiel:

B   <u>Beispiel 5.16</u> Wir greifen die Gedanken aus Abschn. 5.4 auf, um
den Flächeninhalt der Fläche zwischen dem Graph der Funktion

$$f: [0,a] \to \mathbb{R} \quad \text{mit} \quad x \mapsto x^2$$

und der x-Achse zu berechnen ($a \in \mathbb{R}^+$; Fig. 5.16).

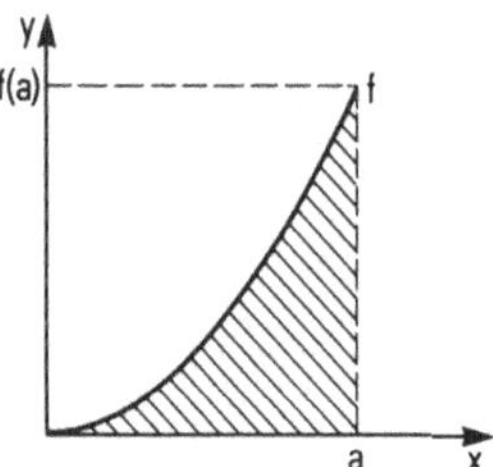

Fig. 5.16

Wir bezeichnen diese Fläche mit A. Sie wird begrenzt durch den
Streckenzug, der die Punkte $(0,0)$, $(a,0)$ und $(a,f(a))$ miteinander
verbindet, sowie durch den Graph der Funktion f. Um den Flächeninhalt der Fläche A zu bestimmen, zerlegen wir das Intervall $[0,a]$
in n gleichlange Teilintervalle $[0,x_1]$, $[x_1,x_2]$, $\ldots$, $[x_{n-1},a]$
und bilden über jedem dieser Teilintervalle ein der Fläche einbe-
schriebenes und ein umschriebenes Rechteck (Fig. 5.17).

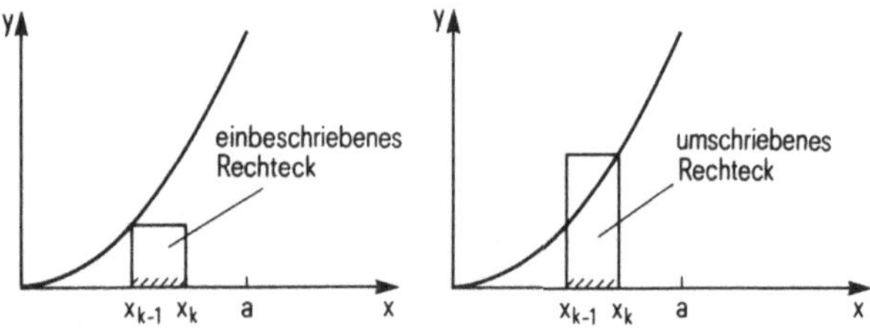

Fig. 5.17

Wir bilden dann die Summe der Flächeninhalte der einbeschriebenen
und der umschriebenen Rechtecke (Fig. 5.18).

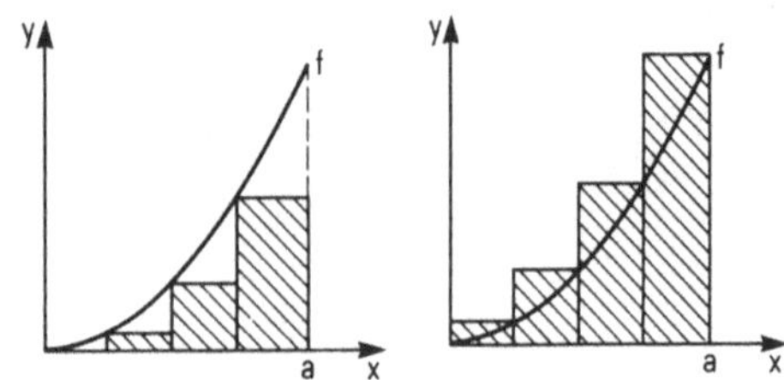

Fig. 5.18

Mit U_n bezeichnen wir die Summe der Flächeninhalte der einbeschriebenen Rechtecke. Für die reellen Zahlen x_k gilt

$$x_k = \frac{a}{n} k , \qquad (1 \leq k \leq n-1).$$

Weiter setzen wir $x_0 = 0$ und $x_n = a$. Wir erhalten

$$
\begin{aligned}
U_n &= (x_2-x_1)x_1^{\,2} + (x_3-x_2)x_2^{\,2} + \ldots + (a-x_{n-1})x_{n-1}^{\,2} \\
&= \frac{a}{n}\left(x_1^{\,2} + x_2^{\,2} + \ldots + x_{n-1}^{\,2} \right) \\
&= \frac{a}{n}(\tfrac{a}{n})^2 (1^2 + 2^2 + \ldots + (n-1)^2) \qquad\qquad (5.14)
\end{aligned}
$$

Für die Summe der ersten n Quadratzahlen kann man durch Induktion
die Formel

$$1^2 + 2^2 + \ldots + n^2 = \frac{1}{6} n (n+1)(2n+1)$$

beweisen. Mit dieser Formel erhalten wir aus Gleichung (5.14):

$$U_n = (\tfrac{a}{n})^3 \, \frac{1}{6} \, (n-1)\, n\, (2n-1) = \frac{a^3}{3} \, (1 - \tfrac{1}{n})(1 - \tfrac{1}{2n}).$$

Wenn wir mit O_n die Summe der Flächeninhalte der umschriebenen
Rechtecke bezeichnen, erhalten wir

$$
\begin{aligned}
O_n &= (x_1-0)x_1^{\,2} + (x_2-x_1)x_2^{\,2} + \ldots + (a-x_{n-1})a^2 \\
&= \frac{a}{n}(\tfrac{a}{n})^2 (1^2 + 2^2 + \ldots + n^2) \\
&= (\tfrac{a}{n})^3 \, \frac{1}{6} \, n\,(n+1)(2n+1) = \frac{a^3}{3} \, (1 + \tfrac{1}{n})(1 + \tfrac{1}{2n}).
\end{aligned}
$$

Wir sehen, daß $\lim U_n = \lim O_n = \frac{a^3}{3}$ gilt. Daher stimmen innerer
und äußerer Flächeninhalt von A überein, A hat den Flächeninhalt
$\frac{a^3}{3}$.

Das Integral einer Funktion f mit nicht negativen Funktionswerten
werden wir wie in Beispiel 5.16 als Flächeninhalt unter dem Graph
der Funktion f deuten können. Die folgenden Definitionen und Sätze dienen der Vorbereitung auf die Definition der Integrierbarkeit
und des Integrals einer Funktion. Die Überlegungen werden dabei
so allgemein durchgeführt, daß kein Bezug auf geometrische Sach-
verhalte nötig ist. Zum besseren Verständnis der Gedankengänge und
zur Motivation werden wir aber die geometrische Veranschaulichung
immer wieder heranziehen.

$[a,b]$ sei ein Intervall. $x_0, x_1, \ldots, x_{n-1}, x_n$ seien reelle Zahlen
mit $a = x_0 < x_1 < x_2 < \ldots < x_{n-1} < x_n = b$. Die Menge

$$Z = \{ x_0, x_1, \ldots, x_n \}$$

nennen wir Zerlegung von $[a,b]$.

Definition 5.7 $f: [a,b] \to \mathbb{R}$ sei eine beschränkte Funktion und
$Z = \{ x_0, x_1, \ldots, x_n \}$ eine Zerlegung von $[a,b]$. $m_1, m_2, \ldots, m_n$ und

162

B $M_1, M_2, \ldots, M_n$ seien reelle Zahlen mit

$$m_k \leq f(x) \leq M_k \qquad \text{für alle } x \in [x_{k-1}, x_k], \quad 1 \leq k \leq n.$$

$$U(f,Z) = \sum_{k=1}^{n} m_k(x_k - x_{k-1})$$

heißt eine (<u>zu Z gehörende</u>) Untersumme von f.

$$O(f,Z) = \sum_{k=1}^{n} M_k(x_k - x_{k-1})$$

heißt eine (<u>zu Z gehörende</u>) <u>Obersumme von f</u>   (Fig. 5.19).

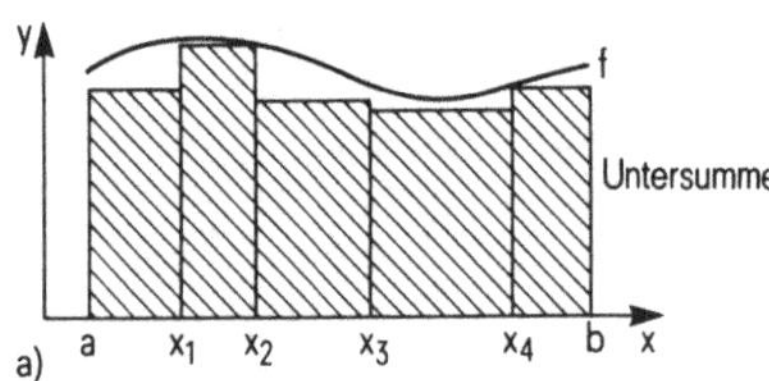

In Fig. 5.19 werden Unter- und Obersumme geometrisch als Flächeninhalt einer aus Rechtecken zusammengesetzten Fläche beschrieben. Fig. 5.19 c) veranschaulicht den Fall einer Funktion mit negativen Funktionswerten. Da in diesem Fall jede Untersumme von f negativ ist, muß der Flächeninhalt der schraffierten Fläche negativ genommen werden.

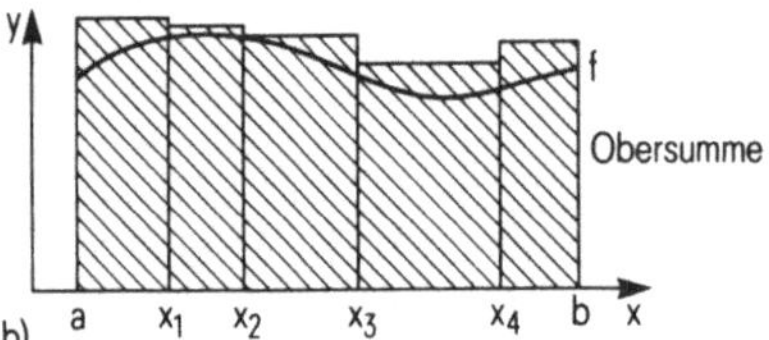

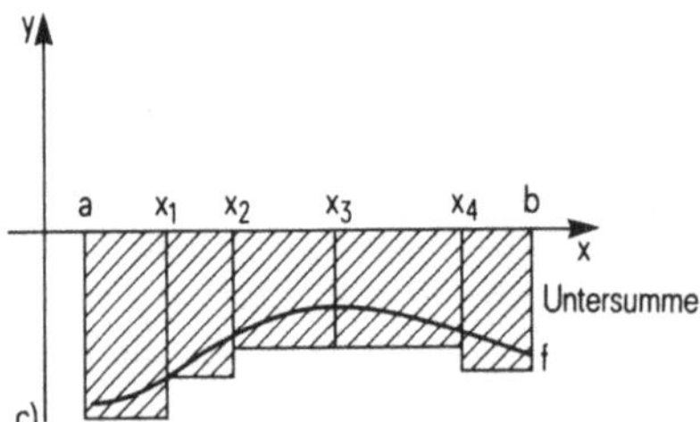

Fig. 5.19

<u>Beispiel 5.17</u> Wir betrachten die Funktion

$$f: [1,6] \to \mathbb{R} \quad \text{mit} \quad x \mapsto \sqrt{x}.$$

$Z = \{ x_0, x_1, x_2, x_3, x_4 \} = \{ 1,2,4,5,6 \}$ ist eine Zerlegung des Intervalls $[1,6]$. Wir setzen

$$m_1 = 1, \quad m_2 = 1, \quad m_3 = 2, \quad m_4 = \sqrt{5};$$

$$M_1 = \sqrt{2}, \quad M_2 = 2, \quad M_3 = 3, \quad M_4 = \sqrt{6}.$$

Es gilt $m_k \leq \sqrt{x} \leq M_k$ für alle $x \in [x_{k-1}, x_k]$, $1 \leq k \leq 4$.

$$U(f,Z) = m_1(x-x_0) + m_2(x_2-x_1) + m_3(x_3-x_2) + m_4(x_4-x_3)$$

$$= 1\cdot 1 + 1\cdot 2 + 2\cdot 1 + \sqrt{5}\cdot 1 = 5 + \sqrt{5}$$

ist eine Untersumme von f.

$$O(f,Z) = M_1(x_1-x_0) + M_2(x_2-x_1) + M_3(x_3-x_2) + M_4(x_4-x_3)$$

$$= \sqrt{2}\cdot 1 + 2\cdot 2 + 3\cdot 1 + \sqrt{6}\cdot 1 = 7 + \sqrt{2} + \sqrt{6}$$

ist eine Obersumme von f.

Aus der Definition der Unter- und Obersumme folgt sofort der folgende Satz.

<u>Satz 5.14</u>   f: $[a,b] \to \mathbb{R}$ sei eine beschränkte Funktion und Z eine Zerlegung von $[a,b]$. Dann gilt für jede Untersumme $U(f,Z)$ und jede Obersumme $O(f,Z)$:

$$U(f,Z) \le O(f,Z).$$

Wenn Z und Z' Zerlegungen von $[a,b]$ sind und $Z \subseteq Z'$ gilt, nennen wir Z' <u>feiner</u> als Z. Wir sagen dann auch, daß Z' eine <u>Verfeinerung</u> <u>von Z</u> ist. Wenn Z_1 und Z_2 Zerlegungen von $[a,b]$ sind, kann man mit $Z_1 \cup Z_2$ immer eine gemeinsame Verfeinerung von Z_1 und Z_2 finden (Fig. 5.20).

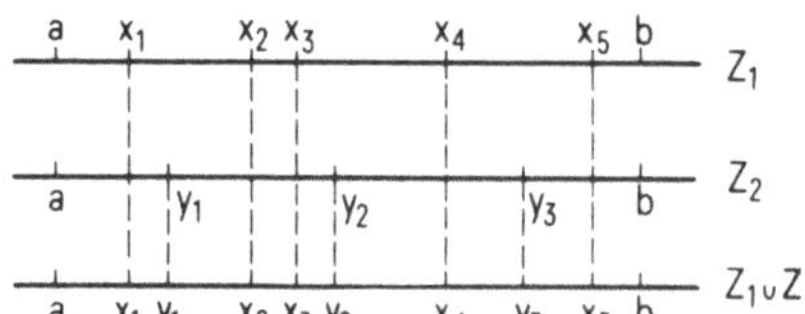

Fig. 5.20

Zu der Untersumme

$$U(f,Z) = m_1(x_1-x_0) + m_2(x_2-x_1) + \ldots + m_n(x_n-x_{n-1})$$

betrachten wir den Summanden

$$m_k(x_k-x_{k-1}), \qquad 1 \le k \le n.$$

Für alle reellen Zahlen z mit $x_{k-1} < z < x_k$ gilt

$$m_k(x_k-x_{k-1}) = m_k(z-x_{k-1}) + m_k(x_k-z). \tag{5.15}$$

Bilden wir $Z' = Z \cup \{z\}$, so ist Z' eine Verfeinerung von Z. Für die zu Z' gehörende Untersumme

$$U(f,Z) = m_1(x_1-x_0) + \ldots + m_{k-1}(x_{k-1}-x_{k-2}) + m_k(z-x_{k-1})$$

$$+ m_k(x_k-z) + m_{k+1}(x_{k+1}-x_k) + \ldots + m_n(x_n-x_{n-1})$$

gilt wegen Gleichung (5.15)

$$U(f,Z') = U(f,Z).$$

Machen wir dasselbe für Obersummen, erhalten wir $O(f,Z') = O(f,Z)$.

B Da wir jede Verfeinerung von Z durch wiederholtes Hinzunehmen jeweils eines Punktes erhalten, gilt folgender Satz.

<u>Satz 5.15</u> f: [a,b] → ℝ sei eine beschränkte Funktion. Z und Z'
seien Zerlegungen von [a,b]. Z' sei feiner als Z. Dann gibt es zu
jeder Untersumme U(f,Z) eine Untersumme U(f,Z') mit
$$U(f,Z) = U(f,Z'), \qquad (Fig. 5.21),$$
und zu jeder Obersumme O(f,Z) eine Obersumme O(f,Z') mit
$$O(f,Z) = O(f,Z').$$

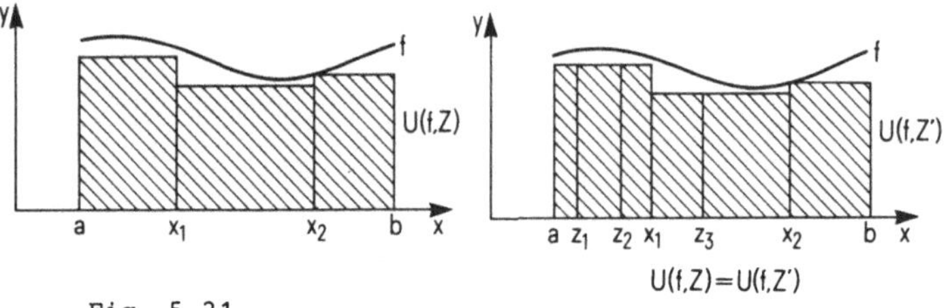

Fig. 5.21

Aus Satz 5.15 können wir jetzt folgern, daß die Untersummen niemals größer werden können als die Obersummen:

<u>Satz 5.16</u> f: [a,b] → ℝ sei eine beschränkte Funktion. Z_1 und Z_2
seien Zerlegungen von [a,b]. Dann gilt für alle Untersummen $U(f,Z_1)$
und alle Obersummen $O(f,Z_2)$:
$$U(f,Z_1) \leq O(f,Z_2).$$

<u>Beweis</u>. $Z = Z_1 \cup Z_2$ ist eine gemeinsame Verfeinerung von Z_1 und
Z_2. Daher gibt es nach Satz 5.15 eine Untersumme U(f,Z) mit
$U(f,Z) = U(f,Z_1)$ und eine Obersumme O(f,Z) mit $O(f,Z) = O(f,Z_2)$.
Nach Satz 5.14 ist U(f,Z) ≤ O(f,Z), woraus folgt:
$$U(f,Z_1) \leq O(f,Z_2). \qquad \bullet$$

Wir können aus Satz 5.16 folgern, daß die Menge der Untersummen
von f nach oben beschränkt ist, da jede Obersumme von f eine obere
Schranke dieser Untersummen ist. Entsprechend ist die Menge der
Obersummen nach unten beschränkt, da jede Untersumme von f eine
untere Schranke der Obersummen ist. Daher können wir in Analogie
zur Definition des inneren und äußeren Flächeninhalts folgende
Definition geben.

<u>Definition 5.8</u> Wir setzen
$$S_u(f) := \sup \{ U(f,Z) \mid U(f,Z) \text{ ist Untersumme von } f \},$$

$$S_O(f) := \inf \{ O(f,Z) \mid O(f,Z) \text{ ist Obersumme von } f \}.$$

Wir nennen $S_u(f)$ <u>unteres Integral von f</u> und $S_O(f)$ <u>oberes Integral von f</u>.

Wir wollen uns überlegen, daß

$$S_u(f) \leq S_O(f)$$

gilt. Dazu betrachten wir allgemein zwei Mengen $A, B \subseteq \mathbb{R}$, für die $x \leq y$ für alle $x \in A$ und $y \in B$ gilt. Hieraus folgt, daß A nach oben beschränkt und B nach unten beschränkt ist. Daher existieren $\sup A$ und $\inf B$.

<u>**Satz**</u> 5.17 A und B seien nicht leere Teilmengen von $\mathbb{R}$, für die $x \leq y$ für alle $x \in A$ und alle $y \in B$ gilt. Dann folgt:

(1) $\qquad \sup A \leq \inf B$

(2) $\qquad \sup A = \inf B$ gilt genau dann, wenn zu jedem $\varepsilon > 0$ reelle

$\qquad\qquad$ Zahlen $x \in A$ und $y \in B$ existieren mit $y - x < \varepsilon$.

<u>Beweis.</u> Wir setzen $s := \sup A$ und $t := \inf B$.

(1) Wir nehmen indirekt an, daß $s > t$ gilt. Sei $\varepsilon \in \mathbb{R}^+$ so gewahlt, daß $\varepsilon < (s-t)/2$ ist. Es gibt Zahlen $x \in A$ und $y \in B$ mit

$$t \leq y < t+\varepsilon, \qquad s-\varepsilon < x \leq s.$$

Wegen $t+\varepsilon < s-\varepsilon$ erhalten wir $y < x$ im Widerspruch zu der Voraussetzung über A und B.

(2) Wir setzen zunächst voraus, daß $s = t$ gilt. Es gibt zu jedem $\varepsilon \in \mathbb{R}^+$ Zahlen $x \in A$ und $y \in B$ mit

$$s-\varepsilon < x, \qquad y < t+\varepsilon. \qquad\qquad (5.16)$$

Wir können die Ungleichungen (5.16) etwas anders schreiben:

$$s-x < \varepsilon, \qquad y-t < \varepsilon. \qquad\qquad (5.17)$$

Aus den Ungleichungen (5.17) erhalten wir wegen $s = t$:

$$y-x = y-t + t-x < 2\varepsilon.$$

Wir nehmen jetzt an, daß es zu jedem $\varepsilon \in \mathbb{R}^+$ Zahlen $x \in A$ und $y \in B$ gibt mit $y-x < \varepsilon$. Wir wollen zeigen, daß $s = t$ gilt. Sei $\varepsilon \in \mathbb{R}^+$. Dann gibt es Zahlen $x \in A$ und $y \in B$ mit $y-x < \varepsilon$. Es gilt

$$x \leq s \leq t \leq y,$$

woraus $t-s < \varepsilon$ folgt. Da $t-s \geq 0$ und $t-s < \varepsilon$ für alle $\varepsilon \in \mathbb{R}^+$ gilt, muß $t-s = 0$ sein. Daher ist $t = s$. $\qquad\qquad\bullet$

Wenn wir mit A die Menge der Untersummen von f und mit B die Menge der Obersummen von f bezeichnen, erhalten wir aus Satz 5.17:

<u>Satz 5.18</u> $f: [a,b] \to \mathbb{R}$ sei beschränkt. Dann gilt $S_u(f) \leq S_O(f)$.

B Wenn oberes und unteres Integral einer Funktion f übereinstimmen, sagen wir, daß f integrierbar ist:

Definition 5.9 $f: [a,b] \to \mathbb{R}$ sei beschränkt. f heißt <u>integrierbar</u> (auch: <u>Riemann-integrierbar</u>), wenn

$$S_u(f) = S_o(f)$$

gilt. Die Zahl $S_u(f) = S_o(f)$ heißt dann <u>Integral</u> (auch: <u>Riemann-Integral</u>) <u>der Funktion f</u> und wird mit

$$\int_a^b f(x)\,dx$$

bezeichnet. $\int_a^b f(x)\,dx$ wird gelesen als "Integral über f von a bis b". Die Zahl a heißt <u>untere Integrationsgrenze</u>, die Zahl b <u>obere Integrationsgrenze</u>.

Mit Satz 5.17 erhalten wir das folgende Kriterium für Integrierbarkeit:

Satz 5.19 $f: [a,b] \to \mathbb{R}$ sei eine beschränkte Funktion. f ist genau dann integrierbar, wenn zu jedem $\varepsilon \in \mathbb{R}^+$ eine Untersumme $U(f,Z)$ und eine Obersumme $O(f,Z)$ existieren, so daß $O(f,Z) - U(f,Z) < \varepsilon$ gilt.

Beispiel 5.18 Wir wollen mit Satz 5.19 zeigen, daß die Funktion

$$f: [1,a] \to \mathbb{R} \quad \text{mit} \quad x \mapsto 1/x$$

integrierbar ist $(a > 1)$. Für $n \in \mathbb{N}$ betrachten wir die Zerlegung $Z = \{\, x_0, x_1, \ldots, x_n \,\}$ von $[1,a]$ mit

$$x_k = 1 + k\,\frac{a-1}{n}\,, \qquad 0 \leq k \leq n.$$

Es gilt

$$\frac{1}{x_k} \leq \frac{1}{x} \leq \frac{1}{x_{k-1}} \qquad \text{für alle } x \in [x_{k-1}, x_k],\quad 1 \leq k \leq n.$$

Daher gilt für alle $k \in \mathbb{N}$ mit $1 \leq k \leq n$:

$$m_k := \inf \{\, f(x) \mid x \in [x_{k-1}, x_k] \,\} = \frac{1}{x_k}\,,$$

$$M_k := \sup \{\, f(x) \mid x \in [x_{k-1}, x_k] \,\} = \frac{1}{x_{k-1}}\,.$$

Wir bilden die Untersumme

$$U(f,Z) = \sum_{k=1}^{n} m_k (x_k - x_{k-1}) = \frac{a-1}{n} \sum_{k=1}^{n} m_k = \frac{a-1}{n} \sum_{k=1}^{n} \frac{1}{x_k}$$

und die Obersumme

$$O(f,Z) = \sum_{k=1}^{n} M_k (x_k - x_{k-1}) = \frac{a-1}{n} \sum_{k=1}^{n} M_k = \frac{a-1}{n} \sum_{k=1}^{n} \frac{1}{x_{k-1}}\,.$$

Wir erhalten

$$O(f,Z) - U(f,Z) = \frac{a-1}{n} \left(\frac{1}{x_0} - \frac{1}{x_n}\right) = \frac{a-1}{n} \left(1 - \frac{1}{a}\right) < \frac{a-1}{n} \; .$$

B

Zu $\varepsilon \in \mathbb{R}^+$ wählen wir $n \in \mathbb{N}$ so groß, daß $(a-1)/n < \varepsilon$ gilt. Dann erhalten wir

$$O(f,Z) - U(f,Z) < \frac{a-1}{n} < \varepsilon. \tag{5.18}$$

Nach Satz 5.19 ist f integrierbar.

Wenn wir nun etwa für $a = 10$ das Integral $\int_1^{10} \frac{dx}{x}$ mit einem Fehler kleiner als 10^{-2} ausrechnen wollen, wählen wir n so groß, daß $(10 - 1)/n \leq 10^{-2}$ gilt. Dies ist für $n \geq 900$ der Fall. Für $n = 900$ ergibt die Rechnung mit einem programmierbaren Taschenrechner:

$$U(f,Z) = 2{,}298...$$

$$\Rightarrow \quad 2{,}298 \leq \int_1^{10} \frac{dx}{x} \leq 2{,}309 \; .$$

Die Summe integrierbarer Funktionen ist integrierbar:

<u>Satz 5.20</u> Die auf dem Intervall [a,b] definierten reellen Funktionen f und g seien integrierbar. Dann gilt:
(1) f+g ist integrierbar mit
$$\int_a^b (f+g)(x)\,dx = \int_a^b f(x)\,dx + \int_a^b g(x)\,dx.$$
(2) Für $c \in \mathbb{R}$ ist df integrierbar mit
$$\int_a^b (df)(x)\,dx = c \int_a^b f(x)\,dx.$$

<u>Beweis</u>. Sei $\varepsilon \in \mathbb{R}^+$. Wenn f und g integrierbar sind, gibt es eine Zerlegung Z von [a,b] und zu Z gehörende Unter- und Obersummen von f bzw. g mit

$$O(f,Z) - U(f,Z) < \varepsilon, \qquad O(g,Z) - U(g,Z) < \varepsilon. \tag{5.19}$$

$U(f,Z)+U(g,Z)$ ist eine Untersumme von f+g und $O(f,Z)+O(g,Z)$ eine Obersumme von f+g. Aus den Ungleichungen (5.19) erhalten wir

$$[O(f,Z)+O(g,Z)] - [U(f,Z)+U(g,Z)] < 2\varepsilon. \tag{5.20}$$

Mit Satz 5.19 folgt, daß f+g integrierbar ist.
Für alle Zerlegungen Z von [a,b] und alle zugehörigen Unter- und Obersummen von f bzw. g gilt

$$U(f,Z)+U(g,Z) \leq \int_a^b f(x)\,dx + \int_a^b g(x)\,dx \leq O(f,Z)+O(g,Z),$$

$$U(f,Z)+U(g,Z) \leq \int_a^b (f+g)(x)\,dx \leq O(f,Z)+O(g,Z).$$

Mit Ungleichung (5.20) und Satz 5.17 folgt:

B
$$\int_a^b (f+g)(x)\,dx = \int_a^b f(x)\,dx + \int_a^b g(x)\,dx.$$

(2) Wenn f integrierbar ist, gibt es zu $\varepsilon \in \mathbb{R}^+$ eine Untersumme
U(f,Z) und eine Obersumme O(f,Z) mit
$$O(f,Z) - U(f,Z) < \varepsilon. \tag{5.21}$$
Sei $c \in \mathbb{R}$ mit $c > 0$. $c \cdot U(f,Z)$ ist eine Untersumme von cf und
$c \cdot O(f,Z)$ eine Obersumme von cf. Aus Ungleichung (5.21) folgt:
$$c \cdot O(f,Z) - c \cdot U(f,Z) < c\varepsilon. \tag{5.22}$$
Daher ist cf integrierbar. Für alle Zerlegungen Z von [a,b] und
alle zugehörigen Unter- und Obersummen von f gilt:
$$c \cdot U(f,Z) \le c \int_a^b f(x)\,dx \le c \cdot O(f,Z) \ ,$$
$$c \cdot U(f,Z) \le \int_a^b (cf)(x)\,dx \le c \cdot O(f,Z).$$
Mit Ungleichung (5.22) und Satz 5.17 folgt:
$$\int_a^b (cf)(x)\,dx = c \int_a^b f(x)\,dx.$$
Wenn $c \le 0$ gilt, muß man beachten, daß $c \cdot U(f,Z)$ eine Obersumme
von cf und $c \cdot O(f,Z)$ eine Untersumme von cf ist. Ansonsten läuft
der Beweis wie im Fall $c > 0$.   •

<u>Definition 5.10</u> Sei D eine nicht leere Teilmenge von $\mathbb{R}$. a und b
seien reelle Zahlen mit $a < b$ und $[a,b] \subseteq D$. Die Funktion f: $D \to \mathbb{R}$
heißt <u>integrierbar auf [a,b]</u>, wenn f|[a,b] integrierbar ist. Mit
$\int_a^b f(x)\,dx$ wird dann das Integral von f|[a,b] bezeichnet.

<u>Satz 5.21</u> Die Funktion f sei auf $D \subseteq \mathbb{R}$ definiert, und es gelte
$[a,b] \subseteq D$. Wenn f auf [a,b] stetig ist, ist f auf [a,b] integrierbar.

<u>Beweis.</u> Wenn f auf [a,b] stetig ist, ist f nach Satz 4.16 sogar
gleichmäßig stetig auf [a,b]. Außerdem folgt, daß f|[a,b] be-
schränkt ist. Sei $\varepsilon \in \mathbb{R}^+$. Dann gibt es ein $\delta \in \mathbb{R}^+$, so daß für alle
$x,x' \in [a,b]$ gilt:
$$|x-x'| < \delta \ \Rightarrow \ |f(x)-f(x')| < \varepsilon.$$
Zu [a,b] bilden wir eine Zerlegung $Z = \{ x_0, x_1, \ldots, x_n \}$ mit
$$|x_k - x_{k-1}| < \delta \qquad \text{für alle } k \in \{ 1,2,\ldots,n \}.$$
(Man wähle z.B. n so groß, daß $(b-a)/n < \delta$ gilt, und zerlege das
Intervall [a,b] in n gleichlange Teilintervalle.) Wir setzen für

$k \in \{ 1,2,\ldots,n \}$:
$$m_k := \min \{ f(x) \mid x_{k-1} \le x \le x_k \},$$
$$M_k := \max \{ f(x) \mid x_{k-1} \le x \le x_k \}.$$

$U(f,Z) = \sum\limits_{k=1}^{n} m_k(x_k - x_{k-1})$ ist eine Untersumme von f und

$O(f,Z) = \sum\limits_{k=1}^{n} M_k(x_k - x_{k-1})$ ist eine Obersumme von f. Nach dem Zwischenwertsatz gibt es Zahlen $z,z' \in [x_{k-1}, x_k]$ mit
$$m_k = f(z), \qquad M_k = f(z'), \qquad (1 \le k \le n).$$
Wegen $|z-z'| \le |x_k - x_{k-1}| < \delta$ gilt dann
$$M_k - m_k = f(z) - f(z') < \varepsilon.$$

Für die Differenz aus Obersumme und Untersumme erhalten wir:
$$O(f,Z) - U(f,Z) = \sum\limits_{k=1}^{n} M_k(x_k - x_{k-1}) - \sum\limits_{k=1}^{n} m_k(x_k - x_{k-1})$$
$$= \sum\limits_{k=1}^{n} (M_k - m_k)(x_k - x_{k-1})$$
$$< \sum\limits_{k=1}^{n} \varepsilon (x_k - x_{k-1}) = \varepsilon (b-a).$$

Daher ist f integrierbar auf [a,b]. $\bullet$

<u>Definition 5.11</u> f: [a,b] $\to$ $\mathbb{R}$ sei eine reelle Funktion. Weiter sei $Z = \{ x_0, x_1, \ldots, x_n \}$ eine Zerlegung von [a,b]. $z_1, z_2, \ldots, z_n$ seien reelle Zahlen mit $z_k \in f([x_{k-1}, x_k])$, $(1 \le k \le n)$. Dann heißt

$$M(f,Z) = \sum\limits_{k=1}^{n} z_k(x_k - x_{k-1})$$

eine (zu Z gehörende) <u>Mittelsumme von f</u> (Fig. 5.22).

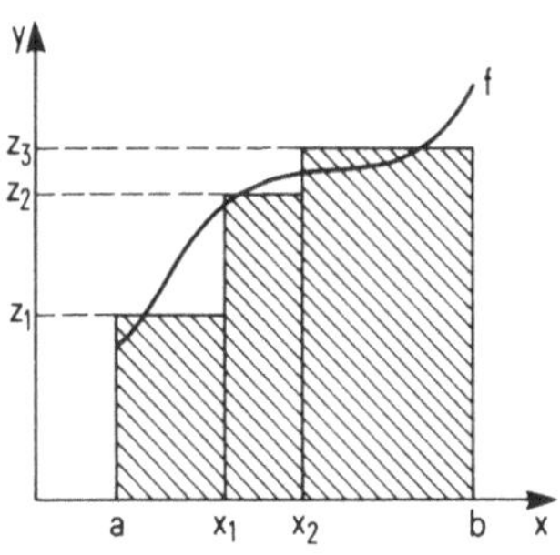

Fig. 5.22

Wir wollen uns überlegen, wie man das Integral einer Funktion f

B durch Mittelsummen annähern kann. Die Funktion $f: [a,b] \to \mathbb{R}$ sei stetig auf $[a,b]$. Sei $\varepsilon \in \mathbb{R}^+$. Aus dem Beweis von Satz 5.21 entnehmen wir, daß es ein $\delta \in \mathbb{R}^+$ gibt, so daß

$$O(f,Z) - U(f,Z) < \varepsilon$$

für jede Zerlegung $Z = \{ x_0, x_1, \ldots, x_n \}$ von $[a,b]$ mit

$$|x_k - x_{k-1}| < \delta \qquad \text{für alle } k \in \{ 1, 2, \ldots, n \}$$

gilt. Für jede zu Z gehörende Mittelsumme $M(f,Z)$ erhalten wir dann wegen $U(f,Z) \leq M(f,Z) \leq O(f,Z)$:

$$\left| M(f,Z) - \int_a^b f(x)\,dx \right| < \varepsilon.$$

Wenn wir die positive reelle Zahl

$$\max \{ x_k - x_{k-1} \mid 1 \leq k \leq n \}$$

als <u>Feinheit von Z</u> bezeichnen, erhalten wir demnach:

<u>Satz 5.22</u> $f: [a,b] \to \mathbb{R}$ sei stetig auf $[a,b]$. Dann gilt: Zu jedem $\varepsilon \in \mathbb{R}^+$ gibt es ein $\delta \in \mathbb{R}^+$, so daß für jede Zerlegung Z von $[a,b]$ mit einer Feinheit kleiner als δ und jede zu Z gehörende Mittelsumme $M(f,Z)$ gilt:

$$\left| M(f,Z) - \int_a^b f(x)\,dx \right| < \varepsilon.$$

Wir erhalten aus Satz 5.22: Wenn (Z_n) eine Folge von Zerlegungen von $[a,b]$ ist, deren Feinheit gegen 0 konvergiert, folgt

$$\lim M(f,Z_n) = \int_a^b f(x)\,dx.$$

Konstante Funktionen sind integrierbar: Sei $Z = \{ x_0, x_1, \ldots, x_n \}$ eine Zerlegung von $[a,b]$. Die Summe

$$\sum_{k=1}^{n} c(x_k - x_{k-1}) = c(x_n - x_0) = c(b-a)$$

ist gleichzeitig Untersumme und Obersumme der konstanten Funktion

$$\underline{c}: [a,b] \to \mathbb{R} \quad \text{mit} \quad x \mapsto c.$$

Daher ist $\underline{c}$ intergrierbar, und es gilt

$$\int_a^b c\,dx = c(b-a)$$

f und g seien auf $[a,b]$ definierte beschränkte Funktionen. Es gelte $f(x) \leq g(x)$ für alle $x \in [a,b]$. Dann ist jede Untersumme von f auch Untersumme von g. Daher gilt für die Unterintegrale von f und g, daß $S_u(f) \leq S_u(g)$ ist. Wenn f und g integrierbar sind, erhalten wir deshalb:

$$f \le g \; \Rightarrow \; \int_a^b f(x)\,dx \le \int_a^b g(x)\,dx \qquad (5.23)$$

<u>Satz 5.23</u> (<u>Mittelwertsatz der Integralrechnung</u>) Wenn die Funktion
$f: [a,b] \to \mathbb{R}$ stetig auf $[a,b]$ ist, gibt es ein $z \in [a,b]$ mit

$$\int_a^b f(x)\,dx = f(z)(b-a).$$

<u>Beweis</u>. Da f auf $[a,b]$ stetig ist, nimmt die Funktion f auf $[a,b]$
ihr Minimum m und ihr Maximum M an. Für alle $x \in [a,b]$ gilt

$$m \le f(x) \le M.$$

Wegen (5.23) erhalten wir

$$\int_a^b m\,dx \le \int_a^b f(x)\,dx \le \int_a^b M\,dx. \qquad (5.24)$$

Aus Ungleichung (5.24) erhalten wir

$$m(b-a) \le \int_a^b f(x)\,dx \le M(b-a).$$

$$\Rightarrow \; m \le \frac{1}{b-a} \int_a^b f(x)\,dx \le M.$$

Nach dem Zwischenwertsatz wird jeder Wert zwischen m und M von f
angenommen. Daher gibt es ein $z \in [a,b]$ mit

$$f(z) = \frac{1}{b-a} \int_a^b f(x)\,dx. \qquad \bullet$$

<u>Satz 5.24</u> $f: D \to \mathbb{R}$ sei eine reelle Funktion. Seien a, b und c
reelle Zahlen mit $a < b < c$ und $[a,c] \subseteq D$. f sei auf $[a,b]$ und
auf $[b,c]$ integrierbar. Dann ist f auf $[a,c]$ integrierbar mit

$$\int_a^c f(x)\,dx = \int_a^b f(x)\,dx + \int_b^c f(x)\,dx.$$

Der Beweis verläuft ähnlich wie der von Satz 5.20 (1). Dabei ist
nur folgendes zu beachten: Wenn Z_1 eine Zerlegung von $[a,b]$ und
Z_2 eine Zerlegung von $[b,c]$ ist, ist $Z_1 \cup Z_2$ eine Zerlegung von
$[a,c]$. Wenn $U(f,Z_1)$ eine Untersumme von $f|[a,b]$ und $U(f,Z_2)$ eine
Untersumme von $f|[b,c]$ ist, ist $U(f,Z_1) + U(f,Z_2)$ eine Untersumme
von $f|[a,c]$. Entsprechendes gilt für die Obersummen (Fig. 5.23).

Wenn wir das Integral einer Funktion f berechnen wollen, können
wir das im Augenblick nur durch die Berechnung bestimmter Unter-
und Obersummen von f erreichen (vgl. Beispiele 5.16 und 5.18). Wir

B

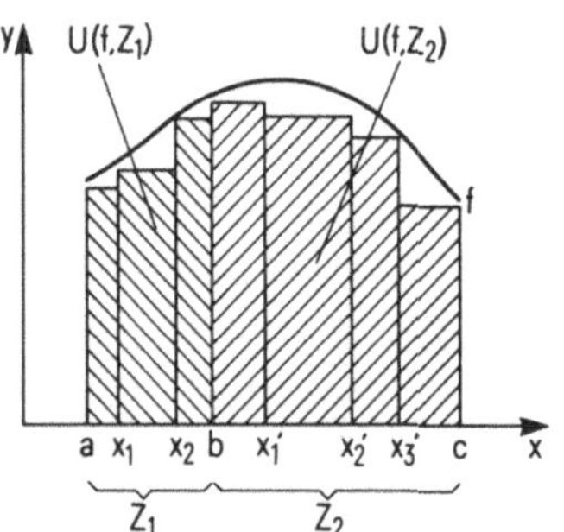

Fig. 5.23

suchen jetzt eine elegantere Methode zur Berechnung von Integra-
len. Dabei werden wir gleichzeitig ein weiteres Problem beantworten, daß wir folgendermaßen beschreiben können:

  Ist die Operation des Differenzierens umkehrbar?

Wir geben dieser allgemeinen Problemstellung eine speziellere Form:

  Gibt es stets zu einer stetigen Funktion f eine differenzierbare Funktion F mit $F' = f$?

Wir werden auf diese Frage eine bejahende Antwort finden.

Definition 5.12   f sei eine auf D definierte reelle Funktion.
$F: D \to \mathbb{R}$ heißt Stammfunktion zu f, wenn F auf D differenzierbar
ist und $F' = f$ gilt.

Der folgende Satz zeigt uns, daß eine Stammfunktion bis auf eine
additive Konstante eindeutig bestimmt ist.

Satz 5.25   (1) Wenn F und G Stammfunktionen von f sind, gibt es
ein $c \in \mathbb{R}$ mit $G = F + c$.
(2) Wenn f eine Stammfunktion F besitzt, ist $\{ F+c \mid c \in \mathbb{R} \}$ die
Menge aller Stammfunktionen von f.

Beweis. (1) Wenn F und G Stammfunktionen von f sind, gilt
$F' = f = G'$ und somit $(G-F)' = 0$. Nach Satz 5.10 ist G-F konstant,
d.h., es gibt ein $c \in \mathbb{R}$ mit $G-F = c$, woraus $G = F+c$ folgt.
(2) Aus (1) wissen wir, daß jede Stammfunktion G von f Element von
$\{ F+c \mid c \in \mathbb{R} \}$ ist. Daher bleibt nur noch zu zeigen, daß jedes
Element von $\{ F+c \mid c \in \mathbb{R} \}$ Stammfunktion von f ist. Wegen $c' = 0$
erhalten wir

  $(F+c)' = F' + c' = f + 0 = f.$

Daher ist für alle $c \in \mathbb{R}$ die Funktion F+c Stammfunktion von f. •

Beispiel 5.19 Die Funktion

$$h_n: \mathbb{R} \to \mathbb{R} \quad \text{mit} \quad x \mapsto x^n$$

hat als Stammfunktion $\frac{1}{n+1} h_{n+1}$. Für $c \in \mathbb{R}$ ist auch $\frac{1}{n+1} h_{n+1} + c$ eine Stammfunktion von h_n.

Die folgende Definition dient lediglich dazu, bei der Formulierung und dem Beweis des Hauptsatzes der Differential- und Integralrechnung Fallunterscheidungen zu vermeiden.

Definition 5.13 Sei $f: D \to \mathbb{R}$ eine beschränkte Funktion.

(1) Für jedes $a \in D$ setzen wir $\int_a^a f(x)dx = 0$.

(2) Sei $a,b \in \mathbb{R}$ mit $a < b$ und $[a,b] \subseteq D$. Wenn f auf $[a,b]$ integrierbar ist, setzen wir $\int_b^a f(x)dx := - \int_a^b f(x)dx$.

Der folgende Satz stellt eine Verbindung zwischen Differential- und Integralrechnung her. Er zeigt uns, daß zu einer stetigen Funktion $f: [a,b] \to \mathbb{R}$ stets eine Stammfunktion existiert. Diese Stammfunktion erhalten wir dadurch, daß wir das Integral über f von a bis zu einer veränderlichen oberen Integrationsgrenze x bilden.

Satz 5.26 (Hauptsatz der Differential- und Integralrechnung)
$f: [a,b] \to \mathbb{R}$ sei eine auf $[a,b]$ stetige Funktion. Dann ist

$$F: [a,b] \to \mathbb{R} \quad \text{mit} \quad x \mapsto \int_a^x f(t)dt$$

auf $[a,b]$ differenzierbar, und es gilt $F' = f$.

Beweis. Sei $x_0 \in [a,b]$. Wir wollen zeigen, daß die in Satz 5.26 definierte Funktion F in x_0 differenzierbar ist. Es gilt

$$F(x) = \int_a^x f(t)dt = \int_a^{x_0} f(t)dt + \int_{x_0}^x f(t)dt$$

$$= F(x_0) + \int_{x_0}^x f(t)dt.$$

Setzen wir

$$d(x) = \frac{1}{x-x_0} \int_{x_0}^x f(t)dt, \qquad \text{falls } x \neq x_0$$

und $d(x_0) = f(x_0)$, so erhalten wir

$$F(x) = F(x_0) + (x-x_0)d(x) \qquad \text{für alle } x \in [a,b].$$

Wir wollen zeigen, daß d stetig in x_0 ist. Sei (x_n) eine gegen x_0

B konvergierende Folge mit $x_n \neq x_0$ für alle $n \in \mathbb{N}$. Nach dem Mittelwertsatz der Integralrechnung gibt es zu jedem $n \in \mathbb{N}$ ein z_n zwischen x_n und x_0 mit

$$\int_{x_0}^{x_n} f(t)\,dt = f(z_n)(x_n - x_0).$$

Daher ist $d(x_n) = f(z_n)$. Da z_n zwischen x_n und x_0 liegt, folgt aus
$\lim x_n = x_0$, daß $\lim z_n = x_0$ ist. Da f stetig in x_0 ist, gilt
$\lim f(z_n) = f(x_0)$. Daher ist auch $\lim d(x_n) = f(x_0)$. Somit ist
d in x_0 stetig. Daher ist F differenzierbar in x_0 mit

$$F'(x_0) = d(x_0) = f(x_0) \qquad (\text{Fig. } 5.24). \qquad \bullet$$

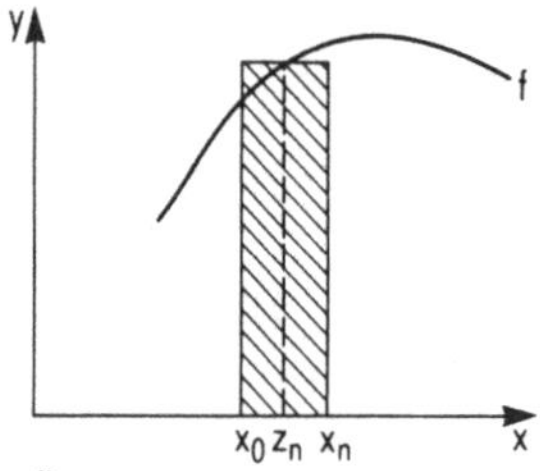

$$\int_{x_0}^{x_n} f(t)\,dt = (x_n - x_0)\,f(z_n)$$

Fig. 5.24

Die in Satz 5.26 definierte Funktion F ist Stammfunktion zu f.
Wenn zu der Funktion f eine weitere Stammfunktion G bekannt ist,
für die die Berechnung der Funktionswerte keine Mühe macht, läßt
sich mit Hilfe des Hauptsatzes das Integral

$$\int_{a}^{b} f(x)\,dx$$

leicht berechnen: Die Funktion G unterscheidet sich von der im
Hauptsatz definierten Funktion F nur um eine Konstante: $G = F + c$.
Wegen $F(a) = 0$ gilt $c = G(a)$. Mit dem Hauptsatz der Differential-
und Integralrechnung erhalten wir

$$\int_{a}^{b} f(x)\,dx = F(b) = G(b) - G(a).$$

<u>Beispiel 5.20</u> Zu der Funktion

$$f: \mathbb{R} \to \mathbb{R} \quad \text{mit} \quad x \mapsto x^2 + x^3$$

ist die Funktion

$$G: \mathbb{R} \to \mathbb{R} \quad \text{mit} \quad x \mapsto \tfrac{1}{3}x^3 + \tfrac{1}{4}x^4$$

eine Stammfunktion. Daher gilt

$$\int_{2}^{5} f(x)\,dx = G(5) - G(2) = 191{,}25.$$

<u>Beispiel 5.21</u> Wir kennen bis jetzt keine Funktion F, für deren Ableitung $F'(x) = 1/x$ gilt $(x > 0)$. Da die Funktion
$$f: \mathbb{R}^+ \to \mathbb{R} \quad \text{mit} \quad x \mapsto 1/x$$
stetig auf $\mathbb{R}^+$ ist, gibt es nach dem Hauptsatz zu f eine Stammfunktion. Die Funktion
$$L: \mathbb{R}^+ \to \mathbb{R} \quad \text{mit} \quad x \mapsto \int_1^x f(t)\,dt$$
ist eine Stammfunktion von f. Wie wir sehen, gewinnen wir durch die Bildung des Riemann-Integrals neue Funktionen. Im nächsten Abschnitt werden wir die Funktion L als Logarithmusfunktion genauer beschreiben.

<u>Aufgaben</u>

5.12 Geben Sie zu der Funktion
$$f: [1,2] \to \mathbb{R} \quad \text{mit} \quad x \mapsto x$$
eine Untersumme $U(f,Z)$ und eine Obersumme $O(f,Z)$ an mit
$$O(f,Z) - U(f,Z) < 10^{-2}.$$

5.13 Geben Sie eine Stammfunktion der folgenden Funktion an:
$$f: \mathbb{R}^+ \to \mathbb{R} \quad \text{mit} \quad x \mapsto x^q, \qquad q \in \mathbb{Q}.$$

5.14 Berechnen Sie folgende Integrale, indem Sie wie in Beispiel 5.20 vorgehen
$$a) \int_0^2 (x^5 - x)\,dx \qquad b) \int_1^4 \sqrt{x}\,dx \qquad c) \int_1^3 (x + \frac{1}{\sqrt{x}})\,dx.$$

5.15 Berechnen Sie den Flächeninhalt der Fläche, die durch die Funktionen
$$f: [1,2] \to \mathbb{R} \quad \text{mit} \quad x \mapsto \sqrt{x},$$
$$g: [1,2] \to \mathbb{R} \quad \text{mit} \quad x \mapsto x^2$$
und die die Punkte $(2,\sqrt{2})$ und $(2,4)$ verbindende Strecke begrenzt wird.

5.16 $f: [a,b] \to \mathbb{R}$ sei stetig, und es gelte $f(x) > 0$ für alle $x \in [a,b]$. Zeigen Sie, daß dann folgendes gilt:
$$\int_a^b f(x)\,dx > 0.$$

5.17 Die Funktion $f: [a,b] \to \mathbb{R}$ sei integrierbar. Zeigen Sie, daß dann die Funktion
$$g: [-b,-a] \to \mathbb{R} \quad \text{mit} \quad x \to f(-x)$$
integrierbar ist, und daß gilt:

B

$$\int_{-b}^{-a} g(x)\,dx = \int_{-b}^{-a} f(-x)\,dx = \int_{a}^{b} f(x)\,dx.$$

6 SPEZIELLE FUNKTIONEN

Wir wollen uns in diesem Abschnitt mit den folgenden Funktionen
beschäftigen:

      Winkelfunktionen (Sinus, Kosinus)

      Potenzfunktionen (Exponentialfunktion)

      Logarithmusfunktion

6.1 Kurven

Um die Winkelfunktionen einführen zu können, benötigen wir die
Begriffe der Kurve und der Kurvenlänge. Zur Vorbereitung auf den
Kurvenbegriff betrachten wir Fig. 6.1, in der Beispiele von Kur-
ven angegeben werden.

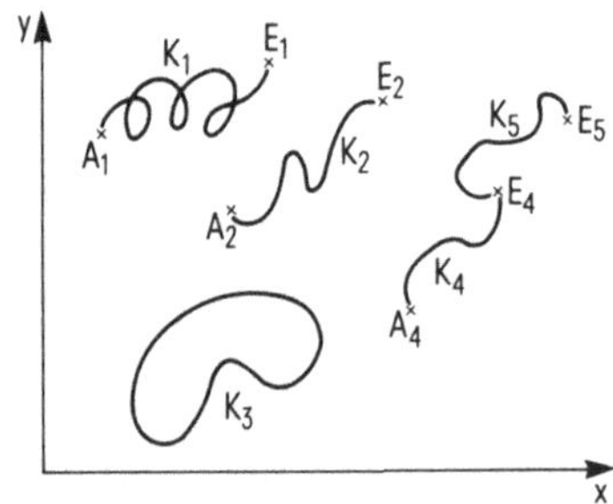

Fig. 6.1

Bei der Kurve K_1 fällt auf, daß die Kurve sich selbst schneidet.
Die dabei entstehenden Schnittpunkte heißen Doppelpunkte der Kur-
ve. Durch A_1 bzw. E_1 haben wir den Anfangspunkt bzw. Endpunkt der
Kurve bezeichnet. Bei dieser Bezeichnungsweise gehen wir von einer
Durchlaufungsrichtung (Orientierung) der Kurve aus. Wir können die
Kurve K_1 als Spur der Bewegung eines Punkts in Abhängigkeit von
der Zeit auffassen.
Die Kurve K_2 besitzt keine Doppelpunkte. Eine Kurve ohne Doppel-
punkte nennen wir einfach.
K_3 ist eine geschlossene Kurve, die - wenn man sie nur einmal

durchläuft - ebenfalls keine Doppelpunkte besitzt. Jeder Punkt der Kurve K_3 kann Anfangspunkt dieser Kurve sein. Er ist dann auch gleichzeitig Endpunkt der Kurve K_3.

Für die Kurven K_4 und K_5 gilt, daß der Endpunkt der Kurve K_4 Anfangspunkt der Kurve K_5 ist. Wir können beide Kurven zu einer neuen Kurve mit Anfangspunkt A_4 und Endpunkt E_5 zusammensetzen. Die neue Kurve heißt <u>Summe der Kurven</u> K_4 und K_5.

Wir hatten schon gesagt, daß wir eine Kurve K als Weg eines Punktes, der sich in Abhängigkeit von der Zeit bewegt, auffassen können. Dieser Gedanke führt zu der folgenden Definition der Kurve.

<u>Definition 6.1</u> Sei $a,b \in \mathbb{R}$ mit $a < b$. Seien $k_1 \colon [a,b] \to \mathbb{R}$ und $k_2 \colon [a,b] \to \mathbb{R}$ stetige Funktionen, mit denen wir die Abbildung

$$k \colon [a,b] \to \mathbb{R} \times \mathbb{R} \quad \text{mit} \quad x \mapsto (k_1(x), k_2(x))$$

bilden. Wir setzen $K := k([a,b])$. Wir nennen k eine <u>Parametrisierung von K</u>. Das Paar (K,k) bezeichnen wir als <u>Kurve</u> mit der <u>Spur</u> K und der Parametrisierung k. $k(a)$ heißt <u>Anfangspunkt</u> und $k(b)$ heißt <u>Endpunkt der Kurve</u> (K,k). k_1 und k_2 heißen <u>Komponentenfunktionen</u> von k.

Wenn klar ist, welche Parametrisierung vorliegt, werden wir auch einfach von der Kurve K sprechen.

Die oben anhand von Fig. 6.1 anschaulich eingeführten Begriffe "Doppelpunkt", "einfache Kurve", "geschlossene Kurve" und "Summe zweier Kurven" lassen sich durch die Verwendung von Definition 6.1 präzisieren. Wir überlassen diese Präzisierung dem Leser als Übung.

Wir legen die Bezeichnungen aus Definition 6.1 zugrunde. Durch die Parametrisierung k wird der Kurve (K,k) eine Durchlaufungsrichtung gegeben: Seien A und B Punkte der Kurve, die keine Doppelpunkte sind. Seien $x_1, x_2 \in [a,b]$ mit $x_1 < x_2$ und $A = k(x_1)$, $B = k(x_2)$. Wir sagen dann, daß der Punkt A vor dem Punkt B durchlaufen wird.

K hat natürlich verschiedene Parametrisierungen. Zu der speziellen Parametrisierung k erhalten wir auf die folgende Weise weitere: Seien $c,d \in \mathbb{R}$ mit $c < d$. Die Funktion

$$t \colon [c,d] \to \mathbb{R}$$

sei streng monoton steigend und stetig, und es gelte $t([c,d]) = [a,b]$. Die Funktion t heißt dann eine <u>Parametertransformation</u>. Für die Abbildung

$$k^* \colon [c,d] \to \mathbb{R} \times \mathbb{R} \quad \text{mit} \quad x \mapsto (k_1 \circ t(x), k_2 \circ t(x))$$

178

B gilt, daß $k_1$ot und $k_2$ot stetig sind, und daß k*([c,d]) = K ist.
Daher ist (K,k*) eine Kurve. Wir sagen in diesem Fall, daß die
Parametrisierung k* zu der Parametrisierung k _äquivalent_ ist.
Man überlegt sich leicht, daß auf diese Weise eine Äquivalenzrelation auf der Menge der Parametrisierungen von K gebildet wird.
Die bezüglich einer Parametrisierung gebildeten Begriffe "Anfangspunkt", "Endpunkt", "Doppelpunkt", "einfache Kurve" und "geschlossene Kurve" ändern sich bezüglich äquivalenter Parametrisierungen
nicht.

Wenn   k: [a,b] → ℝ × ℝ   mit   x ↦ $(k_1(x),k_2(x))$
eine Parametrisierung von K ist, ist

$\quad\quad$ k⁻: [-b,-a] → ℝ × ℝ   mit   x ↦ $(k_1(-x),k_2(-x))$

ebenfalls eine Parametrisierung von K, die allerdings nicht zu k
äquivalent ist. Durch k⁻ wird die durch k gegebene Orientierung
der Kurve K geändert (entgegengesetzter Durchlaufungssinn).

Beispiel 6.1 Wir betrachten die Abbildung

$\quad\quad$ k: [-1,1] → ℝ × ℝ   mit   x ↦ $(k_1(x),k_2(x)) = (x^2,x)$.

Die Funktionen k_1 und k_2 sind stetig auf [-1,1]. Wir setzen
K = k([-1,1]). Die Kurve (K,k) hat den Anfangspunkt A = (1,-1)
und den Endpunkt E = (1,1). Mit der Parametertransformation

$\quad\quad$ f: [-2,2] → ℝ   mit   x ↦ x/2

erhalten wir die zu k äquivalente Parametrisierung

$\quad\quad$ k* = kot: [-2,2] → ℝ × ℝ   mit   x ↦ $(x^2/4 , x/2)$

(Fig. 6.2).

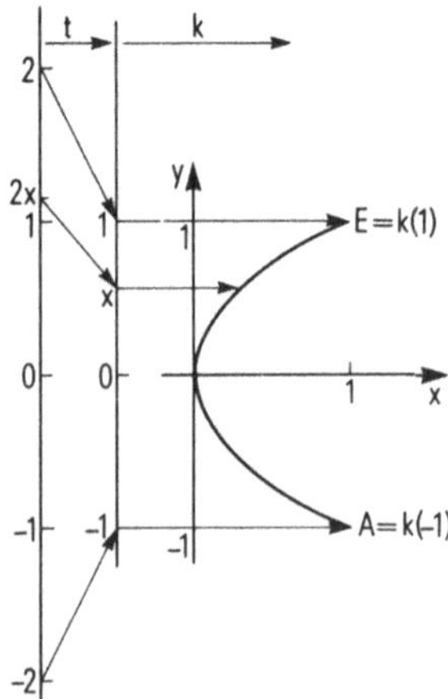

Fig. 6.2

Wir wollen uns jetzt überlegen, wie man die Länge von Kurven messen kann. Zu diesem Zweck betrachten wir eine einfache Kurve (K,k)
mit Anfangspunkt A und Endpunkt E. Die Punkte $P_0, P_1, \ldots, P_n$ seien
Punkte der Kurve K mit $P_0 = A$ und $P_n = E$. Die Punkte sollen in
der Durchlaufungsrichtung der Kurve aufeinanderfolgen. Mit den Bezeichnungen aus Definition 6.1 gilt dann: Es gibt reelle Zahlen
$t_0, t_1, \ldots, t_n$ mit $a = t_0 < t_1 < \ldots < t_n = b$ und $P_i = k(t_i)$,
$0 \le i \le n$. Den Streckenzug, der die Punkte $P_0, P_1, \ldots, P_n$ in dieser
Reihenfolge miteinander verbindet, bezeichnen wir mit $P_0 P_1 \ldots P_n$.
Wir nennen den Streckenzug $S = P_0 P_1 \ldots P_n$ einen <u>Sehnenzug der Kurve</u>
<u>(K,k)</u>   (Fig. 6.3).

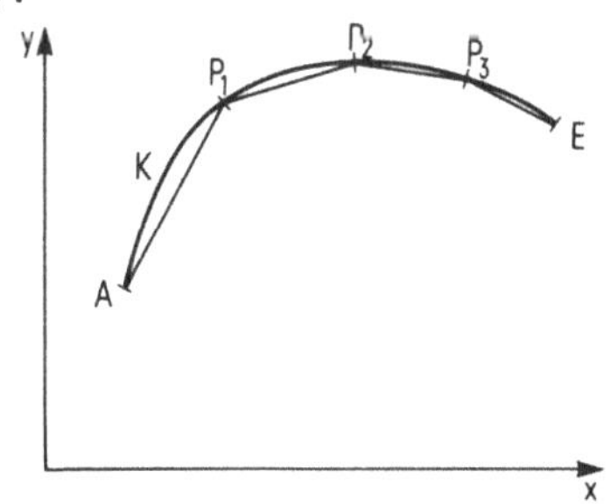

Fig. 6.3

Für Punkte $Q_1 = (x_1, y_1)$ und $Q_2 = (x_2, y_2)$ aus $\mathbb{R} \times \mathbb{R}$ definieren wir
als Länge der Strecke $Q_1 Q_2$ (Satz des Pythagoras):

$$|Q_1 Q_2| := \sqrt{(x_2 - x_1)^2 + (y_2 - y_1)^2}.$$

Als Länge des Streckenzugs $S = P_0 P_1 \ldots P_n$ definieren wir

$$|S| = |P_0 P_1 \ldots P_n| := \sum_{i=1}^{n} |P_{i-1} P_i|.$$

Wir sind jetzt in der Lage, die Länge einer Kurve zu definieren:

<u>Definition 6.2</u> (K,k) sei eine einfache Kurve. (K,k) heißt <u>rekti-</u>
<u>fizierbar</u>, wenn die Menge

$\{ |S| \mid S \text{ ist Sehnenzug von } (K,k) \}$

nach oben beschränkt ist. Wir setzen dann

$|(K,k)| := \sup \{ |S| \mid S \text{ ist Sehnenzug von } (K,k) \}.$

$|(K,k)|$ nennen wir <u>Länge von (K,k)</u>.

Aus Definition 6.2 und der Definition des Streckenzugs einer Kurve
folgt, daß die Begriffe "rektifizierbar" und "Länge einer Kurve"
nicht von der speziellen Parametrisierung abhängen. Wenn also k^*

B eine zu k äquivalente Parametrisierung von K ist, so ist (K,k) genau dann rektifizierbar, wenn (K,k*) rektifizierbar ist. Im Fall der Rektifizierbarkeit gilt $|(K,k)| = |(K,k^*)|$. Wir werden deshalb die Länge der Kurve (K,k) einfach mit $|K|$ bezeichnen.

Wenn (K,k) eine Kurve mit der Parametrisierung
$$k: [a,b] \rightarrow \mathbb{R} \times \mathbb{R} \quad \text{mit} \quad x \mapsto (k_1(x),k_2(x))$$
ist, können wir die Abbildung
$$h: [a,b] \rightarrow \mathbb{R} \times \mathbb{R} \quad \text{mit} \quad x \mapsto (k_1(x),-k_2(x))$$
bilden. Setzen wir $H := h([a,b])$, so ist (H,h) eine Kurve. H entsteht durch Spiegelung von K an der x-Achse. Wir übertragen diese Sprechweise auf die Kurven und sagen, daß (H,h) aus (K,k) durch Spiegelung an der x-Achse entsteht. Wird ein Streckenzug einer Spiegelung unterworfen, ändert sich seine Länge nicht. Daher gilt: Wenn (K,k) rektifizierbar ist, ist auch (H,h) rektifizierbar mit $|H| = |K|$. Zu der Kurve (K,k) können wir weiter die Abbildungen
$$i: [a,b] \rightarrow \mathbb{R} \times \mathbb{R} \quad \text{mit} \quad x \mapsto (-k_1(x),k_2(x)),$$
$$j: [a,b] \rightarrow \mathbb{R} \times \mathbb{R} \quad \text{mit} \quad x \mapsto (k_2(x),k_1(x))$$
bilden. Setzen wir $I = i([a,b])$ und $J = j([a,b])$, so sind (I,i) und (J,j) ebenfalls Kurven. Wir sagen, daß (I,i) aus (K,k) durch Spiegelung an der y-Achse und (J,j) aus (K,k) durch Spiegelung an der Geraden $\{ (x,x) \mid x \in \mathbb{R} \}$ entstehen. Wenn (K,k) rektifizierbar ist, sind auch (I,i) und (J,j) rektifizierbar mit $|I| = |J| = |K|$.

Wenn die einfache Kurve (K,k) Summe zweier einfacher Kurven (R,r) und (S,s) ist, und (R,r) und (S,s) rektifizierbar sind, ist - wie man sich leicht überlegt - auch (K,k) rektifizierbar. Es gilt dann
$$|K| = |R| + |S|.$$

<u>Satz 6.1</u> (K,k) sei eine einfache Kurve mit der Parametrisierung
$$k: [a,b] \rightarrow \mathbb{R} \times \mathbb{R} \quad \text{mit} \quad x \mapsto (k_1(x),k_2(x)).$$
Die stetigen Funktionen k_1 und k_2 seien monoton. Dann ist (K,k) rektifizierbar, und es gilt
$$|K| \leq |k_1(b)-k_1(a)| + |k_2(b)-k_2(a)|.$$

<u>Beweis</u>. $\{ x_0,x_1,\ldots,x_n \}$ sei eine Zerlegung von [a,b]. Wir setzen
$$P_i = (k_1(x_i),k_2(x_i)), \qquad (0 \leq i \leq n).$$
$P_0 P_1 \ldots P_n$ ist ein Sehnenzug von (K,k). Es gilt
$$|P_0 P_1 \ldots P_n| = \sum_{i=1}^{n} |P_{i-1} P_i|$$
$$= \sum_{i=1}^{n} \sqrt{(k_1(x_i)-k_1(x_{i-1}))^2 + (k_2(x_i)-k_2(x_{i-1}))^2}$$

Wegen $x^2+y^2 \le |x|+|y|$ erhalten wir

$$|P_0 P_1 \ldots P_n| \le \sum_{i=1}^{n} (|k_1(x_i)-k_1(x_{i-1})|+|k_2(x_i)-k_2(x_{i-1})|)$$

$$\le \sum_{i=1}^{n} |k_1(x_i)-k_1(x_{i-1})| + \sum_{i=1}^{n} |k_2(x_i)-k_2(x_{i-1})|$$

Wegen der Monotonie der Funktionen k_1 und k_2 erhalten wir

$$|P_0 P_1 \ldots P_n| \le \left| \sum_{i=1}^{n} k_1(x_i)-k_1(x_{i-1}) \right| + \left| \sum_{i=1}^{n} k_2(x_i)-k_2(x_{i-1}) \right|$$

$$\le |k_1(b)-k_1(a)| + |k_2(b)-k_2(a)|.$$

Durch $|k_1(b)-k_1(a)| + |k_2(b)-k_2(a)|$ ist die Länge jedes Sehnenzugs von (K,k) nach oben beschränkt. Daher ist (K,k) rektifizierbar mit

$$|K| \le |k_1(b)-k_1(a)| + |k_2(b)-k_2(a)| \qquad \text{(Fig. 6.4).} \qquad \bullet$$

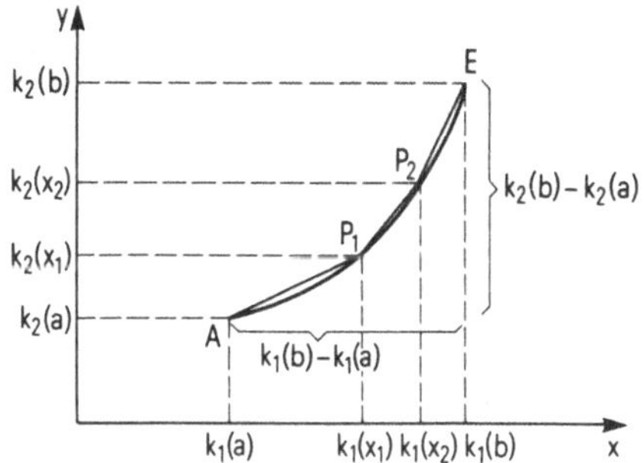

Fig. 6.4

<u>Satz 6.2</u> $f: [a,b] \to \mathbb{R}$ sei stetig differenzierbar. Dann ist die durch $k: [a,b] \to \mathbb{R} \times \mathbb{R}$ mit $x \mapsto (x,f(x))$ parametrisierte Kurve (K,k) rektifizierbar, und es gilt

$$|K| = \int_a^b \sqrt{1+(f'(x))^2}\, dx.$$

<u>Beweis.</u> Sei $P_0 P_1 \ldots P_n$ ein Sehnenzug von (K,k). Wenn $P_i = (x_i, f(x_i))$, $0 \le i \le n$, gilt, ist $\{x_0, x_1, \ldots, x_n\}$ eine Zerlegung von $[a,b]$. Nach dem Mittelwertsatz gibt es ein $z_i \in]x_{i-1}, x_i[$ mit

$$\frac{f(x_i) - f(x_{i-1})}{x_i - x_{i-1}} = f'(z_i), \qquad 1 \le i \le n.$$

Daher gilt für alle $i \in \{1, 2, \ldots, n\}$:

$$f(x_i) - f(x_{i-1}) = (x_i - x_{i-1})f'(z_i).$$

Wir erhalten

$$|P_0 P_1 \ldots P_n| = \sum_{i=1}^{n} \sqrt{(x_i - x_{i-1})^2 + (f(x_i)-f(x_{i-1}))^2}$$

B Aus dieser Gleichung folgt zusammen mit $f(x_i) - f(x_{i-1}) = f'(z_i)$:

$$|P_0 P_1 \ldots P_n| = \sum_{i=1}^{n} \sqrt{(x_i - x_{i-1})^2 + (x_i - x_{i-1})(f'(z_i))^2}$$

$$= \sum_{i=1}^{n} (x_i - x_{i-1}) \sqrt{1 + (f'(z_i))^2} \, . \qquad (6.1)$$

Der Summenausdruck in Gleichung (6.1) ist eine Mittelsumme der stetigen Funktion

$$g: [a,b] \to \mathbb{R} \quad \text{mit} \quad x \mapsto \sqrt{1 + (f'(x))^2} \, .$$

Wenn die Feinheit der zum Sehnenzug $P_0 P_1 \ldots P_n$ gehörenden Zerlegung $Z_n = \{ x_0, x_1, \ldots, x_n \}$ von $[a,b]$ bei wachsendem n gegen 0 konvergiert, konvergiert die Mittelsumme von g

$$M(g, Z_n) = \sum_{i=1}^{n} (x_i - x_{i-1}) \sqrt{1 + (f'(z_i))^2}$$

gegen $\int_a^b \sqrt{1 + (f'(x))^2} \, dx$ (vgl. Satz 5.22). Daher gilt

$$|K| = \int_a^b \sqrt{1 + (f'(x))^2} \, dx \, .$$

Wenn wir die Kurve (K,k) aus Satz 6.2 an der y-Achse spiegeln, entsteht eine Kurve $(\tilde{K}, \tilde{k})$, die durch

$$\tilde{k}: [a,b] \to \mathbb{R} \times \mathbb{R} \quad \text{mit} \quad x \mapsto (-x, f(x))$$

parametrisiert wird. Wir erhalten

$$|\tilde{K}| = |K| = \int_a^b \sqrt{1 + (f'(x))^2} \, dx \qquad (\text{Fig. } 6.5)$$

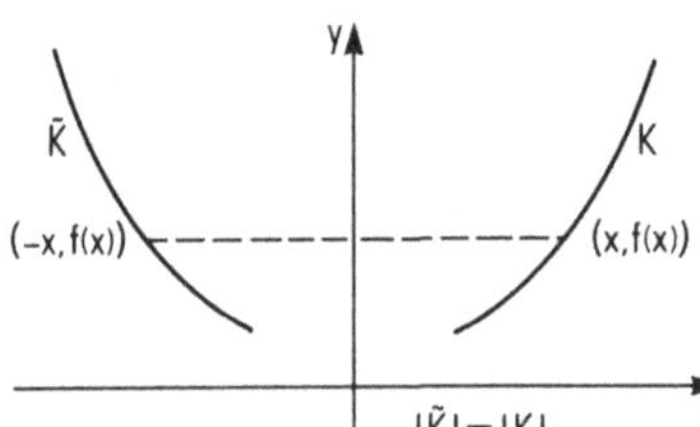

Fig. 6.5

<u>Beispiel 6.2</u> Die Funktion $f: [0,1] \to \mathbb{R}$ mit $x \mapsto x^2$ ist stetig differenzierbar auf $[0,1]$. Nach Satz 6.2 ist die durch

$$k: [0,1] \to \mathbb{R} \times \mathbb{R} \quad \text{mit} \quad x \mapsto (x, f(x))$$

parametrisierte Kurve (K,k) rektifizierbar, und es gilt

$$|K| = \int_0^1 \sqrt{1 + (f'(x))^2} \, dx = \int_0^1 \sqrt{1 + 4x^2} \, dx \, .$$

Sei $n \in \mathbb{N}$. Wir setzen $x_i = i/n$ für $i \in \{ 0, 1, \ldots, n \}$. Dann ist $Z_n = \{ x_0, x_1, \ldots, x_n \}$ eine Zerlegung von $[0,1]$. Wenn wir

$P_i = (x_i, x_i^2)$ setzen, $0 \leq i \leq n$, ist $P_0 P_1 \ldots P_n$ ein Sehnenzug von (K,k). Tab. 6.1 gibt die Länge einiger Sehnenzüge von (K,k) an (auf 4 Stellen hinter dem Komma gerundet).

Tab. 6.1

n	$\lvert P_0 P_1 \ldots P_n \rvert$
2	1,4604
10	1,4782
100	1,4789

Um $\lvert K \rvert$ nach oben abzuschätzen, benutzen wir die Obersumme

$$O(g, Z_n) = \frac{1}{n} \sum_{i=1}^{n} \sqrt{1 + 4(i^2/n^2)}$$

der Funktion $g: [0,1] \to \mathbb{R}$ mit $x \mapsto \sqrt{1 + 4x^2}$. Mit einem programmierbaren Taschenrechner erhalten wir Tab. 6.2 (Zahlen auf 4 Stellen hinter dem Komma gerundet).

Tab. 6.2

n	$O(g, Z_n)$
2	1,8251
10	1,5422
100	1,4851
1000	1,4796

Den beiden Tabellen entnehmen wir:

$$1,4788 < \lvert K \rvert < 1,4797 \, .$$

Wir benötigen im nächsten Abschnitt den Begriff der Teilkurve, auf den wir jetzt eingehen. Sei (K,k) eine Kurve mit der Parametrisierung $k: [a,b] \to \mathbb{R} \times \mathbb{R}$. Seien c und d reelle Zahlen mit $a \leq c < d \leq b$. Wir bilden

$$l = k\lvert [c,d] \, , \qquad L = l([c,d]).$$

Dann ist (L,l) eine Kurve. Wir nennen (L,l) eine Teilkurve von (K,k).

6.2 Winkelfunktionen

In der Schulmathematik wird die Sinusfunktion häufig anhand eines rechtwinkligen Dreiecks so definiert:

B

$$\sin \alpha = \frac{\text{Länge der Gegenkathete}}{\text{Länge der Hypothenuse}} \qquad \text{(Fig. 6.6)}$$

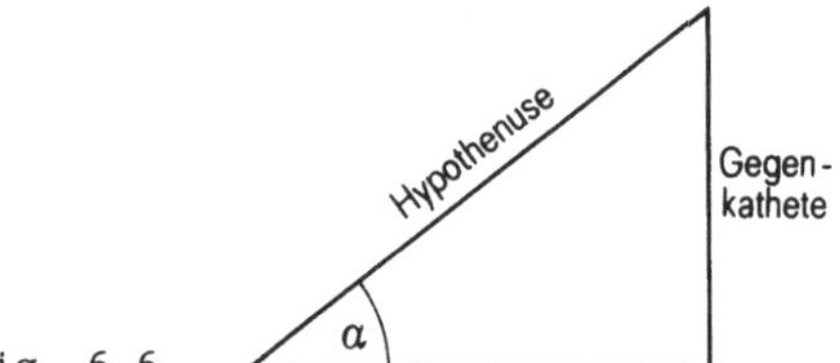

Fig. 6.6

Dabei wird der Winkel im Gradmaß gemessen und es muß die Bedingung

$$0° < \alpha < 90°$$

gelten. Diese Definition läßt sich auf den Einheitskreis übertragen und dabei so verallgemeinern, daß die einschränkende Bedingung
$0° < \alpha < 90°$ entfällt. Im Einheitskreis ist es üblich, den Winkel
im Bogenmaß zu messen. Bei diesem Vorgehen wird die Winkelmessung
im Bogenmaß nicht weiter thematisiert und ergibt sich einfach
durch einen Umrechnungsfaktor aus der Winkelmessung im Gradmaß.
Wenn man die Winkelmessung im Bogenmaß und allgemein die Längen-
messung von Kurven als Näherungsproblem der Analysis genauer behandelt, ist es naheliegend, statt der Sinusfunktion zunächst
ihre Umkehrfunktion, die Funktion arcus sinus einzuführen. Wir
werden in diesem Abschnitt so vorgehen.

Für $r \in \mathbb{R}$ und $M = (a,b) \in \mathbb{R} \times \mathbb{R}$ bezeichnet man die Menge

$$C_r(M) = \{ \, P \in \mathbb{R} \times \mathbb{R} \mid |PM| = r \, \}$$

als <u>Kreis um M mit dem Radius r</u>. Speziell für $M = (0,0)$ und $r = 1$
bezeichnet man die Menge

$$C = C_1((0,0))$$

als <u>Einheitskreis</u>. Es gilt

$$C = \{ \, (x,y) \in \mathbb{R} \times \mathbb{R} \mid x^2 + y^2 = 1 \, \}.$$

Wenn $(x,y) \in C$ ist, gilt $|x| \leq 1$ und $|y| \leq 1$. Für alle $x,y \in \mathbb{R}$
mit $|x| \leq 1$ und $|y| \leq 1$ erhalten wir

$$(x,y) \in C \;\leftrightarrow\; y^2 = 1 - x^2 \;\leftrightarrow\; y = \sqrt{1-x^2} \text{ oder } y = -\sqrt{1-x^2}.$$

Um C zu parametrisieren, betrachten wir die Abbildung

$$k: [-3,1] \rightarrow \mathbb{R} \times \mathbb{R} \quad \text{mit} \quad x \mapsto \begin{cases} (-x-2, \sqrt{1-(x+2)^2}), & \text{falls } -3 \leq x \leq -1 \\ (x, -\sqrt{1-x^2}), & \text{falls } \quad -1 \leq x \leq 1 \end{cases}$$

$$\text{(6.2)}$$

Die Komponentenfunktionen k_1 und k_2 von k sind stetig auf $[-3,1]$,
und es gilt $k([-3,1]) = C$. Daher ist k eine Parametrisierung von

C. Die Kurve (C,k) ist eine einfache geschlossene Kurve mit An-
fangs- und Endpunkt A = (1,0). Alle folgenden Aussagen über die
Kurve C beziehen sich auf die Parametrisierung k bzw. auf zu k
äquivalente Parametrisierungen. Beim Durchlaufen des Einheitskreises in der durch k gegebenen Durchlaufungsrichtung (mathematisch positive Richtung) liegt das Innere des Einheitskreises
links (Bewegung gegen den Uhrzeigersinn).
P und Q seien Punkte des Einheitskreises. P werde vor Q durchlaufen. Dann gibt es reelle Zahlen a,b $\in$ [-3,1] mit a < b und
P = k(a), Q = k(b). Wenn wir

$\qquad \widehat{PQ}$:= k([a,b])

setzen, ist k|[a,b] eine Parametrisierung der Teilkurve $\widehat{PQ}$ von C.
Wir nennen $\widehat{PQ}$ einen <u>Bogen des Einheitskreises</u> (Fig. 6.7).

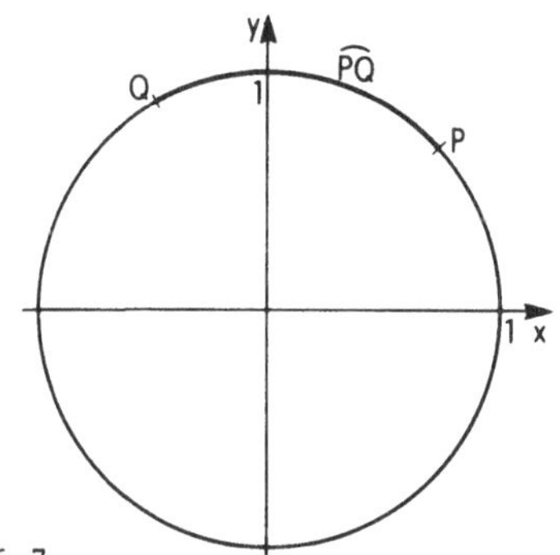

Fig. 6.7

Wir bezeichnen den Bogen $\overgroup{(1,0)\ (-1,0)}$ als <u>oberen Halbkreis</u> und
den Bogen $\overgroup{(-1,0)\ (1,0)}$ als <u>unteren Halbkreis</u>. Der obere Halb-
kreis hat die Parametrisierung k|[-3,-1] mit der Abbildung k aus
(6.2). Äquivalent zu der Parametrisierung k|[-3,-1] ist

$\qquad$ l: [-1,1] $\rightarrow$ $\mathbb{R}$ × $\mathbb{R}$ mit   x $\mapsto$ $(-x,\sqrt{1-x^2})$.

Als Parametrisierung des unteren Halbkreises erhalten wir

$\qquad$ k|[-1,1]: [-1,1] $\rightarrow$ $\mathbb{R}$ × $\mathbb{R}$ mit   x $\mapsto$ $(x,-\sqrt{1-x^2})$.

Wir wollen jetzt zeigen, daß alle Bogen des Einheitskreises rekti-
fizierbar sind. Die Bogen $\overgroup{(1,0)\ (0,1)}$, $\overgroup{(0,1)\ (-1,0)}$, $\overgroup{(-1,0)\ (0,-1)}$
bzw. $\overgroup{(0,-1)\ (1,0)}$ nennen wir <u>ersten</u>, <u>zweiten</u>, <u>dritten</u> bzw. <u>vier-</u>
<u>ten Viertelkreis</u>. Seien P = $(a,\sqrt{1-a^2})$ und Q = $(b,\sqrt{1-b^2})$ Punkte des
ersten Viertelkreises. P werde vor Q durchlaufen. Dann gilt
O $\leq$ b < a $\leq$ 1. $\widehat{PQ}$ hat die Parametrisierung

B $k: [-a,-b] \to \mathbb{R} \times \mathbb{R}$ mit $x \mapsto (-x, \sqrt{1-x^2})$.

Da die Komponentenfunktionen k_1 und k_2 von k monoton sind, ist nach Satz 6.1 der Bogen $\overset{\frown}{PQ}$ rektifizierbar. Die Bogen des zweiten Viertelkreises sind ebenfalls rektifizierbar, da sie durch Spiegelung an der y-Achse aus Bogen des ersten Viertelkreises hervorgehen. Die Bogen des dritten bzw. vierten Viertelkreises gehen durch Spiegelung an der x-Achse aus Bogen des zweiten bzw. ersten Viertelkreises hervor. Daher sind auch die Bogen des dritten und vierten Viertelkreises rektifizierbar. Da man jeden Bogen des Einheitskreises als Summe von Bogen der einzelnen Viertelkreise darstellen kann, sind alle Bogen des Einheitskreises rektifizierbar. Wir setzen

$$\pi := |\overset{\frown}{(1,0)\ (-1,0)}|.$$

π ist die Länge des oberen Halbkreises.

Für die Länge der Bogen des oberen Halbkreises wollen wir eine Integraldarstellung (vgl. Satz 6.2) herleiten. Dazu betrachten wir

$$f: [-1,1] \to \mathbb{R}   \text{mit}   x \mapsto \sqrt{1-x^2}\ . \tag{6.3}$$

$\{\ (x,f(x))\ |\ -1 \le x \le 1\ \}$ ist die Menge der Punkte des oberen Halbkreises. Die Funktion f ist differenzierbar auf dem offenen Intervall $]-1,1[$. Als Ableitung erhalten wir

$$f'(x) = \frac{x}{\sqrt{1-x^2}}   \text{für alle } x \in\ ]-1,1[.$$

Für die reellen Zahlen a,b gelte $-1 < b < a < 1$. Dann gehören die Punkte $P = (a, \sqrt{1-a^2})$ und $Q = (b, \sqrt{1-b^2})$ zum oberen Halbkreis. Der Bogen $\overset{\frown}{PQ}$ wird parametrisiert durch

$$k: [-a,-b] \to \mathbb{R} \times \mathbb{R}   \text{mit}   x \mapsto (-x, f(x)).$$

Nach der Bemerkung im Anschluß an den Beweis von Satz 6.2 gilt

$$|\overset{\frown}{PQ}| = \int_{-a}^{-b} \sqrt{1 + (f'(x))^2}\, dx = \int_{-a}^{-b} \sqrt{1 + x^2/(1-x^2)}\, dx$$

$$= \int_{-a}^{-b} \sqrt{\frac{1}{1-x^2}}\, dx = \int_{b}^{a} \sqrt{\frac{1}{1-x^2}}\, dx\ . \tag{6.4}$$

Die letzte Gleichung folgt aus Aufgabe 5.17.

<u>Definition 6.3</u> Sei $A = (1,0)$. Die Funktionen

$$u: [-1,1] \to \mathbb{R}   \text{mit}   x \mapsto \begin{cases} |\overset{\frown}{A\ (\sqrt{1-x^2}, x)}|, & \text{falls } x \ge 0 \\ -|\overset{\frown}{(\sqrt{1-x^2}, x)\ A}|, & \text{falls } x < 0, \end{cases}$$

$$v: [-1,1] \to \mathbb{R}   \text{mit}   x \mapsto |\overset{\frown}{A\ (x, \sqrt{1-x^2})}|$$

heißen <u>**Arcusfunktionen**</u>.

Die Funktionen u und v werden in Fig. 6.8 veranschaulicht. Diese
Funktionen haben als Funktionswert jeweils die Bogenlänge des fett
eingezeichneten Bogens. Bei der Funktion u ist zu beachten, daß
für x < 0 die negative Bogenlänge genommen werden muß.

B

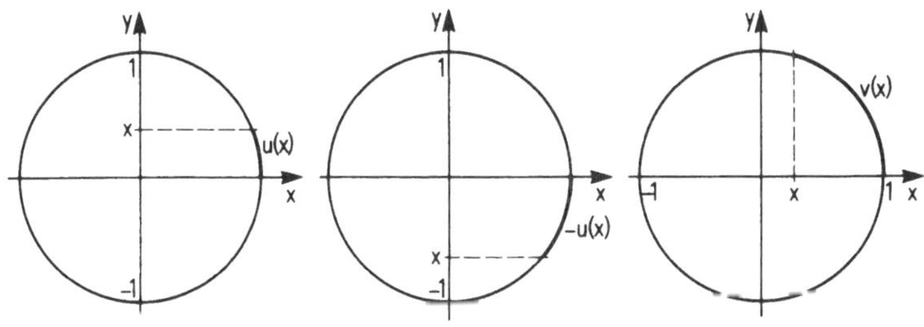

Fig. 6.8

Da alle Viertelkreise gleiche Länge haben, und jeder Halbkreis die
(Kurven-) Summe zweier Viertelkreise ist, ist die Länge eines jeden Viertelkreises gleich $\pi/2$. Wir wollen uns überlegen, daß für
die in Definition 6.3 definierten Funktionen u und v gilt:

$$u(x) + v(x) = \pi/2 \qquad \text{für alle } x \in [-1,1]. \tag{6.5}$$

Wir setzen A = (1,0) und B = (0,1). Für $x \in [-1,1]$ setzen wir
$P = (\sqrt{1-x^2}, x)$ und $Q = (x, \sqrt{1-x^2})$. Wir betrachten zunächst den Fall,
daß $0 \le x \le 1$ gilt. Die Punkte P und Q werden durch Spiegelung an
der Geraden $\{ (x,x) \mid x \in \mathbb{R} \}$ in die Punkte Q und P überführt. Da-
her gilt $|\widehat{AP}| = |\widehat{QB}|$. Wir erhalten

$$u(x) + v(x) = |\widehat{AP}| + |\widehat{AQ}| = |\widehat{AQ}| + |\widehat{QB}| = |\widehat{AB}| = \frac{\pi}{2} \quad (\text{Fig. 6.9}).$$

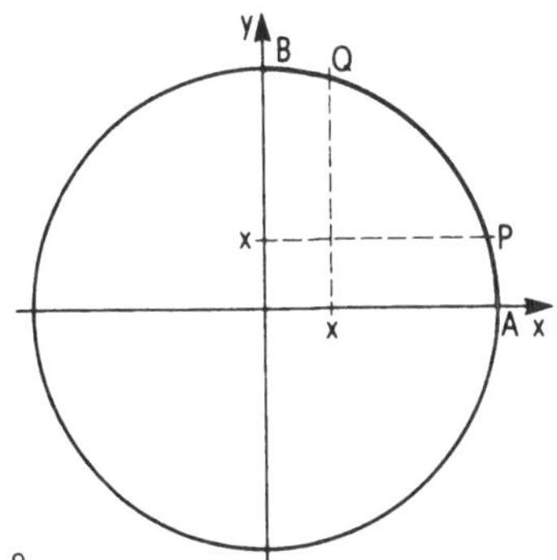

Fig. 6.9

Wenn $-1 \le x < 0$ gilt, erhalten wir

B

$$u(x) + v(x) = -|\overarc{PA}| + |\overarc{AQ}| = -|\overarc{PA}| + |\overarc{AB}| + |\overarc{BQ}|$$
$$= -|\overarc{BQ}| + |\overarc{AB}| + |\overarc{BQ}| = |\overarc{AB}| = \pi/2 \qquad \text{(Fig. 6.10)}.$$

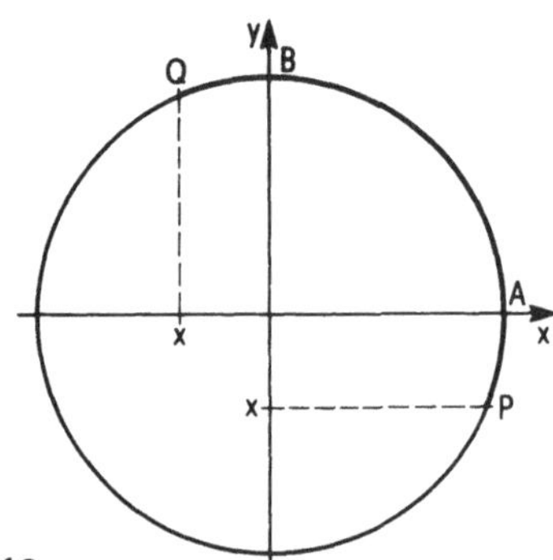

Fig. 6.10

Genauso leicht kann man die beiden folgenden Gleichungen herleiten:

$$v(x) + v(-x) = \pi \qquad \text{für alle } x \in [-1,1] \qquad (6.6)$$
$$u(x) + u(-x) = 0 \qquad \text{für alle } x \in [-1,1].$$

Wir wollen die Funktion v mit Hilfe eines Integrals darstellen.
Wir setzen A = (1,0) und B = (0,1). Wegen Gleichung (6.4) gilt

$$v(x) = |\overarc{A\,(x,\sqrt{1-x^2})}| = |\overarc{AB}| - |\overarc{(x,\sqrt{1-x^2})\,B}|$$
$$= \frac{\pi}{2} - \int_0^x \sqrt{1/(1-t^2)}\ dt \qquad \text{für alle } x \in [0,1[.$$

Weiter erhalten wir für alle $x \in\ ]-1,0[$:

$$v(x) = |\overarc{A\,(x,\sqrt{1-x^2})}| = |\overarc{AB}| + |\overarc{B\,(x,\sqrt{1-x^2})}|$$
$$= \frac{\pi}{2} + \int_x^0 \sqrt{1/(1-t^2)}\ dt = \frac{\pi}{2} - \int_0^x 1/\sqrt{1-t^2}\ dt\ .$$

$$\Rightarrow\quad v(x) = \frac{\pi}{2} - \int_0^x 1/\sqrt{1-t^2}\ dt \qquad \text{für alle } x \in\ ]-1,1[. \qquad (6.7)$$

<u>Satz 6.3</u> Die Arcusfunktionen u und v sind stetig auf [-1,1].

<u>Beweis</u>. Wenn wir für die Funktion v gezeigt haben, daß v stetig
auf [-1,1] ist, haben wir wegen $u = \pi/2 - v$ auch gezeigt, daß u
stetig auf [-1,1] ist. Da für alle $x \in\ ]-1,1[$ die Arcusfunktion
v die Integraldarstellung (6.7) besitzt, ist v auf dem offenen
Intervall $]-1,1[$ stetig. Es bleibt daher nur zu zeigen, daß v in
-1 und 1 stetig ist (Fig. 6.11).
An der Stelle -1 erhalten wir für alle $x \in [-1,1]$:

$$|v(x) - v(-1)| \le |x-(-1)| + \sqrt{1-x^2} = x+1 + \sqrt{(1-x)(1+x)}.$$

B

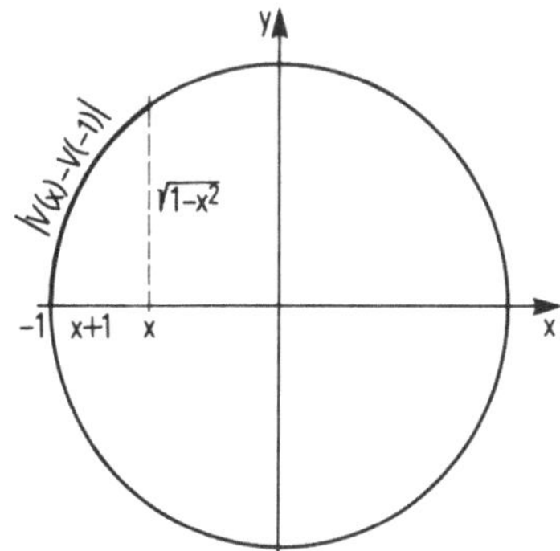

Fig. 6.11

Es gilt $|1-x| \leq 2$ für alle $x \in [-1,1]$. Daher erhalten wir
$$|v(x)-v(-1)| \leq x+1 + \sqrt{2}\sqrt{1+x} \qquad \text{für alle } x \in [-1,1].$$
Sei $\varepsilon \in \mathbb{R}^+$. Dann folgt für alle $x \in [-1,1]$ aus $|x-(-1)| < \varepsilon$:
$$|v(x)-v(-1)| \leq x+1 + \sqrt{2}\sqrt{1+x} < \varepsilon+\sqrt{2}\sqrt{\varepsilon}.$$
Somit ist v stetig in -1. Die Stetigkeit von v in 1 wird analog
gezeigt. Daher ist v stetig auf [-1,1]. Wie wir bereits oben gesehen haben, folgt daraus die Stetigkeit von u auf [-1,1].   •

Nach dem Hauptsatz der Differential- und Integralrechnung ist v
auf dem offenen Intervall]-1,1[differenzierbar. Wir erhalten als
Ableitung von v:
$$v'(x) = - 1/\sqrt{1-x^2} \qquad \text{für alle } x \in \;]-1,1[. \qquad (6.8)$$
Als zweite Ableitung von v erhalten wir
$$v''(x) = -x \, (1-x^2)^{-3/2} \qquad \text{für alle } x \in \;]-1,1[. \qquad (6.9)$$
Der letzten Gleichung entnehmen wir, daß die streng monoton fal-
lende Funktion v auf dem Intervall]-1,0] Linkskrümmung und auf
dem Intervall [0,1[Rechtskrümmung besitzt. Nach Gleichung (6.5)
gilt $u = \pi/2 - v$. Daher erhalten wir aus den Gleichungen (6.8) und
(6.9): $u'(x) = -v'(x) = 1/\sqrt{1-x^2} \qquad \text{für alle } x \in \;]-1,1[, \qquad (6.10)$
$$u''(x) = x \, (1 - x^2)^{-3/2} \qquad \text{für alle } x \in \;]-1,1[. \qquad (6.11)$$
Somit hat die streng monoton steigende Funktion u auf dem Inter-
vall]-1,0] Rechtskrümmung und auf dem Intervall [0,1[Linkskrümmung. Aus der Definition von u folgt, daß u(-1) die negativ ge-
nommene Länge des vierten Viertelkreises und u(1) die Länge des
ersten Viertelkreises ist. Es gilt also
$$u(-1) = -\pi/2, \qquad u(1) = \pi/2.$$

B Zusammen mit der strengen Monotonie und der Stetigkeit von u folgt,
daß u([-1,1]) = [-π/2 , π/2] ist. Für v erhalten wir als Wertemenge v([-1,1]) = [0,π]. Fig. 6.12 stellt die Funktionen u und v
im Koordinatendiagramm dar.

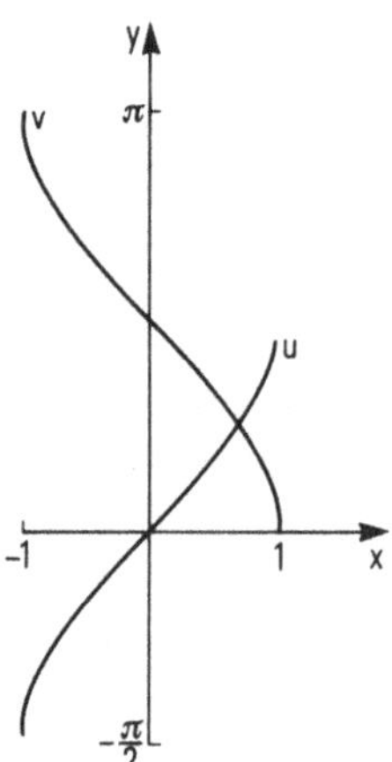

Fig. 6.12

Da die Funktionen u und v streng monoton sind, können wir ihre Umkehrfunktionen bilden. Wir setzen
$$s := u^{-1}, \qquad c := v^{-1}.$$
Die Funktion
$$s: [-\pi/2 , \pi/2] \to \mathbb{R} \quad \text{mit} \quad x \mapsto u^{-1}(x)$$
ist wie u streng monoton steigend und stetig. Die Funktion
$$c: [0,\pi] \to \mathbb{R} \quad \text{mit} \quad x \mapsto v^{-1}(x)$$
ist streng monoton fallend und stetig (Fig. 6.13)

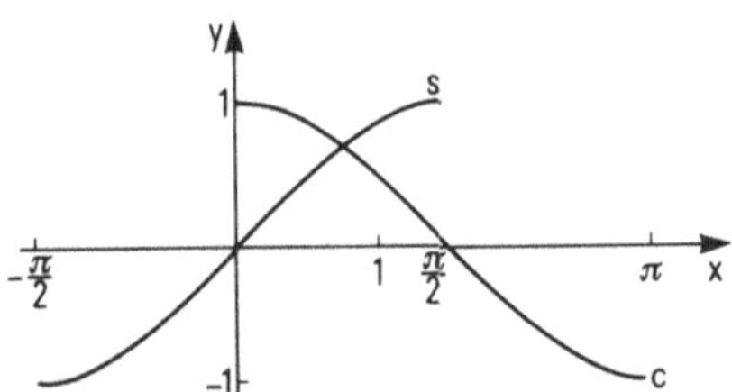

Fig. 6.13

Den Gleichungen (6.8) und (6.10) entnehmen wir, daß $u'(x) \neq 0$ und
$v'(x) \neq 0$ für alle $x \in\,]-1,1[$ gilt. Nach dem Satz über die Differenzierbarkeit der Umkehrfunktion (Satz 5.6) sind daher die
Funktionen s auf $]-\pi/2 , \pi/2[$ und c auf $]0,\pi[$ differenzierbar.
Sei $y \in\,]0 , \pi/2[$. Wir setzen $x_1 = s(y)$ und $x_2 = c(y)$. Dann gilt

u(x_1) = y und v(x_2) = y. Der Punkt (x_1,x_2) ist Endpunkt des von
A = (1,0) ausgehenden Bogens der Länge y. Nach der Ableitungsregel
für Umkehrfunktionen (Satz 5.6) erhalten wir:

B

$$s'(y) = \frac{1}{u'(x_1)} = \frac{1}{1/\sqrt{1-x_1^2}} = \sqrt{1-x_1^2} = c(y),$$

$$c'(y) = \frac{1}{v'(x_2)} = \frac{1}{-1/\sqrt{1-x_2^2}} = - \sqrt{1-x_2^2} = -x_1 = -s(y).$$

In den Randpunkten O und $\pi/2$ des offenen Intervalls $]0 , \pi/2[$ erhalten wir für die Funktionen s und c, daß s in O differenzierbar
ist mit

$$s'(0) = \frac{1}{u'(0)} = 1 = c(0)$$

und c in $\pi/2$ differenzierbar ist mit

$$c'(\pi/2) = \frac{1}{v'(0)} = -1 = -s(\pi/2).$$

<u>Definition 6.4</u> Von den Funktionen s und c ausgehend definieren
wir Funktionen sin: $\mathbb{R} \to \mathbb{R}$ und cos: $\mathbb{R} \to \mathbb{R}$. Zunächst erklären wir
sin und cos für Argumente $x \in [-\pi,\pi]$:

$$\sin(x) := \begin{cases} s(-\pi-x), & \text{falls } -\pi \leq x < -\pi/2 \\ s(x), & \text{falls } -\pi/2 \leq x \leq \pi/2 \\ s(\pi-x), & \text{falls } \pi/2 < x \leq \pi , \end{cases}$$

$$\cos(x) := \begin{cases} c(-x), & \text{falls } -\pi \leq x < 0 \\ c(x), & \text{falls } 0 \leq x \leq \pi. \end{cases}$$

Für $x \in [-\pi,\pi]$ und $k \in \mathbb{Z}$ setzen wir

$$\sin(x+2k\pi) := \sin(x),$$
$$\cos(x+2k\pi) := \cos(x).$$

Dadurch sind die Funktionen sin und cos auf ganz $\mathbb{R}$ definiert. Die
Funktion sin wird <u>Sinus</u> oder auch <u>Sinusfunktion</u> genannt. Die Funktion cos nennt man <u>Kosinus</u> oder <u>Kosinusfunktion</u>.

Es ist bei diesen Funktionen die verkürzte Schreibweise

$$\sin x := \sin(x), \qquad \cos x := \cos(x)$$

üblich. Fig. 6.14 veranschaulicht die Funktionen sin und cos im
Koordinatendiagramm.

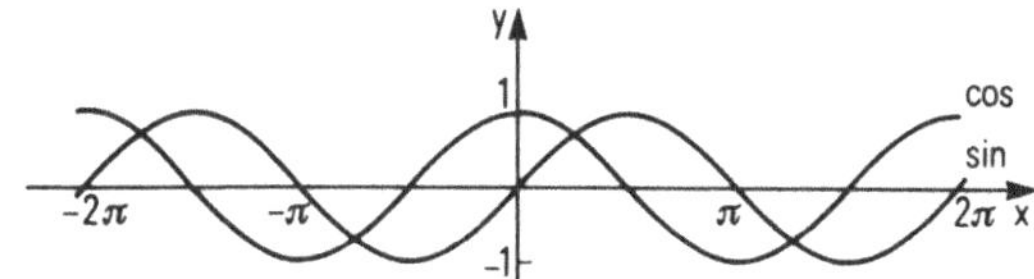

Fig. 6.14

B Wir wissen bereits, daß sin in allen $x \in]-\pi/2 , \pi/2[$ und cos in
allen $x \in]0,\pi[$ differenzierbar ist, wobei gilt:

$$\sin' x = \cos x \qquad \text{für alle } x \in]0,\pi/2[, \tag{6.12}$$
$$\cos' x = -\sin x \qquad \text{für alle } x \in]0,\pi/2[.$$

Wir zeigen jetzt, daß cos in 0 und sin in $\pi/2$ differenzierbar sind
und dabei die beiden Gleichungen (6.12) erfüllen. Zu der Funktion
cos bilden wir die Funktion

$$d: \mathbb{R} \to \mathbb{R} \quad \text{mit} \quad x \mapsto \begin{cases} \dfrac{\cos x - \cos 0}{x - 0}, & \text{falls } x \neq 0 \\ 0, & \text{falls } x = 0 . \end{cases}$$

Für alle $x \neq 0$ mit $|x| \leq \pi$ erhalten wir

$$d(x) = \frac{\cos x - 1}{x} = \begin{cases} \dfrac{c(x)-1}{x}, & \text{falls } x > 0 \\ \dfrac{c(-x)-1}{x}, & \text{falls } x < 0 . \end{cases} \tag{6.13}$$

Die Funktion c ist auf $]0,\pi[$ differenzierbar und auf $[0,\pi]$ stetig.
Wir können daher auf c den Mittelwertsatz anwenden. Wir erhalten
aus Gleichung (6.13), daß es zu jedem $x \neq 0$ mit $|x| \leq \pi$ ein z gibt
mit $0 < z < |x|$ und

$$d(x) = \begin{cases} c'(z) = s(z), & \text{falls } x > 0 \\ -c'(z) = -s(z), & \text{falls } x < 0. \end{cases}$$

Zu jedem $x \neq 0$ mit $|x| \leq \pi$ gibt es demnach ein $z \in]0,|x|[$ mit

$$|d(x)-d(0)| = |d(x)| = |s(z)| \leq |z| < |x|.$$

Aus der Ungleichung $|d(x)| < |x|$ für $x \neq 0$ und $d(0) = 0$ folgt,
daß d in 0 stetig ist. Daher ist cos in 0 differenzierbar mit
$\cos'(0) = d(0) = 0$.

Genauso kann man zeigen, daß sin in $\pi/2$ differenzierbar ist mit
mit $\sin'(\pi/2) = 0$. Damit haben wir insgesamt erhalten, daß sin und
cos in allen $x \in [0,\pi/2]$ differenzierbar sind, wobei gilt:

$$\sin' x = \cos x \qquad \text{für alle } x \in [0,\pi/2], \tag{6.14}$$
$$\cos' x = -\sin x \qquad \text{für alle } x \in [0,\pi/2].$$

sin und cos sind sogar auf ganz $\mathbb{R}$ differenzierbar, wobei die Gleichungen (6.14) für alle $x \in \mathbb{R}$ gelten. Wir können dies für das
Argument $x+2k\pi$ durch die Unterscheidung der Fälle $-\pi \leq x \leq -\pi/2$,
$-\pi/2 < x < 0$, $0 \leq x \leq \pi/2$ und $\pi/2 < x < \pi$ beweisen. Wir wollen
nur einen dieser Fälle behandeln. Sei $\pi/2 < x < \pi$. Aus der Gleichung $v(y) + v(-y) = \pi$ (vgl. Gleichung (6.6)) kann man herleiten, daß gilt:

$$c(\pi-x) = -c(x) \qquad \text{für alle } x \in [0,\pi].$$

Daher gilt für alle x mit $\pi/2 < x < \pi$:

$$\sin(x+2k\pi) = \sin x = s(\pi-x),$$

$$\cos(x+2k\pi) = \cos x = c(x) = -c(\pi-x).$$

Wegen $0 < \pi-x < \pi/2$ sind s und c in $\pi-x$ differenzierbar, woraus die Differenzierbarkeit von sin und cos in $x+2k\pi$ folgt. Es gilt

$$\sin'(x+2k\pi) = \sin' x = s'(\pi-x)(-1) = -c(\pi-x)$$
$$= c(x) = \cos x = \cos(x+2k\pi),$$
$$\cos'(x+2k\pi) = \cos' x = -c'(\pi-x)(-1) = c'(\pi-x)$$
$$= -s(\pi-x) = -\sin x.$$

Die übrigen Fälle werden ähnlich behandelt. Für die Funktionen sin und cos gilt also:

$$\sin' = \cos,$$
$$\cos' = -\sin. \tag{6.15}$$

Wir werden sehen, daß wir aus den Gleichungen (6.15) wichtige Eigenschaften der Sinus- und Kosinusfunktion herleiten können. Für die Funktionen s und c folgt aus ihrer Definition, daß gilt:

$$(s(x))^2 + (c(x))^2 = 1 \qquad \text{für alle } x \in [0,\pi/2] \tag{6.16}$$

Fig. 6.15 veranschaulicht diese Gleichung. Der fett gezeichnete Bogen hat die Länge x.

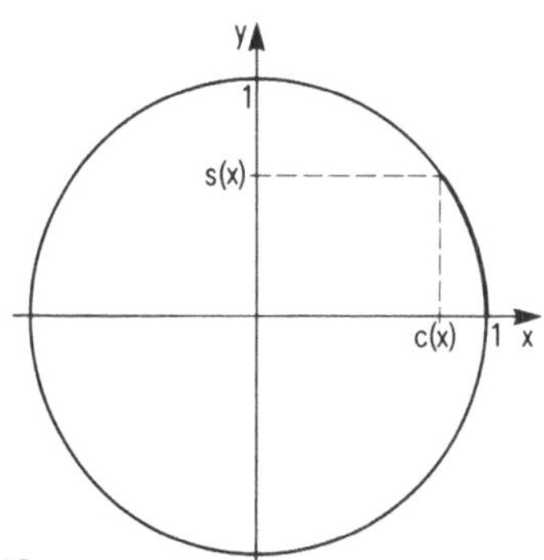

Fig. 6.15

Der folgende Satz zeigt, daß Gleichung (6.16) für die Funktionen sin und cos auf ganz $\mathbb{R}$ gilt.

<u>Satz 6.4</u> Es gilt $\sin^2 + \cos^2 = 1$.

<u>Beweis</u>. Wir erhalten

$$(\sin^2 + \cos^2)' = 2\sin\cos - 2\sin\cos = 0.$$

Daher ist die Funktion $\sin^2 + \cos^2$ konstant. Setzen wir speziell 0 als Argument ein, erhalten wir $\sin^2 + \cos^2 = 1$. •

B   <u>Satz 6.5</u>   f und g seien auf $\mathbb{R}$ differenzierbare Funktionen mit
$$f' = g, \qquad g' = -f \qquad\qquad (6.17)$$
Dann gibt es reelle Zahlen a und b mit
$$f = a\sin - b\cos, \qquad g = b\sin + a\cos.$$

<u>Beweis</u>. Es gilt
$$
\begin{aligned}
(f\sin + g\cos)' &= f'\sin + f\cos + g'\cos - g\sin \\
&= g\sin + f\cos - f\cos - g\sin \\
&= 0.
\end{aligned}
$$
Ebenfalls gilt
$$
\begin{aligned}
(g\sin - f\cos)' &= g'\sin + g\cos - f'\cos + f\sin \\
&= -f\sin + g\cos - g\cos + f\sin \\
&= 0.
\end{aligned}
$$
Daher sind die Funktionen $f\sin + g\cos$ und $g\sin - f\cos$ konstant. Es gibt reelle Zahlen a und b mit
$$f\sin + g\cos = a, \qquad g\sin - f\cos = b.$$
Wenn wir die erste dieser beiden Gleichungen mit cos und die zweite mit sin multiplizieren, erhalten wir:
$$
\begin{aligned}
f\sin\cos + g\cos^2 &= a\cos, \\
g\sin^2 - f\cos\sin &= b\sin.
\end{aligned}
$$
Die Addition dieser beiden Gleichungen ergibt
$$g(\sin^2 + \cos^2) = b\sin + a\cos.$$
Wegen $\sin^2 + \cos^2 = 1$ gilt also
$$g = b\sin + a\cos.$$
Wenn wir diese Gleichung differenzieren, erhalten wir
$$f = a\sin - b\cos. \qquad\qquad \bullet$$

f und g seien die Funktionen aus Satz 6.5. Indem wir O als Argument einsetzen, erhalten wir für a und b:
$$a = g(O), \qquad b = -f(O).$$
Wenn $f(O) = O$ und $g(O) = 1$ gilt, folgt $a = 1$ und $b = O$. Wir erhalten dann $f = \sin$ und $g = \cos$. Somit sind die Funktionen sin und cos allein durch die Gleichungen (6.17) zusammen mit den Werten in O eindeutig bestimmt.

<u>Satz 6.6</u> (<u>Additionstheoreme</u>) Für alle $x, y \in \mathbb{R}$ gilt:
$$
\begin{aligned}
\sin(x+y) &= \sin(x)\cos(y) + \cos(x)\sin(y), \\
\cos(x+y) &= \cos(x)\cos(y) - \sin(x)\sin(y).
\end{aligned}
$$

<u>Beweis</u>. Sei $y \in \mathbb{R}$ fest. Wir betrachten die Funktionen f und g mit
$$f(x) = \sin(x+y), \qquad g(x) = \cos(x+y) \qquad \text{für alle } x \in \mathbb{R}.$$

Die Funktionen f und g erfüllen die Voraussetzungen von Satz 6.4.   B

Daher gibt es Zahlen $a, b \in \mathbb{R}$ mit

$$f(x) = \sin(x+y) = a \sin(x) - b \cos(x),$$
$$g(x) = \cos(x+y) = b \sin(x) + a \cos(x).$$

Für $x = 0$ erhalten wir $a = \cos y$ und $b = -\sin y$. Daher gilt

$$\sin(x+y) = \sin(x) \cos(y) + \cos(x) \sin(y),$$
$$\cos(x+y) = \cos(x) \cos(y) - \sin(x) \sin(y).$$ •

__Beispiel 6.3__ (__Näherung von__ π) Die Punkte $P = (\sqrt{1/2}, \sqrt{1/2})$,
$A = (1,0)$ und $Q = (0,1)$ sind Punkte des ersten Viertelkreises.
Durch Spiegelung an der Geraden $\{ (x,x) \mid x \in \mathbb{R} \}$ entsteht der
Bogen $\widehat{PQ}$ als Bild des Bogens $\widehat{AP}$, wobei die Orientierung geändert
wird. Daher gilt $|\widehat{PQ}| = \pi/4$. Die Bogenlänge $|\widehat{PQ}|$ können wir von
unten durch die Längen von Sehnenzügen des Bogens $\widehat{PQ}$ annähern. Da

$$|\widehat{PQ}| = \int_{0}^{\sqrt{1/2}} \frac{dx}{\sqrt{1-x^2}} \tag{6.18}$$

gilt, können wir die Bogenlänge $|\widehat{PQ}|$ von oben durch Obersummen des
Integrals aus Gleichung (6.18) annähern. Dieses Vorgehen kennen
wir aus Beispiel 6.2. Sei $n \in \mathbb{N}$. Wir setzen

$$x_i := \frac{i\sqrt{1/2}}{n} \qquad \text{für } i \in \{ 0,1,\ldots,n \}.$$

$Z_n = \{ x_0, x_1, \ldots, x_n \}$ ist eine Zerlegung des Intervalls $[0,\sqrt{1/2}]$.
Wenn wir $P_i = (x_i, \sqrt{1-x_i^2})$ setzen $(0 \leq i \leq n)$, ist $P_0 P_1 \ldots P_n$ ein
Sehnenzug des Bogens $\widehat{PQ}$. Für $n = 10$ erhalten wir mit einem pro-
grammierbaren Taschenrechner:

$$|P_0 P_1 \ldots P_{10}| = 0{,}7851 \qquad \text{(nach unten gerundet)}.$$

Daher gilt $\pi/4 = |\widehat{PQ}| > 0{,}7851$, woraus $\pi > 3{,}1404$ folgt. Um
$|\widehat{PQ}|$ nach oben abzuschätzen, benutzen wir die zu dem Integral in
Gleichung (6.18) gehörende Obersumme

$$O(f, Z_n) = \frac{\sqrt{1/2}}{n} \sum_{i=1}^{n} 1/(\sqrt{1-x_i^2})$$

der Funktion

$$f: [0,\sqrt{1/2}] \to \mathbb{R} \quad \text{mit} \quad x \mapsto 1/\sqrt{1-x^2}.$$

Für $n = 100$ erhalten wir

$$O(f, Z_{100}) = 0{,}78694 \qquad \text{(nach oben gerundet)}.$$

Daher gilt

$$\pi/4 = \int_{0}^{\sqrt{1/2}} \frac{dx}{\sqrt{1-x^2}} < 0{,}78694,$$

woraus $\pi < 3{,}14776$ folgt. Insgesamt erhalten wir

B $3,140 < \pi < 3,148$.

Die Umkehrfunktion von $\sin|[-\pi/2\,,\pi/2]$ wurde von uns mit u, die Umkehrfunktion von $\cos|[0,\pi]$ mit v bezeichnet. Die üblichen Namen dieser Funktionen sind <u>arcsin</u> und <u>arccos</u>, gelesen als "arcus sinus" und "arcus cosinus":

$$\text{arcsin} := u, \qquad \text{arccos} := v.$$

Mit Hilfe der Funktionen sin und cos können wir die Funktionen <u>Tangens</u> und <u>Kotangens</u> definieren:

$$\text{tg}: \mathbb{R} \setminus \{ k\pi + \pi/2 \mid k \in \mathbb{Z} \} \to \mathbb{R} \quad \text{mit} \quad x \mapsto \frac{\sin x}{\cos x}\,,$$

$$\text{ctg}: \mathbb{R} \setminus \{ k\pi \mid k \in \mathbb{Z} \} \to \mathbb{R} \quad \text{mit} \quad x \mapsto \frac{\cos x}{\sin x}$$

(Fig. 6.16).

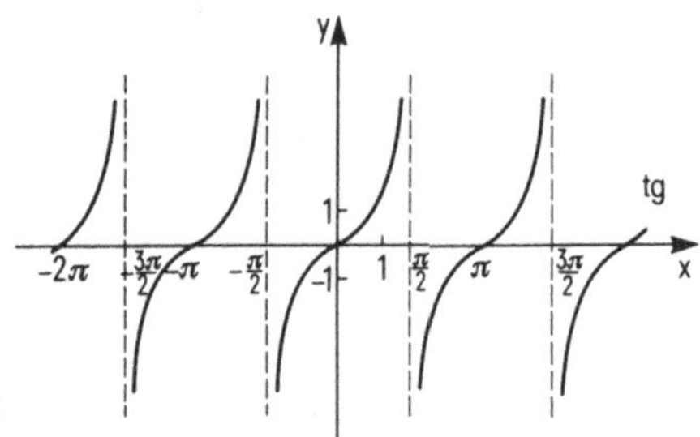

Fig. 6.16

6.3   <u>Logarithmus und Exponentialfunktion</u>

Wir werden in diesem Abschnitt die Logarithmus- und die Exponentialfunktion kennenlernen, die wir im Augenblick mit h und g bezeichnen wollen. h ist auf $\mathbb{R}^+$ und g auf $\mathbb{R}$ definiert. Wie wir sehen werden, genügen diese beiden Funktionen den Gleichungen

$$h(xy) = h(x)+h(y) \qquad \text{für alle } x,y \in \mathbb{R}^+ \tag{6.19}$$

$$g(x+y) = g(x)g(y) \qquad \text{für alle } x,y \in \mathbb{R} \tag{6.20}$$

Aus der Potenzrechnung sind uns solche Gleichungen bekannt: Für alle reellen $a \neq 0$ und alle $k,n \in \mathbb{Z}$ gilt $a^{k+n} = a^k a^n$.

Um einen Zugang zur Logarithmusfunktion zu finden, setzen wir zunächst voraus, daß es eine Funktion $h: \mathbb{R}^+ \to \mathbb{R}$ gibt, die der Gleichung (6.19) genügt. Wir setzen überdies voraus, daß die Funktion h streng monoton steigend und auf ihrem Definitionsbereich differenzierbar ist. Dann folgt aus Gleichung (6.19):

$$h(1) = h(1 \cdot 1) = h(1) + h(1).$$

Daraus erhalten wir $h(1) = 0$. Da h in 1 differenzierbar ist, gibt es ein $c \in \mathbb{R}$ mit

$$h(1+x) \approx h(1) + cx = cx, \qquad x > -1$$

(zur Bedeutung des Zeichens "$\approx$" vgl. Abschn. 5.1). Für $a \in \mathbb{R}^+$ erhalten wir dann

$$h(a+x) = h(a(1 + x/a)) = h(a) + h(1 + x/a)$$
$$\approx h(a) + c\,\frac{x}{a} = h(a) + \frac{c}{a}\,x, \qquad (x > -a).$$

Wir erhalten somit als Ableitung $h'(a) = c/a$. Wir wollen annehmen, daß $c = 1$ ist. Dann erhalten wir

$$h'(x) = 1/x \qquad \text{für alle } x \in \mathbb{R}^+. \tag{6.21}$$

Aus Beispiel 5.21 kennen wir eine Funktion, deren Ableitung Gleichung (6.21) erfüllt:

<u>Definition 6.5</u> Die Funktion

$$\ln: \mathbb{R}^+ \to \mathbb{R} \quad \text{mit} \quad x \mapsto \int_1^x \frac{dt}{t}$$

heißt <u>Logarithmusfunktion</u> (auch: (<u>natürlicher</u>) <u>Logarithmus</u>).

Mit dem Hauptsatz der Differential- und Integralrechnung folgt, daß $\ln'(x) = 1/x$ für alle $x \in \mathbb{R}^+$ ist. Wie bei der Sinusfunktion ist es bei der Logarithmusfunktion üblich, $\ln x := \ln(x)$ zu setzen. Wir wollen jetzt zeigen, daß $h = \ln$ die Gleichung (6.19) erfüllt:

<u>Satz 6.7</u> Es gilt

$$\ln(xy) = \ln x + \ln y \qquad \text{für alle } x,y \in \mathbb{R}^+.$$

<u>Beweis</u>. Sei $a \in \mathbb{R}^+$. Die Funktion

$$f: \mathbb{R}^+ \to \mathbb{R} \quad \text{mit} \quad x \mapsto \ln(ax)$$

hat als Ableitung

$$f'(x) = \frac{a}{ax} = \frac{1}{x} \qquad \text{für alle } x \in \mathbb{R}^+.$$

Wegen $f' = \ln'$ gibt es ein $b \in \mathbb{R}$ mit $f = \ln + b$. Wir erhalten

$$\ln a = f(1) = \ln 1 + b = b.$$

Daher gilt $f(x) = \ln(xa) = \ln x + b = \ln x + \ln a.$ •

Aus Definition 6.5 folgt sofort, daß ln streng monoton steigend ist. Wegen $\ln''(x) = -1/x^2$ ist die zweite Ableitung von ln überall negativ. Daher hat der Graph von ln Rechtskrümmung. Wegen $\ln 2 > \ln 1 = 0$ und

$$\ln(2^n) = n \cdot \ln 2 \qquad \text{für alle } n \in \mathbb{N}$$

B (Beweis durch Induktion) erhalten wir, daß die Funktion ln nicht nach oben beschränkt ist. Ähnlich erhalten wir aus

$$\ln \tfrac{1}{2} < \ln 1 = 0,$$

$$\ln((1/2)^n) = n \cdot \ln \tfrac{1}{2} \qquad \text{für alle } n \in \mathbb{N},$$

daß die Funktion ln nicht nach unten beschränkt ist. Daher gilt $\ln(\mathbb{R}^+) = \mathbb{R}$. Den Verlauf der Funktion ln zeigt Fig. 6.17.

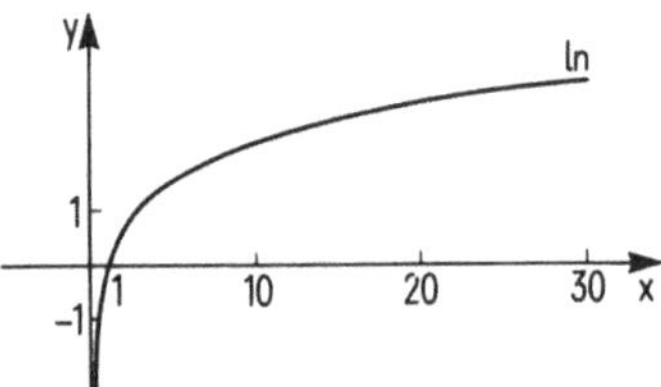

Fig. 6.17

Da ln streng monoton ist, besitzt ln eine Umkehrfunktion.

<u>Definition 6.6</u> Die Funktion $\exp := \ln^{-1}$ bezeichnen wir als <u>Exponentialfunktion</u>.

exp ist auf $\mathbb{R}$ definiert und es gilt $\exp(\mathbb{R}) = \mathbb{R}^+$. Da ln auf $\mathbb{R}^+$ differenzierbar ist, ist exp auf $\mathbb{R}$ differenzierbar. Für die Ableitung von exp erhalten wir, wenn wir ln x = y setzen:

$$\exp'(y) = \frac{1}{\ln'(x)} = \frac{1}{1/x} = x = \exp(y).$$

Demnach gilt

$$\exp'(x) = \exp(x) \qquad \text{für alle } x \in \mathbb{R},$$

wir erhalten für die Exponentialfunktion die Gleichung

$$\exp' = \exp.$$

Für g = exp gilt Gleichung (6.20):

<u>Satz 6.8</u> Es gilt

$$\exp(x+y) = \exp(x)\exp(y) \qquad \text{für alle } x,y \in \mathbb{R}.$$

<u>Beweis</u>. Es gilt für alle $x,y \in \mathbb{R}$:

$$\ln(\exp(x+y)) = x+y = \ln(\exp(x)) + \ln(\exp(y))$$
$$= \ln(\exp(x)\exp(y)).$$

Da ln injektiv ist, folgt $\exp(x+y) = \exp(x)\exp(y)$. •

Die erste und zweite Ableitung von exp sind in allen $x \in \mathbb{R}$ positiv. Daher hat der Graph der streng monoton steigenden Funktion exp Linkskrümmung.

<u>Definition 6.7</u> e := exp(1) wird <u>Eulersche Konstante</u> genannt.

Wegen ln e = 1 gilt e > 1. Man zeigt leicht durch vollständige Induktion, daß

$$\exp(n) = e^n \qquad \text{für alle } n \in \mathbb{N} \tag{6.22}$$

gilt. Wegen 1 = exp(n-n) = exp(n)exp(-n) gilt

$$\exp(-n) = 1/e^n \qquad \text{für alle } n \in \mathbb{N}. \tag{6.23}$$

Aus Gleichung (6.22) folgt, daß exp nicht nach oben beschränkt ist. Aus Gleichung (6.23) erhalten wir lim exp(-n) = 0. Daher hat der Graph der Exponentialfunktion das Aussehen wie in Fig. 6.18.

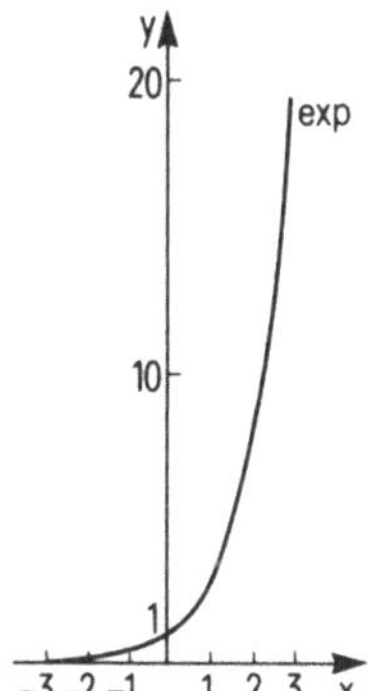

Fig. 6.18

Beispiel 6.4 (Berechnung von e) Aus der Gleichung von Satz 6.8 erhalten wir durch Induktion:

$$\exp(nx) = (\exp(x))^n \qquad \text{für alle } n \in \mathbb{N}.$$

Daher gilt

$$e = \exp(n\frac{1}{n}) = (\exp(1/n))^n. \quad \rightarrow \quad \sqrt[n]{e} = \exp(1/n).$$

Wir benutzen die letzte Gleichung zur Berechnung von e mit Hilfe des Satzes von Taylor. Wir erhalten eine erste grobe Abschätzung für e, wenn wir das erste Taylorpolynom von exp heranziehen (Entwicklungspunkt ist 0). Es gilt

$$e = \exp(1) \le \exp(0) + \exp'(0)\,1 + \frac{\exp''(1)}{2}\,1^3$$
$$\le 1 + 1 + e/2.$$

Hieraus erhalten wir e ≤ 4. Das dritte Taylorpolynom von exp um den Entwicklungspunkt 0 ist

$$T_3(x) = \exp(0) + \exp'(0)x + \frac{\exp''(0)}{2}x^2 + \frac{\exp'''(0)}{6}x^3$$
$$= 1 + x + \frac{1}{2}x^2 + \frac{1}{6}x^3.$$

$T_3(\frac{1}{100}) = 1{,}0100501\overline{6}$ liefert für $\sqrt[100]{e}$ eine gute Näherung. Den dabei gemachten Fehler schätzen wir mit dem Restglied R_3 ab:

B
$$R_3(1/100) \leq \frac{\exp(1/100)}{6} \, (1/100)^4 < \frac{4}{6} \cdot 10^{-8} < 10^{-8}.$$

Setzen wir $a := T_3(1/100)$, erhalten wir
$$a < \sqrt[100]{e} < a + 10^{-8}.$$

Hieraus erhalten wir
$$a^{100} < e < (a + 10^{-8})^{100}.$$

Es gilt
$$(a + 10^{-8})^{100} = a^{100} + a^{99}10^{-8} + a^{98}10^{-16} + \ldots + 10^{-800}$$
$$< a^{100} + 5 \cdot 10^{-8}.$$

Daher gilt $|a^{100} - e| < 5 \cdot 10^{-8}$. Berechnen wir a^{100}, erhalten wir
$$2{,}71828180 < e < 2{,}71828186.$$

Das folgende Beispiel behandelt <u>exponentielles Wachstum</u>.

<u>Beispiel 6.5</u> Wir wollen annehmen, daß die Funktion f das Wachstum einer Population in Abhängigkeit von der Zeit beschreibt. f(t) gibt die Größe der Population zum Zeitpunkt t an. Wenn wir davon ausgehen, daß die Population anwächst, gibt f(t')-f(t) den im Zeitraum t'-t entstandenen Zuwachs der Population an (t < t'). Für viele Wachstumsprozesse ist es charakteristisch, daß der Zuwachs proportional zur Größe der Population und zu dem betrachteten Zeitraum ist. In diesem Fall gibt es eine Konstante $c \in \mathbb{R}^+$ mit
$$f(t') - f(t) = c\,f(t)\,(t'-t). \tag{6.24}$$
Diese Gleichung beschreibt den Wachstumsprozeß um so besser, je kleiner der Zeitraum t'-t gewählt wird. Wenn die Funktion f differenzierbar ist, erhalten wir durch Limesbildung aus Gleichung (6.24) die den Wachstumsprozeß exakt beschreibende Gleichung
$$f'(t) = c\,f(t).$$
Somit gilt für f die Gleichung
$$f' = c\,f.$$
Wir können wegen f(t) > 0 für alle $t \in \mathbb{R}^+$ dieser Gleichung auch die Form
$$\frac{f'}{f} = c$$
geben. Wegen $(\ln \circ f)' = \frac{f'}{f}$ gilt $(\ln \circ f)' = c$. Daher gibt es ein $a \in \mathbb{R}$ mit
$$(\ln \circ f)(x) = cx + a \qquad \text{für alle } x \in \mathbb{R}^+.$$
Wir erhalten
$$f(x) = \exp(\ln(f(x))) = \exp(cx + a) = \exp(a)\exp(cx).$$
Somit gilt: Wenn der Zuwachs pro Zeiteinheit proportional zur je-

weiligen Größe der Population ist, wächst die Population expo-
nentiell.

__Definition 6.8__ Für $a \in \mathbb{R}^+$ und $x \in \mathbb{R}$ setzen wir
$$a^x := \exp(x \ln(a)).$$

Für Potenzen, die nach Definition 6.8 erklärt sind, gelten ebenfalls die bekannten Potenzrechenregeln. Wenn x rational ist, steht
Definition 6.8 im Einklang mit den schon früher gemachten Vereinbarungen über Potenzen mit rationalen Exponenten. Die Funktion
$$\exp_a : \mathbb{R} \to \mathbb{R} \quad \text{mit} \quad x \mapsto a^x, \qquad (a \in \mathbb{R}^+)$$
hat als Ableitung
$$\exp_a'(x) = \ln(a)\, a^x = \ln(a)\, \exp_a(x).$$
Die Umkehrfunktion von $\exp_a$ wird mit $\log_a$ bezeichnet. Für ihre
Ableitung gilt:
$$\log_a'(x) = \frac{1}{\ln(a)\, x}\ .$$

Als dekadischer Logarithmus hatte früher die Funktion $\log_{10}$ für
numerische Rechnungen eine große Bedeutung.

__Aufgaben__

6.1 Zeigen Sie, daß für alle x aus dem Definitionsbereich der
Tangensfunktion folgendes gilt:
(1) $\qquad 1 + (\text{tg } x)^2 = 1/(\cos x)^2$
(2) $\qquad \text{tg}'(x) = 1 + (\text{tg } x)^2$
(3) $\qquad \text{tg} |]-\pi/2\, , \pi/2[$ ist streng monoton steigend.

6.2 Zeigen Sie anhand von Definition 6.8:
(1) $\qquad (a^x)^y = a^{xy}$ $\qquad$ für alle $a \in \mathbb{R}^+$ und alle $x,y \in \mathbb{R}$.
(2) $\qquad a^{m/n} = \sqrt[n]{a^m}$ $\qquad$ für alle $a \in \mathbb{R}^+$ und alle $m,n \in \mathbb{N}$.

6.3 Bestimmen Sie $\lim\limits_{x \to 0} \dfrac{\sin x}{x}$ mit dem Verfahren aus Aufgabe 5.5.

6.4 Zeigen Sie, daß $\exp(-x) = 1/\exp(x)$ für alle $x \in \mathbb{R}$ gilt.

6.5 Zeigen Sie, daß $\ln(1/x) = - \ln x$ für alle $x \in \mathbb{R}^+$ gilt.

6.6 Bilden Sie die Ableitung der Funktion
$$f : \mathbb{R}^+ \to \mathbb{R} \quad \text{mit} \quad x \mapsto x^b, \qquad (b \in \mathbb{R}).$$

6.7 Zeigen Sie: $f : \mathbb{R}^+ \to \mathbb{R}$ mit $x \mapsto e^x - x^e$ hat in e ein lokales Minimum.

Symbolverzeichnis

Literaturverzeichnis

[1] Courant, R.: Vorlesungen über Differential- und Integralrechnung, 1. Band. Berlin-Göttingen-Heidelberg 1967

[2] Dombrowski, P.: Differentialrechnung I und Abriß der Linearen Algebra. Mannheim 1970

[3] Dörge, K., Wagner, K.: Differential- und Integralrechnung I. Bonn 1948

[4] Erwe, F.: Differential- und Integralrechnung, Band I und II. Mannheim 1964

[5] Grauert, H., Lieb, I.: Differential- und Integralrechnung I. Berlin-Heidelberg-New York 1967

[6] Heuser, H.: Lehrbuch der Analysis. Band 1 und 2. Stuttgart 1980, 1981

[7] Holland, G.: Dezimalbrüche und reelle Zahlen. In: Der Mathematikunterricht 19. Stuttgart 1973

[8] Karcher, H.: Analysis auf der Schule. In: Didaktik der Mathematik 1. München 1973

[9] Kütting, H.: Einführung in die Grundbegriffe der Analysis. Band 1 und 2. Freiburg-Basel-Wien 1973, 1977

[10] v. Mangoldt, H., Knopp, K., Lösch, F.: Einführung in die höhere Mathematik. Band 1 und 2. Stuttgart 1971, 1968

[11] Ostrowski, A.: Vorlesungen über Differential- und Integralrechnung. Band I. Basel 1960

[12] Pickert, G.: Einführung in die Differential- und Integralrechnung. Stuttgart 1969

[13] Strehl, R.: Zahlbereiche. Freiburg-Basel-Wien 1972

Sachverzeichnis